歴史のなかの地震・噴火

過去がしめす未来

加納靖之・杉森玲子・榎原雅治・佐竹健治
［著］

東京大学出版会

Earthquakes and Volcanic Eruptions in Japanese History

Lessons from the Past for the Future

Yasuyuki KANO, Reiko SUGIMORI, Masaharu EBARA and Kenji SATAKE

University of Tokyo Press, 2021

ISBN 978-4-13-063716-9

扉：「地震津浪末代噺の種」より（東京大学地震研究所所蔵）

口絵1　岩沼市高大瀬遺跡における岩沼市教育委員会による調査で発見された津波堆積層（蟹澤聡史氏提供，2013年11月撮影）　第1層は2011年東北地方太平洋沖地震による津波堆積物，第4層が享徳（1454年）または慶長（1611年）の津波堆積物，第6層は十和田噴火の火山灰層，第8層が貞観（869年）津波の堆積物．（1-2節32頁参照）

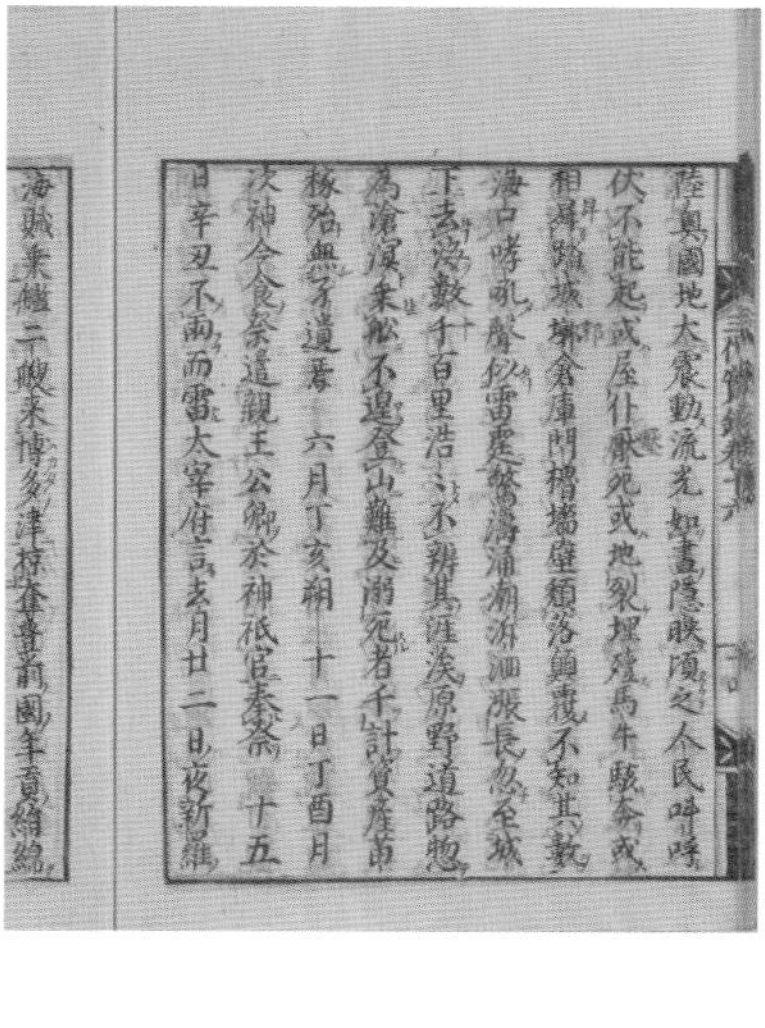
陸奥國地大震動流光如晝隠映頃之人民叫呼
伏不能起或屋仆壓死或地裂埋殪馬牛駭奔或
相昇踏城郭倉庫門櫓墻壁頽落顛覆不知其數
海口哮吼聲似雷霆驚濤涌潮泝洄漲長忽至城
下去海數千百里浩々不辨其涯涘原野道路惣
爲滄溟乘船不遑登山難及溺死者千許資産苗
稼殆無孑遺焉　六月丁亥朔　十一日丁酉月
次神今食祭遣親王公卿於神祇官奏祭　十五
日辛丑不雨而雷大宰府言去月廿二日夜新羅

海賊乘艦二艘來博多津掠奪豊前國年貢絹綿

口絵2　貞観津波（869年）を記した史料（京都大学附属図書館所蔵，平松家旧蔵）『日本三代実録』貞観11年5月26日条．現在の仙台平野あたりの被災状況が記されている．この写真は寛文13年（1673）刊の写本．（読み下しは1-2節27頁参照）

口絵３　精進湖から見た青木ヶ原（白尾元理氏提供，2016 年 10 月 16 日撮影）　貞観（864 年）の富士山噴火では，北麓の長尾山付近の２列の火口列から溶岩が噴出した．溶岩は青木ヶ原を生み，さらに「剗《せ》の海」を埋め立てて精進湖，西湖に分断した．富士山の手前の大室山左側にある小丘が長尾山．このとき精進湖に流れ込んだ溶岩が今もよくわかる．（1-2 節 36 頁参照）

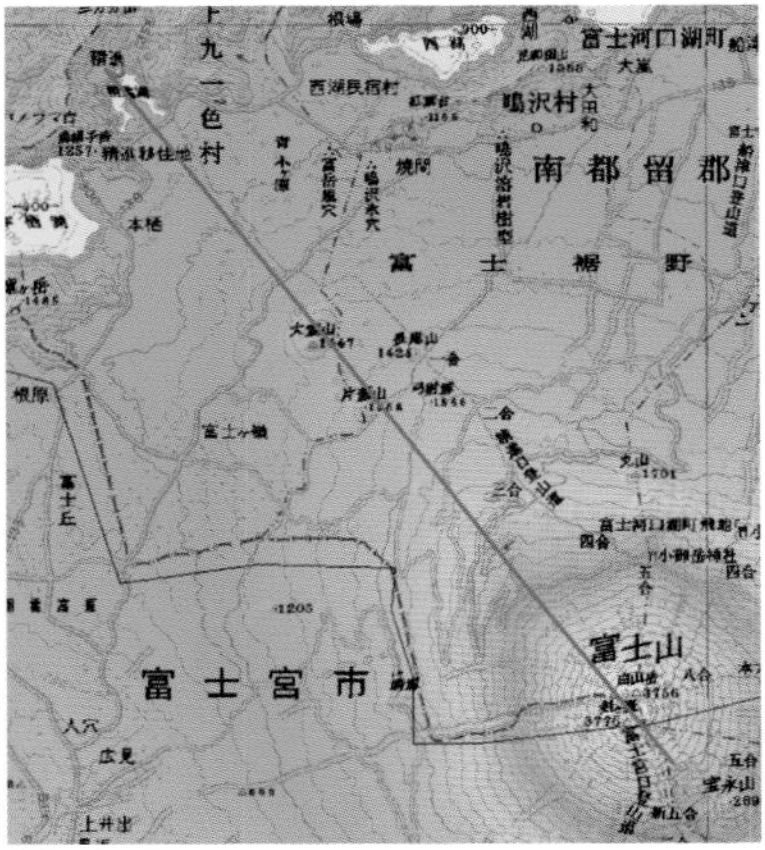

（カシミール 3D による）

口絵 4　富士山宝永火口（2019 年 3 月杉森玲子撮影）　宝永噴火（1707 年）で富士山の南東斜面に開いた火口．南東の上空より富士山，大室山，御坂山地，甲府盆地を望む．（2-3 節参照）

口絵 5　深専寺（和歌山県湯浅町）にある「大地震津なみ心え之記」碑（地理院地図の自然災害伝承碑情報より）　安政南海地震（1854 年）については，「11 月 4 日四つ時に大地震で 1 時間ほど揺れが続き，瓦が落ち柱がゆがむ家があり」「翌 5 日昼七つ時にはより強い地震があり，津波が押しよせ家，蔵，船がみじんに砕けた」「大地震があれば，寺の前を東へ向かい山に避難すること」などと書かれている．（2-4 節，5 章参照）

口絵６　兵庫県南部地震（1995 年）で活動した野島断層（中田高氏提供, 1995 年 1 月 21 日撮影, 中田・岡田編, 1999 より）　淡路島北西部の平林の水田と道路に現れた地震断層．水田の畦，道路の右横ずれが連続して見られる．（3-1 節 130 頁参照）

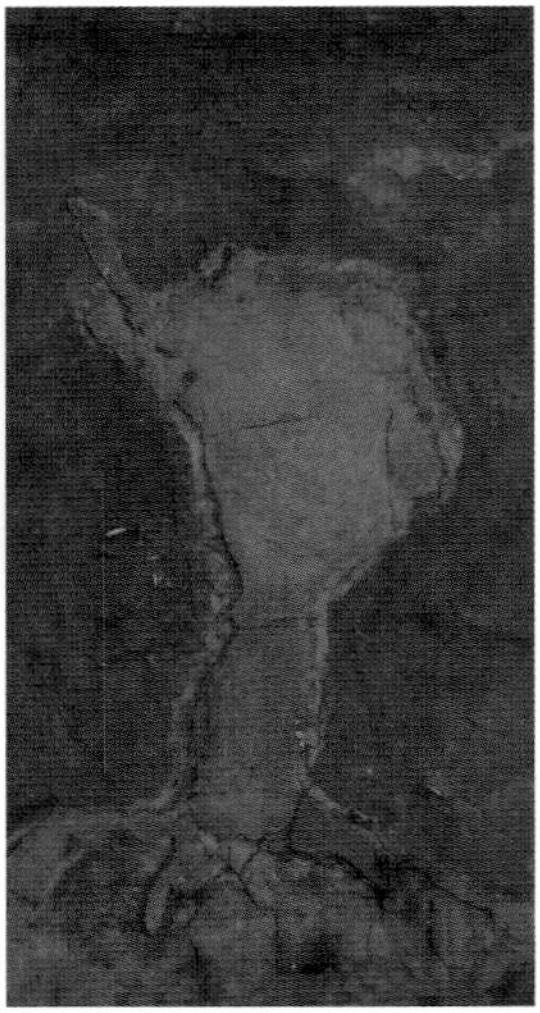

口絵７　内里八丁遺跡（京都府八幡市）で採取された地震痕跡のはぎとり標本（加納靖之撮影）　強い地震動による液状化の痕跡であり, 文禄畿内（伏見）地震（1596 年）の際に発生したものと推定されている. 発掘のための溝の壁面に現れた痕跡の表面をはぎとるように樹脂で固定した標本で, 八幡市立ふるさと学習館で保管されている．（3-3 節，コラム 14 参照）

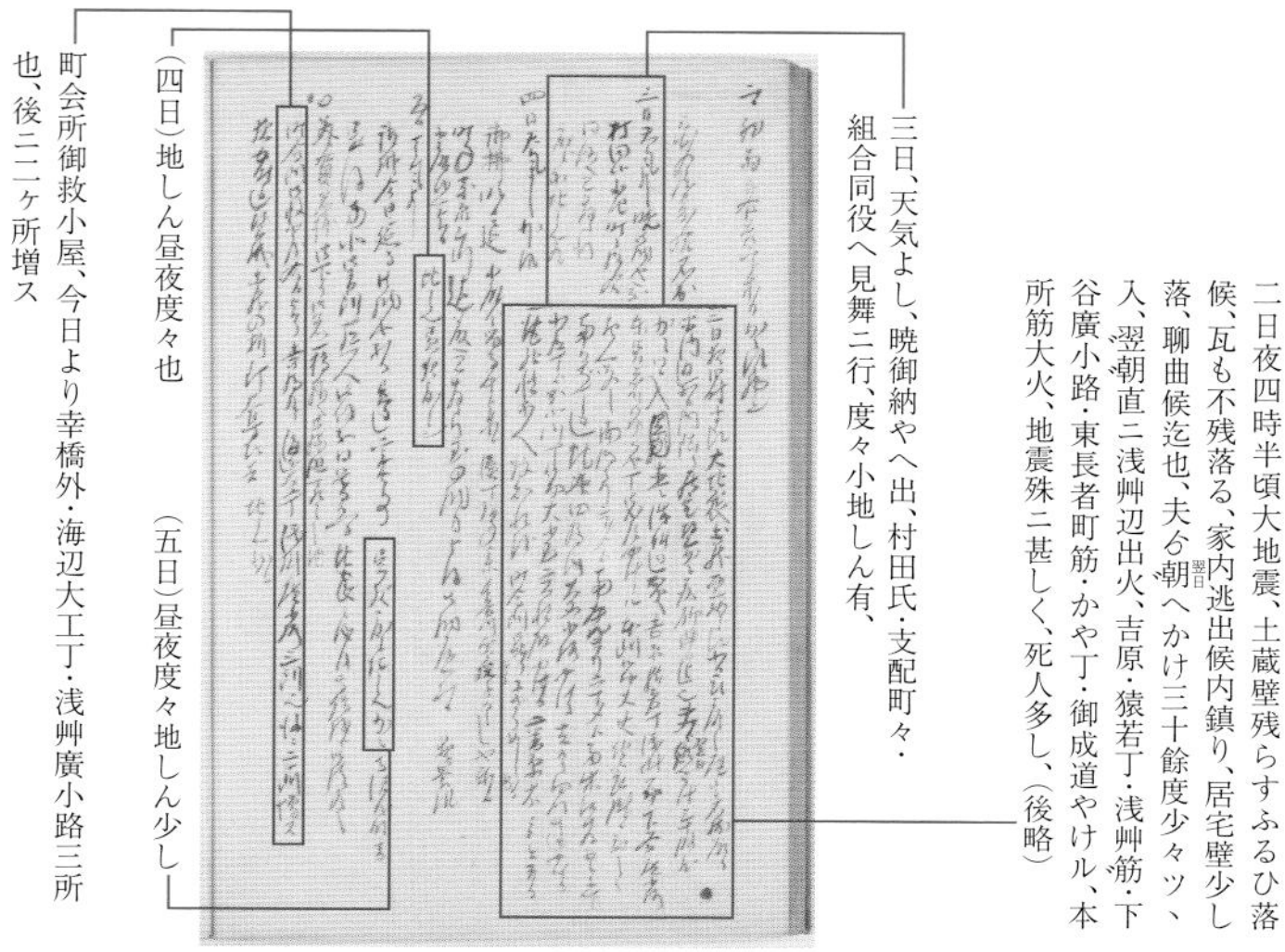
二日夜四時半頃大地震、土蔵壁残らすふるひ落候、瓦も不残落る、家内逃出候内鎮り、居宅壁少し落、聊曲候迄也、夫ゟ朝《翌日》へかけ三十餘度少々ツ、入、翌朝直ニ浅艸辺出火、吉原・猿若丁・浅艸筋・下谷廣小路・東長者町筋・かや丁・御成道やけル、本所筋大火、地震殊ニ甚しく、死人多し、（後略）
三日、天気よし、暁御納やへ出、村田氏・支配町々・組合同役へ見舞ニ行、度々小地しん有、
（四日）地しん昼夜度々也
（五日）昼夜度々地しん少し
町会所御救小屋、今日より幸橋外・海辺大工丁・浅艸廣小路三所也、後ニ二ヶ所増ス

口絵８　安政江戸地震（1855 年）の記事がある日記『斎藤月岑日記』（東京大学史料編纂所所蔵）　安政２年 10 月２～５日条．その後も続いた地震や御救小屋の開設などについての記述も見える．（4-4 節参照）

口絵９　安政江戸地震を描いた絵巻「江戸大地震之図」より雪の中の行列（東京大学史料編纂所所蔵，島津家文書）　城の堀端近くで御用提灯を掲げる小屋は，江戸城の幸橋門外に設けられた御救小屋を描いたものと見られる．（4-4 節参照）

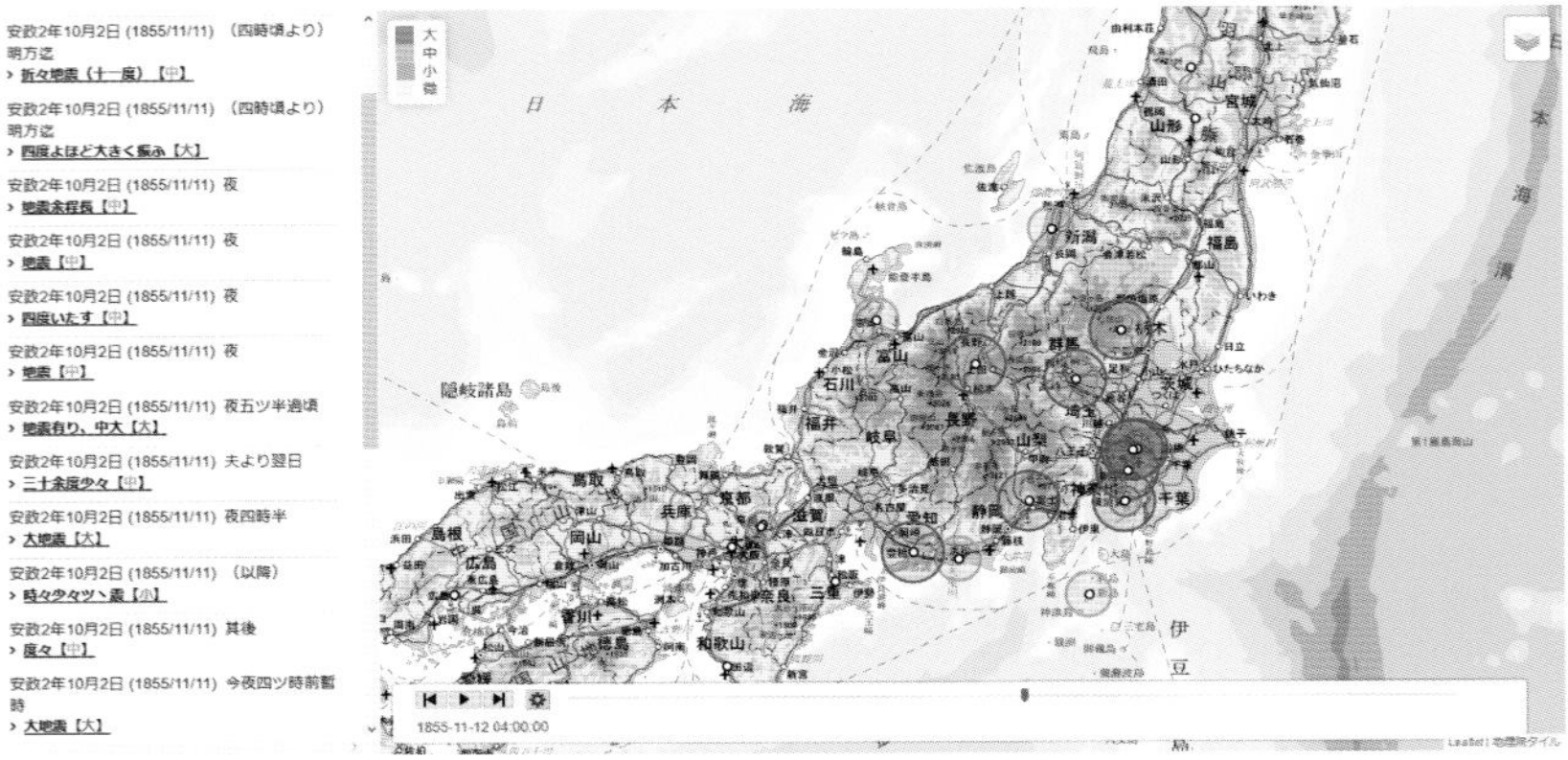

口絵 10　「日記史料有感地震データベース」（試作版）（東京大学地震火山史料連携研究機構）
日記史料に基づく有感地震の時空間分布図．丸印は安政江戸地震の有感地点の分布を示す．丸印の大きさと色は揺れの大きさ（大・中・小）に対応する．（背景地図は地理院地図，5 章参照）

『歴史のなかの地震・噴火——過去がしめす未来』目次

●執筆分担一覧

各章・節の主な執筆担当者を示す。全体を通して四人の執筆者で読み合わせ、相互に修正や追記を行った。

加納靖之　はじめに、二―一、二―三、三―一、三―二、三―三、五章
杉森玲子　二―三、二―四、四―三、四―四
榎原雅治　一―二、二―二、三―三、三―四、四―二、五章
佐竹健治　一―一、一―三、二―五、四―一、四―五、五章

はじめに——過去の地震・噴火を読み解く

繰り返す自然災害の歴史をまなぶ

地球上のいろいろな場所で、地震や火山噴火、大雨や洪水による多くの自然災害が発生してきた。自然の営みの中で人々は暮らしを続けていくのだから、今後も自然災害は発生し続けるだろう。その中でも地震や火山噴火によるものは、風水害などに比べて発生の頻度が低いため、日常生活では意識する機会が少ないかもしれない。備えるべきと思っていてもなかなか行動に移せないのが実情ではないだろうか。日頃のわれわれの行動も、社会の動きも、過去の経験に基づいて決定される部分が大きい。過去の自然災害の様相を理解することで、現在、あるいは将来の災害に対してよりよく対応できると期待される所以である。

とはいえ、時代を遡ると過去の地震や火山噴火に関して、それらがどんな自然現象だったのか、またそれに対して人々はどのように対応したのかを理解することは簡単ではない。巨大地震や火山噴火は、ある程度の間隔をおいてほぼ同じ場所で繰り返し発生することがわかっている。とはいえ、今後起こる地震や火山噴火やそれに伴う災害は、過去の事例とまったく同じように発生するわけではない。

しかし、それらの知見は、将来の予測や備えにあたって重要な情報となる。これらの繰り返し発生する地震や火山噴火について、どのような考えに基づき、どのような手法によって調べられているのか、また，それらがどの程度正確に、どの程度の信頼性をもって理解されているかを把握することは、将来への備えの規模や優先順位を考える上で有効である。

もっとも、過去の地震や噴火についての研究の目的は、過去の自然災害から教訓を得ること、いわば役に立つ情報を得ることだけではない。災害は、歴史を見る場合のひとつの切り口である。災害の歴史をまなぶことを通して、地震や火山噴火を起こす地球のあり方、人々や社会が動いてきた歴史のあり方の一端を知ることになる。地震学や歴史学の考え方や分析手法をまなぶことにもなるだろう。

歴史地震・歴史噴火研究

過去の地震について調べる研究分野のひとつに、歴史地震学がある（五章参照）。文字どおり歴史上の地震について調べる分野である。どの期間に発生した地震を「歴史地震」とするかには複数の定義があり得るが、日本では、『日本書紀』に記録された最初の地震記録とされる「允恭天皇五年」（四一六）の地震にはじまり、近代的、組織的な地震報告がはじまった明治一八年（一八八五）までを区切りとすることが多い。地震学が用いる基本的なデータとして、地震計によって観測される地面の揺れがあり、身近なものでいえば震度もそのひとつである。歴史地震学では、地震計の記録がない過去の地震のようすを知るために、当時の人々が体験し、書き残した地震の揺れの程度をデータとするのである。歴史資料の残っていない、より古い時代の地震については、地質学や地形学、考古学などの手法や知見を用いて調べることになる。このような研究分野を「古地震学」という。古地震に歴史地震を含める場合もある。また、過去の火山噴火についても同じようなアプローチが可能である。

史料地震学あるいは史料火山学という言い方は、データとなる人々が書き残したもの—歴史資料(史料)—に主眼を置いたものである。歴史学では、歴史資料を収集し、情報を抽出する。歴史資料そのもの、あるいはその記述内容の信頼性に注意しながら読みとき、また多数の資料を関連づけ歴史を叙述する。書き残された文献史料のほか、考古学的な情報も有用である。本書では、「史料」と同義の用語として「歴史資料」を用い、文献に限定するときは「文献史料」も用いる。なお、歴史的根拠を示すものとして考古資料なども含めて「歴史資料」とする場合もある。

地震学や火山学と歴史学が交わる場が歴史地震研究であり、歴史噴火研究である。過去の地震や火山噴火、災害をより正確に、より詳しく理解するため、地震学や火山学と歴史学のそれぞれがもつ知見や情報をもちより、得意とする見方や手法を提供しあう。それぞれの分野の間では、歴史資料の調査、解読、解釈、整理、データベース化、成果公表など、研究のさまざまな場面での交流があり得る。いわゆる文理融合の研究であり、以降の各章で述べるようにこれまでに多くの成果が得られている。融合研究として新たな知見が得られるとともに、それぞれの分野の研究のさらなる発展に寄与することをめざしている。

学術フロンティア講義「歴史史料と地震・火山噴火」

本書は東京大学教養学部前期課程において二〇一九年度から開講している学術フロンティア講義「歴史史料と地震・火山噴火」の内容がもとになっている。東京大学地震火山史料連携研究機構（五章参照）が提供する講義で、文理融合の研究や教育を目的とする同機構の特徴をいかして、本書の執筆者でもある四人の歴史研究者と地震研究者がひとつの講義を担当するところに特色がある（http://www.eri.u-tokyo.ac.jp/project/eri-hi-cro/class/）。

講義では、歴史地震研究の手法や成果をなるべくわかりやすく説明するため、いくつかの大きな地震・噴火現象を具体例として設定した。そして、歴史研究者と地震研究者がペアとなり、二回にわたって同じ地震・噴火について双方の視点から解説することとした。異なる興味や着眼点をもちながらも、それぞれの考えや手法あるいは分析結果を組み合わせることによって、より詳しく、より確かに過去の地震・噴火を理解できることを示すとともに、文理融合研究として進展する最新の歴史地震研究の取り組みを知ってもらうことを意図したものである。

講義ではほぼ年代順に講義をすすめたが、本書をまとめるにあたって、地震の発生する領域をもとに章立てを再構成している。各章では、導入として各領域において比較的近い時期に発生した地震について述べたのちに、歴史地震・火山噴火について詳しく説明している。一章では、二〇一一年東北地方太平洋沖地震（東日本大震災）のように東北地方の太平洋岸で発生する地震を中心に解説する。二章では、南海トラフで発生する巨大地震について取り上げるとともに富士山の宝永噴火についても説明する。三章では、日本列島上の活断層で発生する地震を取り上げている。二〇一六年熊本地震や一九九五年兵庫県南部地震（阪神・淡路大震災）のような地震である。四章では、首都圏に大きな被害をもたらす地震を対象とする。五章では、歴史地震研究そのものの歴史と今後の展望について述べる。なお、歴史地震や噴火を網羅的に解説することは意図していない。

本書により、これから起こるであろう地震や火山噴火にそなえるためにも、多くの方々に歴史資料と地震・火山噴火について理解を深めていただきたい。さらには関連する学術や研究活動への興味をもっていただければと願っている。

コラム1　日時と暦

地震や火山噴火を記述する際に、発生日時はその出来事を特徴づける重要な情報のひとつである。地震が発生すれば、気象庁から各メディアを通じて、〇月〇日〇時〇分ごろ、〇〇でマグニチュード〇の地震が発生しました、などと発生日時や場所、規模に関する情報が流れる。過去に発生した地震でも同様であるが、現代とは異なる注意すべき事柄がいくつかある。

まず日付について考えてみよう。

現在日本で用いられている暦（カレンダー）は、太陽暦（グレゴリオ暦）であるが、これは明治五年（一八七二）一一月に導入されたものである。それ以前の日本で使われていたのは、太陰太陽暦で、現在とは一年の日数や一カ月の日数が異なる。また、現在は西暦と和暦の一年間（たとえば二〇二一年と令和三年）は一致するが、明治の改暦より前はそうではない。たとえば、安政江戸地震が発生した安政二年一〇月二日は、西暦（グレゴリオ暦）では一八五五年一一月一一日であり、安政二年はさらに一八五六年にも及ぶ。

　和暦では年を表すのに元号を用いる。地震が理由となって改元されたこともある。改元の年に発生した地震については、同じ地震を改元前後の両方の元号を用いて呼ぶことになり、複数の呼称があるケースも多い。たとえば、一五九六年に発生し畿内に被害をもたらした地震は、慶長の地震とも文禄の地震とも呼ばれる。本書では、地震発生時の元号で呼ぶことを基本としたが、改元後の元号で呼ぶことが定着しているケースもあり、一定していない。また十二支（子、丑、…、亥）あるいは干支（十干十二支、甲子、乙丑、…、癸亥）で年や日付を表す場合もある。

　海外のできごとや史料と比較する際は西暦で考える必要がある。現在の季節感とも比較しやすい。

　西暦である太陽暦でも暦の変遷がある。現行の暦はローマ法王グレゴリオ一三世が一五八二年に定めたグレゴリオ暦である。その前はユリウス・

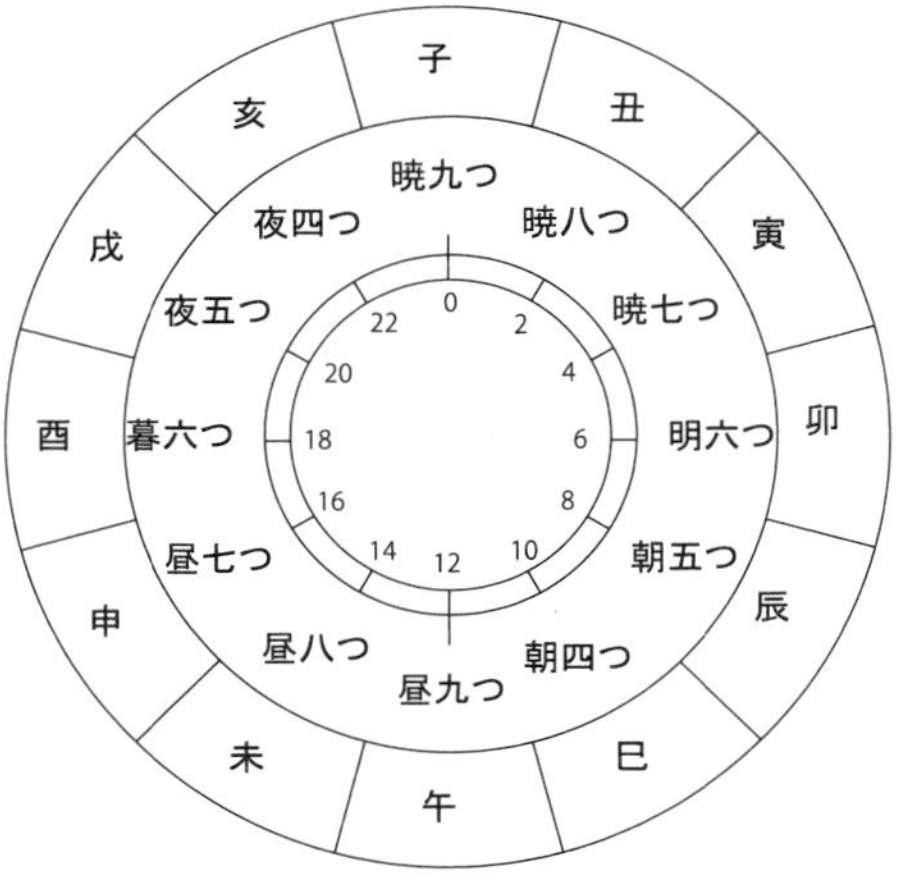

図 0-1　史料の時刻と現在の時刻の対応　夜明け・日暮れを境として昼・夜をそれぞれ 6 等分する不定時法の場合，春分・秋分頃に相当する．

カエサルが定めたユリウス暦が用いられており、どちらの暦に基づくかによって、ある和暦の日付に対応する西暦の日付が異なってくる。本書では、早川・小山（一九九七）の提案に従い、一五八二年一〇月以前の西暦はユリウス暦、以降はグレゴリオ暦で表記している。西暦であっても国や地域によって暦が違うことがあり、地震の発生日などを考える際には注意が必要である。

なお、暦の換算に便利なサービスがインターネット上で提供されている（換暦 https://maechan.net/kanreki/、HuTime 暦変換サービス http://www.hutime.jp/basicdata/calendar/form.html など）。

次に述べる時刻とも関わるが、一日の区切りにも注意が必要である。現在は夜中の〇時に日付が変わるが、前近代では、夜明けに日が変わったととらえて書かれている場合がある。日記などを読んでいて、たとえば「昨夜」や「今晩」がいつを指すのかは、前後の文脈や書き手の日付の認識を踏まえて判定する必要がある。

一日のうちの時間についてはどのように認識され、表示されていただろうか。時刻は十二支（子刻が現在の〇時を中心とする二時間）で表す方法と、数（昼夜それぞれ九つから四つへと、およそ二時間ごとに減り、たとえば昼八つは一四時になる）で表す方法とがある（図0-1）。後者は日の出や日没を基準にするので、昼と夜のうちの一刻は、季節によって時間単位の長さが変わることになる（不定時法）。同じ一刻でも夏と冬では長さが違うのである。また全国標準時があるわけではなく、地域によって表現される時刻に差が出ることもある。

このように史料に記録された時刻には不確定さが残る。地震動は、震源から伝播していくため、長くて数分のずれはあるが、ほぼ同時性のある現象である。地震動を基準として、同じ地震による揺れを、各地点でいつと記録しているかを調べることで、書き手の時間の認識に迫ることができるかもしれない。

コラム2　歴史地震の名称

地震や津波、火山噴火について、特定の名称がつけられていることがある。現在国内では、気象庁が「顕著な災害を起こした自然現象について名称を定める」こととしており、地震の場合は、「地震の規模が大きい場合」「顕著な被害が発生した場合」などに、「原則として、『元号年＋地震情報に用いる地域名＋地震』」とするとしている（https://www.jma.go.jp/jma/kishou/know/meishou/meishou.html）。地震・津波現象では一九六〇年の「チリ地震津波」が、気象庁が命名した最初の例である。「平成二〇年（二〇〇八）岩手・宮城内陸地震」など、震源域や被害の範囲などに応じてより広い範囲の名称が選ばれることも多い。

自然現象としての地震名称のほかに、震災などの災害に行政が別の名称をつけることがある（地震名は兵庫県南部地震だが、震災名としては阪神・淡路大震災と呼ばれる、などの例）。チリ地震津波以前の地震についても慣用的に特定の名称で呼ばれるものがある（たとえば昭和南海地震など）。

原理的には発生日時と地域を組み合わせれば地震をほぼ特定できるが、名称があった方が特定しやすいだろう。ただし、歴史地震・火山噴火でも、特に大きな現象や被害があった場合は、同じ地震が複数の名前で呼ばれていることもある。

たとえば、弘化四年三月二四日に発生した地震は「善光寺地震」と呼ばれることが多いが、「信州大地震」と呼ぶほうが適切だとの意見もある。被害が特に大きく、また善光寺の開帳が行われていて多数の旅行者が被害にあったことから、善光寺と入っていることが地震の特徴を端的に表すと考える立場と、被害は広く信濃（さらには越後まで）広がっており、その特徴を優先すべきと考える立場とである。

歴史地震については、論文や書籍により統一されていないものも多いが、研究の主眼をどこに置くかによって名前も変わってくる側面もある。名は体を表すという言葉どおり、命名により印象が変わってしまう場合もあるので注意が必要である。

　歴史地震の場合も地名のほかに元号を入れた名称となっていることが多い。先に述べたように、改元前後の年号のいずれで命名するかで論争になることもあるが、南海地震のように同じ地域で繰り返し発生する地震を区別するためには元号表示も有効である。いっぽうで、近現代まで統一的に整理する場合、たとえば千年スケールでの地震活動を把握したい場合や、暦の異なる国や地域の記録と比較したい場合などは、西暦で考えるほうが便利だろう（コラム1参照）。

　歴史地震の名前の整理をしておくことで無用な混乱を避けられる。研究上も、名称が統一されているほうが相互に参照する場合などにも便利である。たとえば歴史地震研究会による地震名の整理の試み（会誌での対象地震ごとの索引）などがある（http://www.histeq.jp/kaishi.html）。

一章　東北の地震

一―一　東日本大震災の地震と津波

東日本大震災と東北地方太平洋沖地震

二〇一一年三月一一日に発生した東日本大震災は、約一万六千名の死者、約二千五百名の行方不明者を出した。百万戸にも及ぶ建物被害や液状化による被害も生じたが、犠牲者の九割以上は、津波によるものであった。さらに、東京電力福島第一原子力発電所では、強い揺れによって原子炉は緊急停止したものの、外部電源を喪失し、その後の津波によって非常用のディーゼル発電機も浸水したために、原子炉の冷却ができず、炉心溶融、水素爆発、放射能の放出という重大な事故が発生した。

東日本大震災とは、福島第一原子力発電所の事故も含めた災害を指し、二〇一一年四月に閣議決定された名称である。災害の規模は、自然現象（地震や津波）の規模と、建物や防潮堤などの脆弱性とに依存する。一般には「地震」とは地面が揺れる現象を指すが、地震学では地面の揺れは地震動と呼び、地震動をもたらす原因となる地学現象（断層運動）のことを地震と呼んで区別する。本書でも「地震」は後者の意味で使っている。東日本大震災の原因となった地震は、地震発生の二時間後には気象庁によって「東北地方太平洋沖地震」と命名された。

地震動の大きさは震度で表す。現在気象庁で用いられている震度階級は〇から七までであるが、震度五と六にはそれぞれ強と弱があるので、全部で十階級ある（図1-1）。震度三以下は、地震だなと感じる程度であるが、震度四でほとんどの人が驚き、震度五弱以上だと固定しない家具などに影響が出る。震度六弱以上で家屋などに被害が生じる。

震度は、各地の揺れの強弱を、人間の体感や行動、建物などの被害に基づいて表したものであり、明治以降、各地の測候所で、気象庁の職員が震度を「測定」していた。したがって、さらに古い地震についても、歴史資料に残された揺れや被害の記載から、その地点の震度を推定することができる。ただし、家屋や家具などの耐震対策がされていない過去の地震では、同じ震度でもより多くの被害が出たことに注意する必要がある。一九九五年の阪神・淡路大震災以降は、各地に震度計が導入され、体感による震度測定は廃止され、現在では震度も計器観測されている。

東北地方太平洋沖地震では、震度七が宮城県栗原市で、震度六強は宮城県、福島県、栃木県、茨城県で、震度六弱は上記に加えて岩手県、群馬県、埼玉県、千葉県で記録された。東京都二三区では大

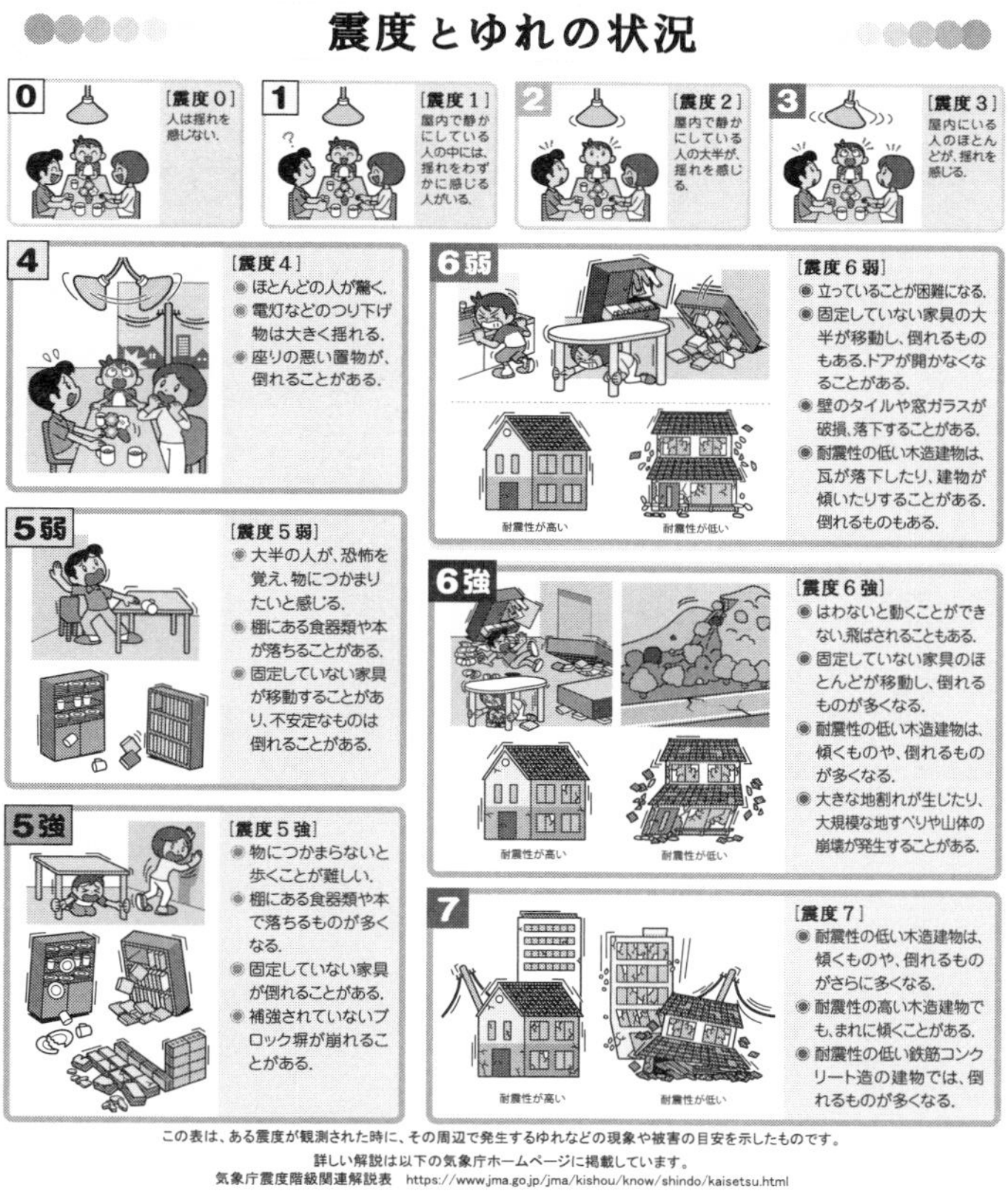

図 1-1　気象庁による震度階（気象庁 HP　http://www.jma.go.jp/jma/kishou/know/shindo/index.html）

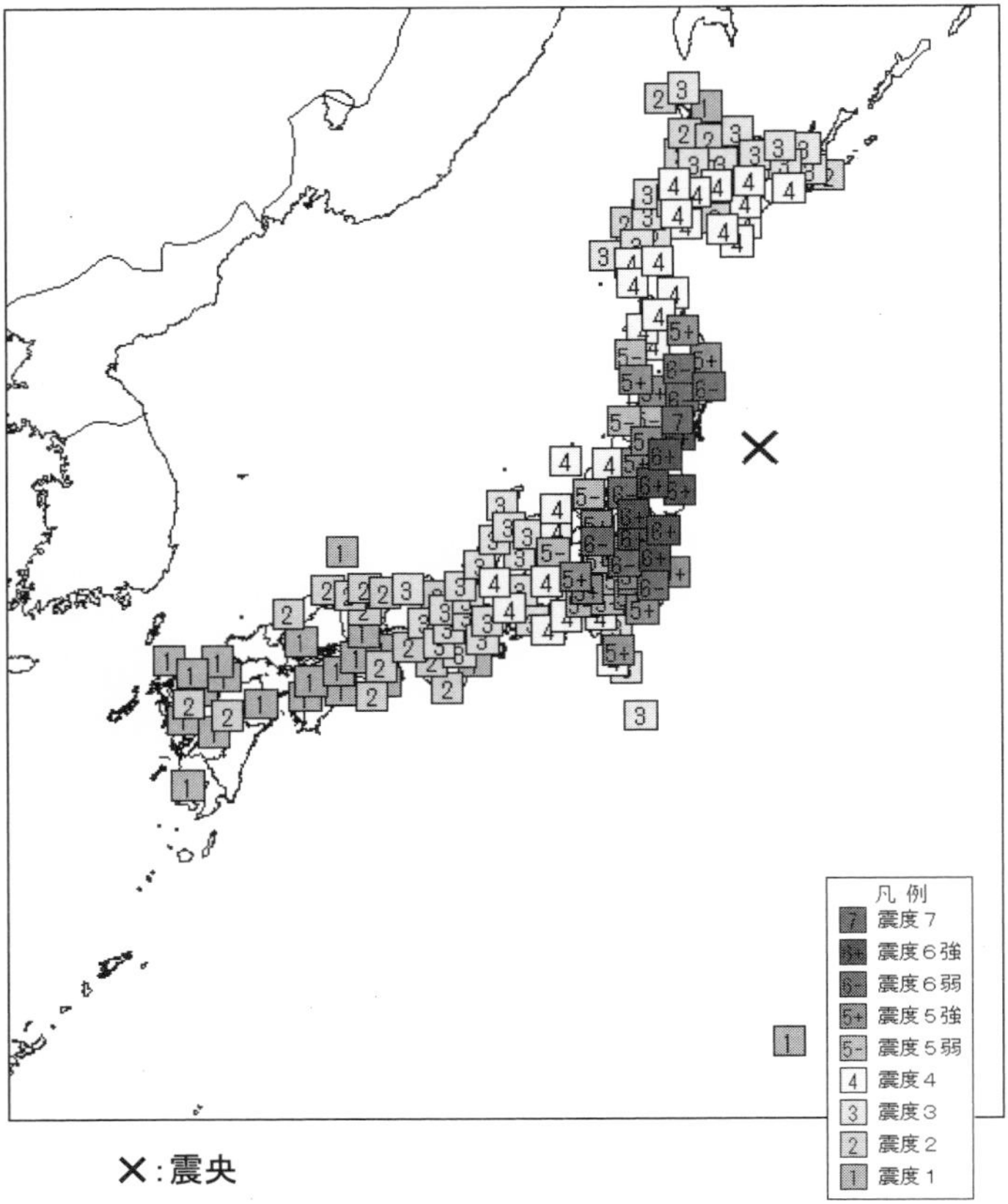

図1-2　東北地方太平洋沖地震の震度分布（地震調査研究推進本部HP　https://www.static.jishin.go.jp/resource/seismicity_annual/major_act/2011/20110311_tohoku-taiheiyou-oki_02_intensity.pdf）

部分で震度五強または五弱の揺れが記録された。この地震による有感域（震度一以上が観測された地域）は北海道から九州にかけて広がり、日本列島の大部分で地震の揺れが感じられた（図1-2）。

図1-2を見ると、震源から遠くなると震度は小さくなるが、震度五以上の地域は、関東地方から東北地方の太平洋側へと南北方向に伸びている。これは、この地震の震源域が南北方向の長さ五〇〇kmに伸びていることに加え、東から沈み込む太平洋プレートが南北方向に位置しているためである。太平洋プレートは周囲のマントルよりも温度が低く固いため、その中を伝播する地震波は減衰しにくく、揺れ・震度が大きくなる（異常震域と呼ばれる）。小規模な地震の場合は、震央（震源の真上の地表の点）を中心に同心円状の震度分布となり、遠ざかるほど震度は小さくなる。この性質を使えば、歴史地震についても、震度分布から震央を推定できることがある。

コラム3　地震の大きさ

地震動は、地震計によって計器的に時間の関数として記録される。地震動は上下・南北・東西の三成分に分解することができ、地震計の種類によって地面の加速度、速度、または変位を記録する。図1-3は、東北地方太平洋沖地震の際、東京都大手町の気象庁で記録された加速度記録である。地震の規模が大きかったことから、激しい揺れが数分間続き、最大では二二〇ガル（220 cm/s^2）すなわち重力加速度の約四分の一であったことが記録されている。

地震計に記録された地震動の最大振幅から地震の規模（マグニチュード、M）が計算される。地

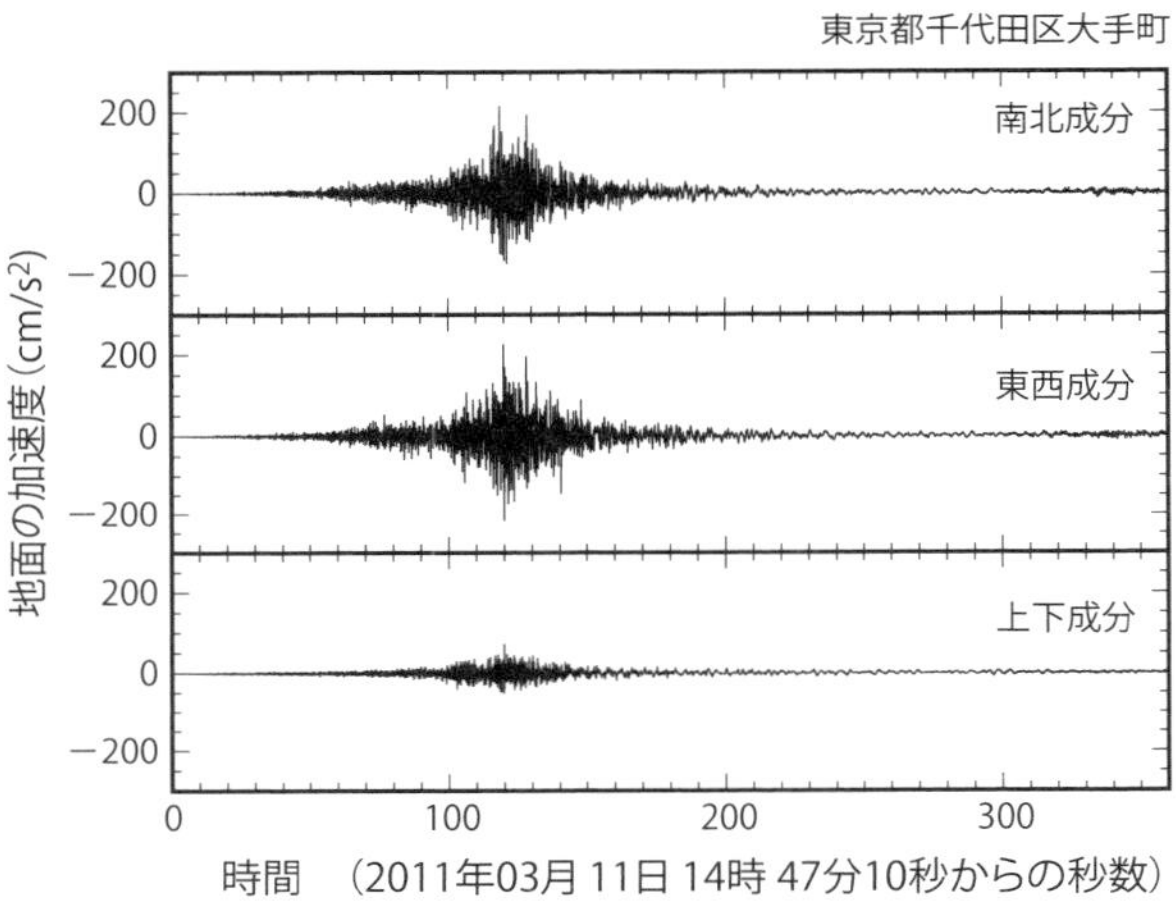

図 1-3　東北地方太平洋沖地震の地震計記録（東京都大手町における加速度波形）（気象庁による）**上から南北，東西，上下成分．14 時 47 分 10 秒から 6 分間の揺れを記録している．**

震動の振幅は、地震の大きさによって桁違いに異なることから、地震波の最大振幅の常用対数をとり、地震計の種類や震源からの距離の効果を補正する。震源からの距離が大きくなると、地震波の振幅は小さくなるので、その補正をするのである。

震度は各地での揺れの大きさを示すのに対し、Mは多数の観測点で得られた値を平均して、一つの地震について一つの値が与えられる。Mが一大きくなるということは、地震波の振幅（地面の揺れの大きさ）が一〇倍になり、Mが二異なると一〇〇倍の違いとなる。東北地方太平洋沖地震のMは9・0と、日本で記録されたものでは最大であった。

各地の地震計に記録された地震動の到達時刻から、地震が発生した場所（震源）を推定することができる。揺れ始めの時刻は震源からの距離によって異なるためである。東北地方太平洋沖地震の震源は三陸沖の北緯三八度六・二分、東経一四二度五一・六分、深さは二四kmであった。震源とは、断層上の破壊が始まった点であり、東北地方太平洋沖地震の場合、断層の大きさは岩手県沖から茨城県沖にかけての長さ約五〇〇kmに及んだ。

断層運動の規模を表すのに、地震モーメントという量が使われる。これは、断層の面積（長さ×幅）、ずれの量、剛性率（弾性定数）の積で表され、エネルギーと同じ単位を持つ。弾性体の一点に働く力を考えるとき、断層運動と等価な力系は二組の偶力（ダブルカップルと呼ばれる）であることから、この偶力の大きさ（モーメント＝力と腕の長さの積）が地震モーメントと呼ばれるのである。地震波の振幅でなく、地震モーメントから換算したマグニチュードをモーメントマグニチュード（M_w）と呼ぶ。二〇一一年東北地方太平洋沖地震の断層の大きさはおよそ五〇〇km×二〇〇km、平均ずれ量は一〇m程度であったので、剛性率を40 GPaとすると、地震モーメントは4×10^{22} Nmとなり、M_wは9・0となる。一九九五年阪神・淡路大震災を起こした兵庫県南部地震や二〇一六年熊本地震は、断層の大きさが三〇km×一五km程度、平均ずれ量は二m程度であるから、地震モーメントは一〇〇〇分の一程度（M_wは7・0）であった。

コラム4　前震・余震・地震の数

東北地方太平洋沖地震の二日前の三月九日に、その震源の北東側でM7・3（最大震度五弱）の地震が発生していた。このように、大きな地震（本震と呼ばれる）の直前（数時間から数日前程度）に発生する、より小さな規模の地震を前震と呼ぶ。すべての地震について前震が発生するわけでなく、前震であることは、その後により大きな本震が起きて初めてわかることが多い。三月九日の地震も、一一日の本震が発生してから初めて前震と認識された。

　一方、本震の後に発生する、より規模の小さな地震は余震と呼ばれ、その数の多少には違いはあるものの、ほとんどの本震に引き続いて発生する。東北地方太平洋沖地震の余震は岩手県沖から茨城県沖にかけての震源域や、その周辺の広い範囲で発生した（図1-4）。本震発生の一時間以内にＭ７以上の余震が三回起きた後、その数は時間とともに減少したが、二〇一一年末までにＭ７以上の地震が計六回、Ｍ６以上は九〇回発生した。

　また、三月一二日未明には長野県・新潟県県境付近でＭ６・７の地震が、三月一五日には静岡県東部でＭ６・４の地震が発生した。これらの内陸地震は、震源域から遠く離れて発生しており、余震ではないが、東北地方太平洋沖地震によって誘発されたものである（三章コラム11参照）。文献史料にも、大きな地震による余震や誘発地震が記録されていることがある。

　通常、日本全国ではＭ７の地震が一年に一〜二回程度発生する。地震の数は、規模（Ｍ）が小さいほど多く、Ｍが１小さくなると、地震の数は約一〇倍になる（この関係はグーテンベルグ・リヒターの関係と呼ばれる）。通常、Ｍ６の地震は年に約一七回（毎月一・四回）発生している。二〇一一年東北地方太平洋沖地震は、本震のＭが９であったことから、規模の大きな余震が数多く発生し、二〇一一年三月からの一年間にＭ６以上の余震が一〇〇回と通常の五倍以上発生した。

東北地方太平洋沖地震による地殻変動

東北地方の沖合にある日本海溝では、太平洋プレートが年間八cm程度の速さで日本列島の下に沈み込んでおり、それによって蓄積した歪がとつぜん解放されることによって大地震が発生する。岩盤中のある面を境に両側がずれる断層運動が発生し、その衝撃が地震波として伝わるとともに、地表や海底が変形し、地殻変動や津波が生じる。東北地方太平洋沖地震もこのようなメカニズムで発生し、プレート間地震と呼ばれる。

二〇一一年の地震の前は、太平洋プレートの沈み込みによって東北地方の太平洋側は西向きに動き、日本海側はほとんど動いていないことが、日本列島に整備されたGPS観測網[1]によって記録されていた。すなわち、東北地方は東西方向に圧縮されていた。水平方向に圧縮される応力場で発生する断層を逆断層、引っ張られる応力場で発生する断層を正断層と呼ぶ。二〇一一年までは東北地方では東西圧縮による逆断層地震が多く発生していたが、二〇一一年の三月以降は東西張力による正断層型の地震も多く発生するようになった。すなわち、東北地方太平洋沖地震によって、東北地方の応力場が大きく変化したのである。

国土地理院のGPS観測網で記録された地殻変動データによると、東北地方太平洋沖地震に伴って太平洋側は最大五m東向きに動き、沿岸は最大一m沈降した（図1-4）。また、海上保安庁や大学による海底観測によれば、震源直上の海底は、東南東方向に約二四m移動し、最大約三m隆起した。さ

（1）GPS（Global Positioning System）はアメリカが開発した衛星測位システムをいうが、現在は世界各国の同様のシステムを総称してGNSS（Global Navigation Satellite System）と呼ぶことが多い。

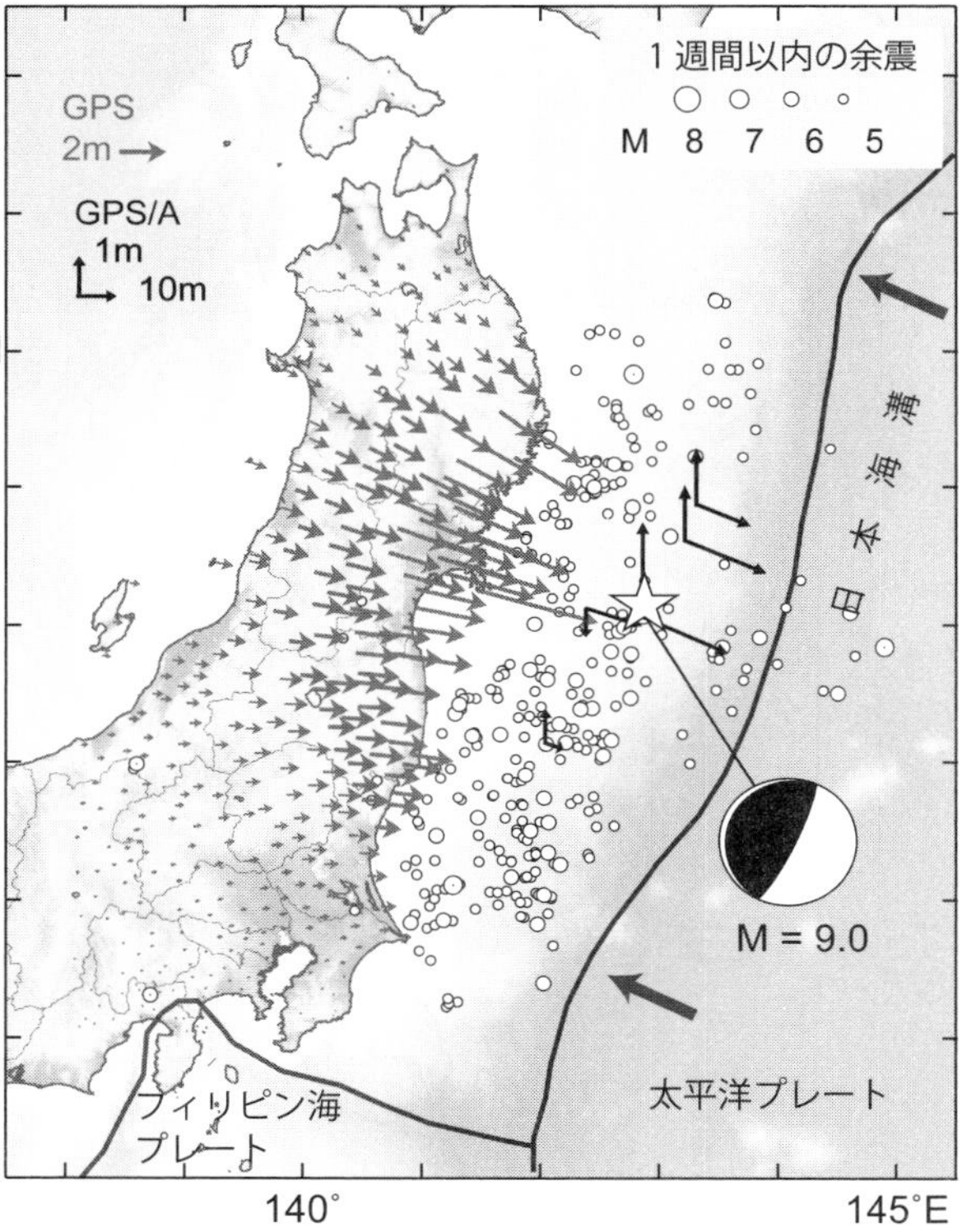

図 1-4　東北地方太平洋沖地震に伴い記録された地殻変動と余震　陸上の矢印は国土地理院の GPS 観測網で記録された水平変位を，海域の矢印は海上保安庁の海底測量（GPS/A）による水平・上下変位を示す．日本海溝の東側にある太い矢印は，太平洋プレートの沈み込む向きを示す．星印は本震の震央を示す．

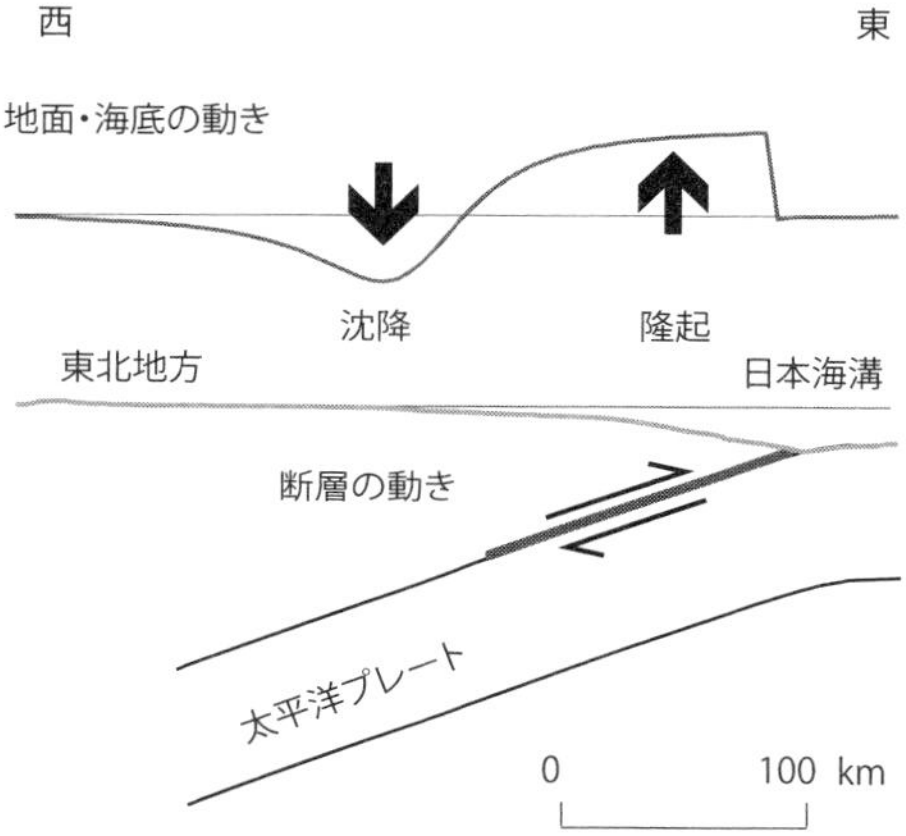

図 1-5　東北地方太平洋沖地震の断層運動と地殻変動の断面図

らに海洋研究開発機構による地震前後の海底測深データの比較から、日本海溝が東向きに約五〇m移動したと推定されている。海底での観測は二〇一一年以前から行われており、地震後に再度観測を行うことによって、貴重な観測データが得られた。このようにプレート間地震に伴う大きな地殻変動が海底で記録されたのは世界で初めてのことであった。

プレート間地震のように、沈みこむ角度（傾斜角と呼ぶ）が小さい場合（低角逆断層と呼ぶ）、断層の真上では海底が隆起し、その深い側では沈降する（図1-5）。東北地方太平洋沖地震の場合、沖合の海底は隆起したが、東北地方の太平洋沿岸は沈降した。

東日本大震災の津波

東北地方太平洋沖地震による津波は、地震発生三〇分後から東北地方沿岸に到達し始めた。沿岸における津波の高さは海底や海岸の地形によって大きな影響を受け、岬の突端やV字型の湾の奥では津波が大きくなるほか、湾の固有の振動周期と同じくらいの周期の津波による共振で大きくなることもある。三陸海岸のようなリアス式海岸では、大小さまざまな湾があるため、津波の高さが場所によって大きく変化する。岩手県の田野畑村島越では、津波が海抜二〇mまで這いあがり、三陸鉄道の橋梁や島越駅が流出した（図1-6）。一方、津波が到達した高さよりも上にある家屋は無事であった。

石巻平野や仙台平野には地震発生の約一時間後に津波が到達した。津波の高さは一〇m程度と三陸沿岸よりは低かったが、標高の低い海岸平野に浸水し、海岸から約五kmの内陸まで達した。海岸に近い仙台空港は完全に浸水し、多くの利用客がターミナルビルに取り残された。

津波は浸水域では家屋の流失や全壊などの大きな被害をもたらすが、浸水域以外ではほとんど被害をもたらさない（図1-6）、という特徴がある。逆に言うと、津波の被害分布から、浸水域や高さを正確に推定できる。

東北地方では、高さ一〇m以上の津波が四〇〇km以上にわたって沿岸を襲い、その浸水域は約五六〇km²（東京都二三区の面積は約六二〇km²）であった（図1-7）。この浸水域内の人口は約六〇万人であったが、このうち約一万八千人が犠牲となった。もし、避難が困難な夜間に津波が発生していたら、犠牲者の数はもっと多かったかもしれない。

図 1-6　岩手県田野畑村島越における津波被害（佐竹健治撮影）　**三陸鉄道の橋梁が津波によって破壊されたが，奥の民家は被害を受けていない．**

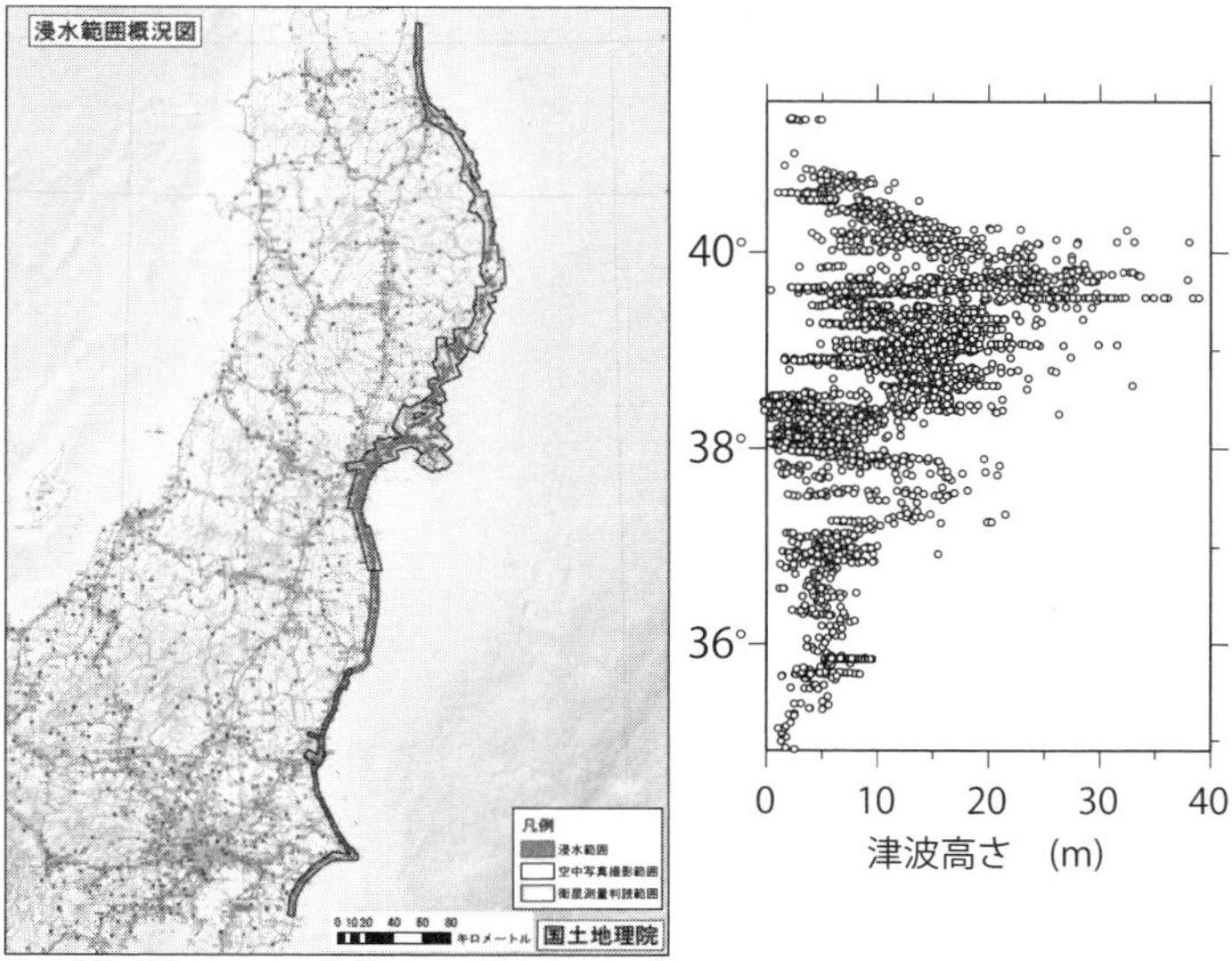

図 1-7　左：東北地方太平洋沖地震の津波浸水域（国土地理院による），**右：津波高さ**（東北地方太平洋沖地震津波合同調査グループによる）

コラム5　津波の発生・伝播と津波警報

　大地震によって生じる海底の地殻変動の広がり（波長）は海の深さに比べて長いため、海底の変動がそのまま海面に生じる。すなわち、海底が隆起・沈降すると、その上の海水も同様に変位し、津波波源となり、それが伝わっていく。図1-5のような海底の地殻変動から津波が伝播すると、陸側ではまず沈降域からの波が到達する。すなわち引き波から始まり、その後に隆起域からの上げ波が到達する。津波の前に海水が引くと言われるのは、沈み込み帯ではこのようなパターンが多いためであろう。実際には、海底変動のパターンと陸地の位置関係によって、津波は引き波から始まったり、上げ波から始まったりする。

　断層運動によって生じる津波はその水平方向のスケール（波長）が海の深さに比べて長いため、長波（波長が長い）あるいは浅水波（水深が浅い）と呼ばれ、海底から海面までの水が同じように水平方向に動く。そして、その伝わる速さ（伝播速度）は水深のみに依存する。一方、通常の波浪は主に風によって生じるため波長が海の深さと同程度か短く、海面付近だけの水が運動し、津波とは異なる振舞いを示す。

　長波の伝播速度は、水深と重力加速度（g：9.8m/s^2）の積の平方根で与えられる。津波の伝播速度は水深によってきまる。水深四〇〇〇mの深海では、伝播速度は秒速二〇〇m、時速にすると七二〇kmとジェット機なみの速さで伝わる。水深が四〇mになると、伝播速度は秒速二〇m、時速七二kmと自動車程度まで落ちる。海が浅くなるにつれてその伝わる速度が小さくなると、津波の高さは大きくなる。水深が一〇〇分の一になると津波の振幅は約三倍となる。実際の水深データを使って、コンピューターで津波の発生・伝播のシミュレーションを行う。津波の数値シミュレーションは広く一般的に行われており、津波警報やハザードマップにも利用されている。

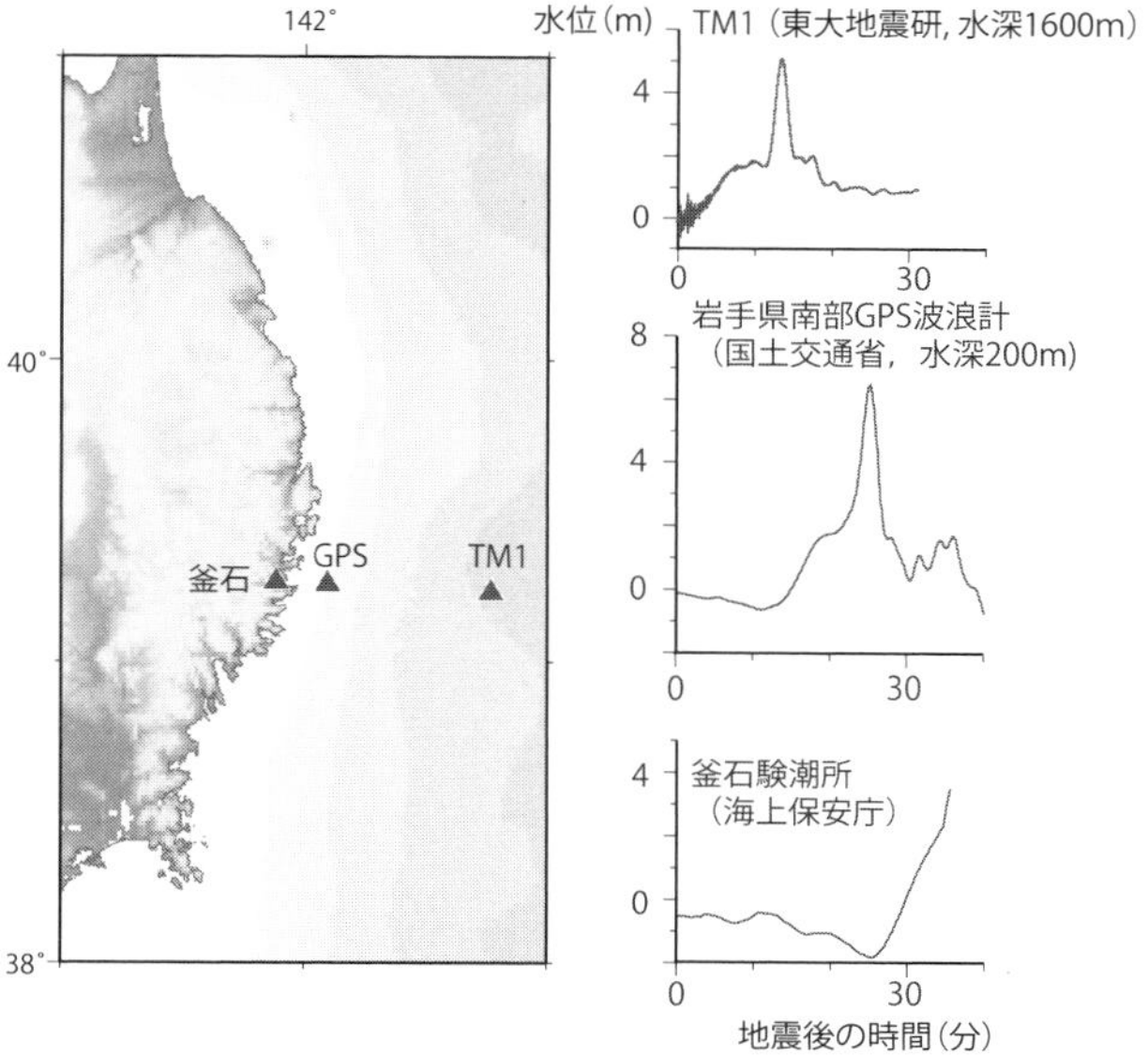

図 1-8　沖合の水圧計，GPS 波浪計ならびに沿岸の験潮所の水位計で記録された 3 月 11 日の津波　地震発生約 30 分後に津波が沿岸に到達し，水圧計の収録装置と験潮所が津波被害を受けたため，その後は記録されていない．

二〇一一年東北地方太平洋沖地震によって発生した津波は、釜石沖七〇kmの水深一六〇〇mに設置された海底水圧計（TM1）によって記録された（図1-8）。これは東京大学地震研究所によって一九九八年に設置されたものであり、海底の記録は海底ケーブルによって陸上局、そして東大へ伝送される。地震からの六分間に海面がまず約二m上昇し、その後二分間でさらに三m上昇するという二段階の津波が記録されている。引き続き沿岸から約一〇km、水深二〇〇mに設置されたGPS波浪計に、より大きな振幅で記録されている。地震[2]発生後約三〇分後には釜石験潮所の水位計に津波の到達が記録されているが、津波が大きかったことから計器が破損し、最大水位は記録されていない。

二〇一一年三月一一日、気象庁は、地震発生の三分後に津波警報を発表した。津波警報は、津波に比べて地震波が速く伝わるという原理を利用したものである。気象庁では、地震観測網で記録された地震波形から震源とMを決め、それに応じて、各地（日本の沿岸を六六地域に分けてある）の津波到達時刻と大きさの予想を発表する。ところが東北地方太平洋沖地震については地震発生から三分以内に得られたデータだけではその全体像を把握できず、Mが7・9と過小評価された。このため、沿岸で予想された津波の高さも三〜六mと低かった。沖合の波浪計で記録された津波データなどに基づいて津波の高さ予測を修正したが、停電の影響やすでに避難を開始していたことから、津波警報の更新情報は沿岸住民には完全には伝わらなかった。

（2）潮汐などの海面の水位変化を記録する観測施設について、気象庁など一般には検潮所と呼ぶが、海上保安庁では験潮所、国土地理院では験潮場と呼ぶ。

一―二　平安前期の火山噴火と地震

八六九年の東北大地震

二〇一一年三月一一日、東北地方太平洋沖地震が起きると、その直後から、この地震と似た地震が九世紀にあったのではないか、と指摘する声が上がった。その地震が貞観一一年（八六九）に起きた、貞観地震と呼ばれる地震である。

この地震について記した史料が『日本三代実録』貞観一一年五月二六日条である。原文は漢文であるが、どのようなことが書かれているのか、読み下しで紹介しておこう（口絵2）。

> 廿六日、癸未、陸奥国、地大いに震動す。流光昼の如く隠映す。頃之《しばらくあって》、人民叫呼し、伏して起つを能《あた》わず。或は屋仆《たお》れ圧死す。或は地裂け埋《うずも》れ殪《し》す。馬牛駭《おどろ》き奔《はし》り、或は相昇り踏む。城郭・倉庫・門・櫓・墻《かき》・壁、頽《くず》れ落ち顚覆《てんぷく》して、その数を知らず。海口は哮吼して、声雷霆《らいてい》に似たり。驚濤《きょうとう》涌《わ》き、潮泝洄《さかのぼ》り、漲長して、忽《たちま》ち城下に至る。海を去ること数十百里。浩々《こうこう》として其の涯涘《がいし》を弁ぜず。原野、道路、惣《すべ》て滄溟《うみ》と為る。船に乗るに遑《いとま》あらず。山に登るに及び難し。溺死する者千を許う。資産、苗稼《びょうか》、殆んど孑遺《のこるもの》なし。

ここには陸奥国司のいる国庁（現在の宮城県多賀城市）周辺の被害状況が書かれている。大地の揺れと地割れ、国庁の建物の倒壊、そして津波によって国庁の周囲まで水没したこと、建物や農地もすべて失われたことが記されている。こうした状況は、確かに二〇一一年三月一一日に起きた東日本大震災での仙台付近の状況とよく似ているといえよう。

さらに、この津波のことは『百人一首』の和歌にも歌いこまれている。

契りきな　かたみに袖を　しぼりつつ　末の松山　波こさじとは

清少納言の父として知られる清原元輔の作歌で、もとは『後拾遺和歌集』恋四に収められたものである。元輔の活動年代から、作られたのは一〇世紀後半と考えられるので、地震のほぼ百年後の歌ということになる。歌の意味は「約束しましたよね、お互いに袖の涙を絞りながら、末の松山を波が越すようなことはないと」ということになろう。下の句の「末の松山を波が越す」とは恋人同士の別離、つまりあってはならないことの喩えと考えることができよう。

この歌には本歌があり、『古今和歌集』の東歌・陸奥歌に収められている。

君をおきて　あだし心を　わがもたば　末の松山　波もこえなむ

こちらの方がわかりやすい。「あなたをほうって私が浮気心をもつようなことがあったなら、末の松山を波が越えることでしょう」という意味であろうから、ここでも「末の松山を波が越す」は決して起こらないことの喩えと見ることができる。

このように「末の松山を波が越す」とはありえないこと、あってはならないことの喩えと考えられるのであるが、喩えとしても奇妙な喩えである。山を波が越すとは一体どういう光景なのか？　どうしてこんな発想が生まれ得たのか？

これこそ貞観地震の津波の経験を踏まえた比喩表現なのではないか、ということに気が付いたのは国文学者の河野幸夫である。『古今和歌集』の成立は延喜五年（九〇五）だから、この歌は九世紀後半頃に詠まれた歌であり、そして東歌・陸奥歌に収められているのだから、東国か陸奥でつくられた歌であろう。したがってこの歌の作者が貞観地震を経験していた可能性は大きい、という興味深い説である（河野、二〇〇七）。

実は、多賀城近くに、ここが「末の松山」だとされている場所がある。標高一一ｍほどの小さな高台であるが、二〇一一年の津波でも水没を免れたとのことである。実際にその高台が九世紀に「末の松山」と呼ばれた場所であるかどうかはもはや確認しようがないが、類似した光景は当時の仙台平野にはいくつもあっただろう。「末の松山」の歌が、そうした光景を目にした経験を踏まえて詠まれたものである可能性は高いだろう。

なお、地震から五カ月後の一〇月一三日、朝廷は陸奥国に災害の復興のための方策を指示している。その中には、「民」（和人）も「夷《エゾ》」も区別なく救え、被害の甚だしい者の税は免ぜよ、障碍者、寡婦、独居者など自立の困難な者は特に手厚く保護せよ、といったことが述べられている。平安前期の段階で、現代にも通用する救済の思想が、為政者によって語られていることは注目しておいていいだろう。

地層に残された古代の津波堆積物

貞観地震については、歴史記録に加えて、津波の物的証拠が残されている。津波が内陸まで浸水すると、海や海岸から砂が運ばれ、内陸で堆積する。このように津波によって運ばれて堆積した地層を津波堆積物と呼ぶ。その化学組成や含まれる微生物化石の分析から、堆積物の砂の起源（海か、河川などか）を知ることができる。

津波堆積物の分布からこの津波によって浸水した地域がどのくらい広がっていたかが推定されている。それを東北地方太平洋沖地震による津波浸水域と比較したのが図1-9である。これを見れば両者がよく似ていることがわかるだろう。貞観津波による浸水域の方が、若干東西の幅が狭く見えるかもしれないが、それは千年の間に、自然の堆積や人為的な開発によって陸が海側に広がったためである。

この二つの浸水域の類似は、東北地方太平洋沖地震のような地震が、長い周期をもって繰り返し発生すると考えられていることの一つの根拠である。実は、東日本大震災前年の二〇一〇年頃までに、石巻平野および仙台平野における津波堆積物分布から、さまざまな断層モデルについて、貞観地震当時の地形モデルを用いた津波シミュレーションが行われ、津波堆積物分布を説明できる断層モデルが検討されていた。その結果、断層幅が一〇〇km程度、M_wは8・4程度以上の断層モデルが二〇一〇年までに提案されていた（図1-9下）。

ところで、地層から発見された砂の層が貞観津波による堆積だとなぜ判断できるのだろう。当然だ

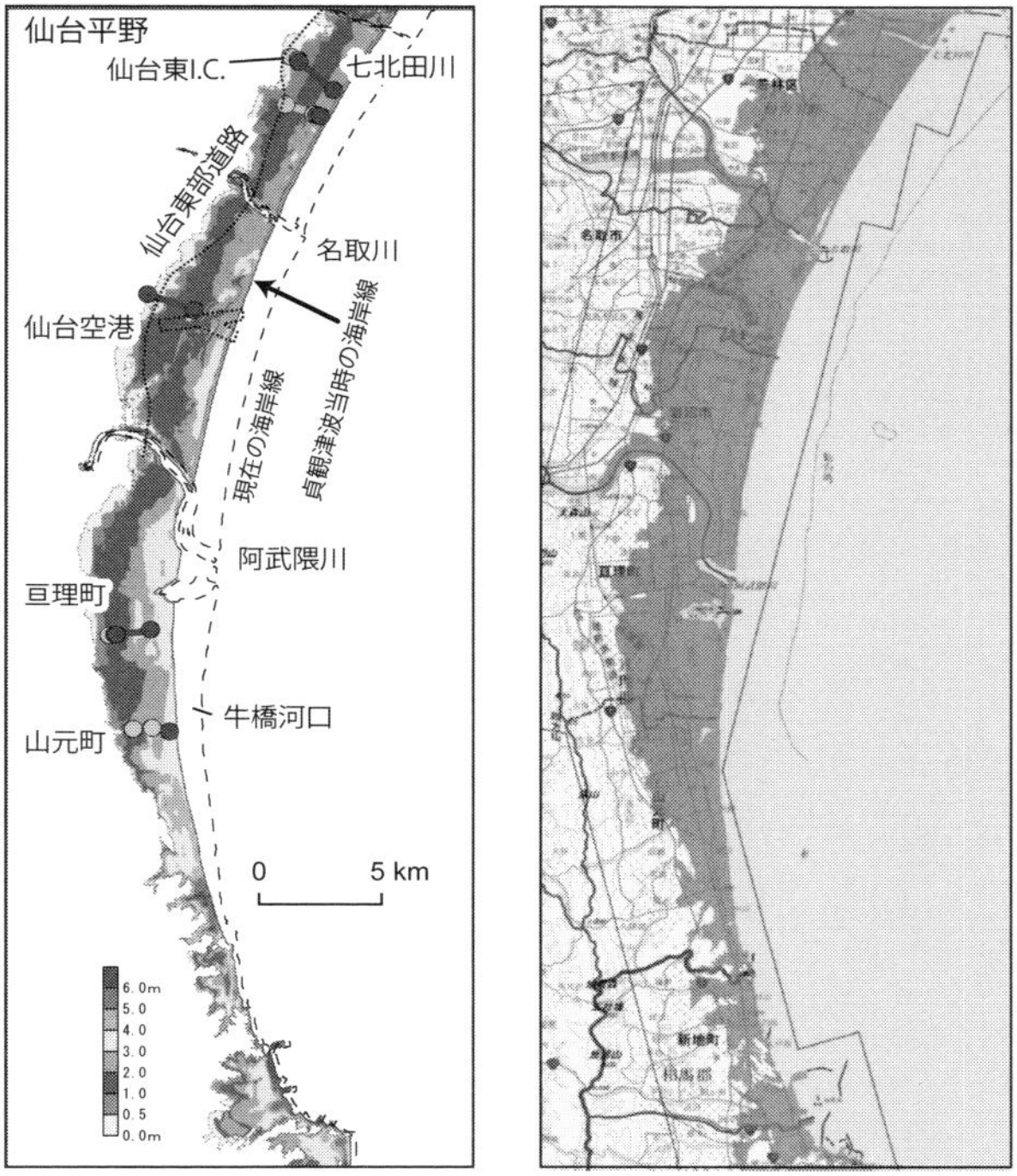

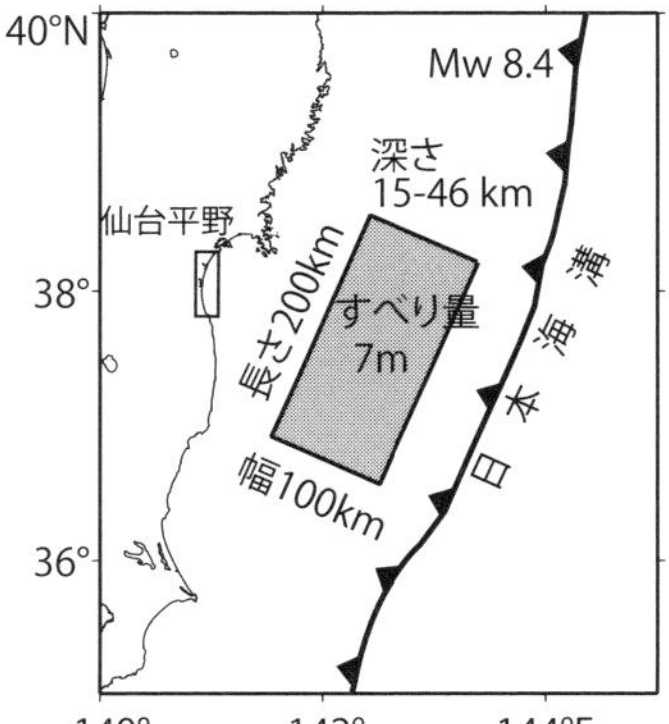

図 1-9　左：貞観津波の堆積物の分布と断層モデルから計算した浸水域（宍倉ほか，2010），**右：2011 年東日本大震災の仙台平野の浸水域**（国土地理院による），**下：貞観地震の断層モデル**（佐竹ほか，2008）

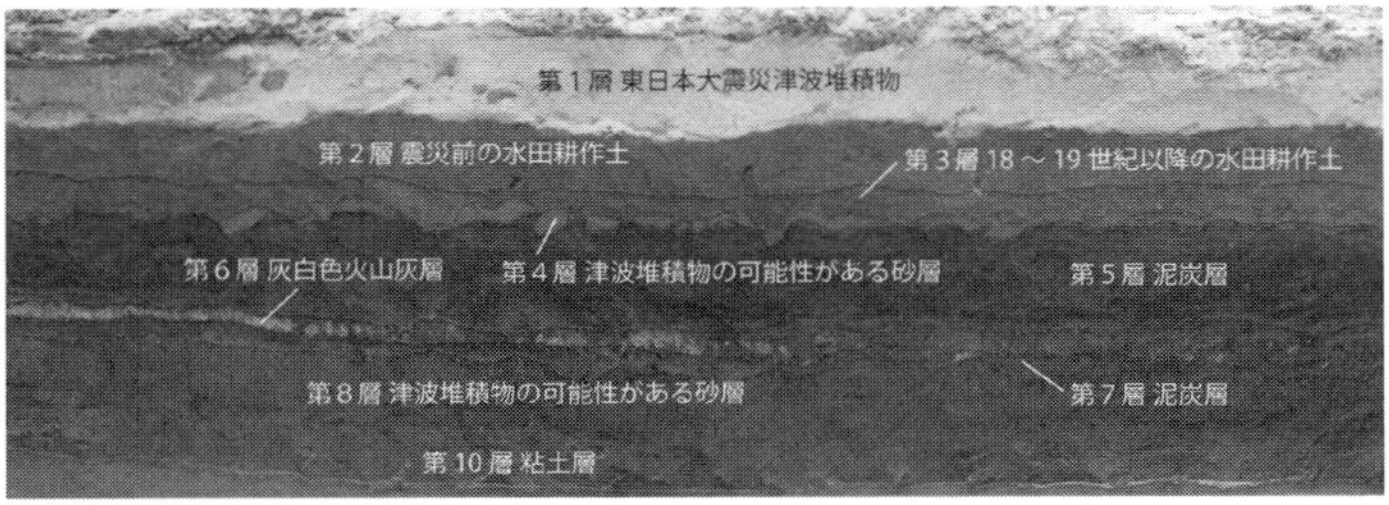

図 1-10　岩沼市高大瀬遺跡で発見された 2011 年と古い津波堆積物（岩沼市教育委員会，2016）**第 4 層が享徳（1454 年）または慶長（1611 年）津波の可能性，第 6 層が十和田噴火の火山灰層，第 8 層が貞観津波の可能性がある層とされている．**

が砂に年代が書かれているわけではない。堆積物に土器のような考古遺物があれば、その特徴から、また植物遺体があれば放射性炭素を用いて年代を推定する方法はあるが、推定できるのは一〇〇年程度の幅のある年代である。

ところが、貞観地震の津波堆積物については、「幸運」な手がかりが残されている。そこで重要となるのが砂の層の上下の観察である。図1-10は宮城県岩沼市の高大瀬遺跡で見つかった地層の断面である（口絵1も参照）。一番上には二〇一一年の津波による砂の分厚い層がある。色が異なるが、ずっと下方にも分厚い砂の層が見える。そしてそのすぐ上に白い薄い火山灰の層がある。この火山灰層の正体をつかむことが、地層に残る津波堆積物の年代を確定するための鍵である。

高大瀬遺跡で見つかった白い火山灰層とよく似た地層は東北各地で見つかっている。青森、秋田、岩手、宮城の各県には微量元素組成や鉱物組成の近い珪長質の火山灰が分布しているのである。化学的組成が同じということは噴出物の供給源が同じであることを意味しているが、この火山灰層が最も分厚く堆積しているのは十和田湖周辺である。その厚さは数ｍに及び、火砕流堆積層であると考えられている。つまり高大瀬遺跡で津波堆積物のすぐ上に見つかった火山灰層は十和田噴火の噴出物なのである。

ではそれはいつの時代の噴火だろうか。秋田県の考古遺跡では、白い火山灰層の中から九世紀後半から一〇世紀前半の瓦や土器などの遺物が見つかっている。これによってこの火山灰層のおよその年代を決定することができる。さらに『扶桑略記』（新訂増補国史大系）という平安末期に編纂された、仏教を中心とした日本史を記した書物の延喜一五年（九一五）条に次のような記述がある。

　五日（七月）、甲子、卯時、日暉《ひかり》なし。その皃《かお》月に似たり。時の人これを奇《あや》しむ。

　十三日、出羽国、雨灰の高さ二寸、諸郷の農桑枯れ損ずるの由を言上す。

わずかな記事であるが、これが十和田噴火のことであろうと考えられている。秋田県南部や宮城県北部で実際に見つかっている火山灰層の厚さは五～六cmで、「雨灰の高さ二寸」という史料の記述と一致している。この史料によって、十和田噴火の起きた年は延喜一五年、つまり東北各地の地層で見つかる白い火山灰層は西暦九一五年と特定できるのである。

各地で見つかっている火山灰層の厚さから推定されるこの噴出物の総量は途方もない。どのくらい途方もないかは表1-1のとおりである。これは文献史料で知られる九世紀以後の大きな火山噴火での噴出物の推定総量を示したものであるが、九一五年の十和田噴火の噴出量は、近代の大きな噴火と

表 1-1　9 世紀以降の日本の大規模噴火の推定噴出量（産総研「一万年噴火イベントデータ集」により作成）

西暦	火山	総噴出量（km^3）
865	富士山	1.4
915	十和田	6.5
1108	浅間山	1.4
1640	北海道駒ヶ岳	2.9
1707	富士山	0.7
1783	浅間山	0.7
1792	雲仙普賢岳	0.4
1888	磐梯山	1.5
1914	桜島	2.1
1978	有珠山	0.1
1990-1995	雲仙普賢岳	0.3

して知られる明治の磐梯山噴火や大正の桜島噴火の噴出量をはるかにしのぐ。「日本史上最大級の噴火」といっていいだろう。

現在の十和田湖は静かで美しい姿であるが、湖の一画には半島状になった火口の痕跡があり、ここがこの白い火山灰の噴出源であると考えられている。わずか千年前、現在の姿からは想像もできないような大噴火がここで発生していたのである。

さて、太平洋側の地層から見つかる分厚い津波堆積物（図1-10）は、この九一五年の十和田火山灰層のすぐ下から見つかっている。九一五年の少し前に起きた東北地方の巨大津波は何か？　それが文献史料に記された貞観地震による津波であることはまちがいないだろう。

このように、津波堆積物、火山灰、文献、考古遺物などの調査結果の総合によって、二〇一一年三月の大地震と巨大津波と類似したできごとが、八六九年に起きていたことが証明されたのである。

なお、九世紀という時代には当然東北地方では人々が生活していた。彼らが甚大な被害を受けただろうことは容易に想像できるが、実際に秋田県北部の米代川流域では、厚さ二mもの火山泥に埋没した家屋の跡も検出されている。住居址の発掘状況や土器の形態変化から、噴火後、十和田湖周辺では大規模な人口移動があったと考えられている（丸山、二〇二〇）。

コラム6　平安時代の自然災害を記した史料

一般論でいえば、文字史料は古い時代になるほど数量が少なくなる。これは文字の書かれた支持体（紙、木、石など）の経年劣化や、文字の社会的な普及度を考えれば、当然のことだろう。地震や噴火などの自然災害に関する情報も、長い目で見れば、奈良時代から戦国時代までは徐々に増え、江戸時代に入ると加速度的に増えていく。

ところが意外なことがある。京都や奈良を除く、地方社会での災害に関する史料は、鎌倉時代や室町時代よりも平安時代前期の九世紀の方が多いのである。しかし、これは平安前期に地方で大きな災害が多かったことを直ちに意味するものではない。八世紀の初めに成立した律令制のもとでは、地方で起きた事件は、諸国の国司を通じて朝廷に報告することが定められていた。また朝廷では国家の正史を編纂する事業を行っていた。『日本書紀』から『日本三代実録』に至る六国史がそれである。そのため、この時代に各地で起きた地震や火山噴火の情報は朝廷にもたらされ、歴史書に記録して後世に伝えられたのである。

しかし九世紀の終わりになると国家の正史は編纂されなくなり、さらに平安後期になると地方からの報告も朝廷にあがってこなくなる。そのため、鎌倉～室町時代になると、京都、奈良、鎌倉以外で体験された地震や噴火に関する情報は極端に少なく、平安前期の方がむしろ多いという、史料全体の残存量との逆転現象が起きているのである。

富士山の貞観噴火と富士五湖の誕生

十和田噴火の五〇年ほど前、日本列島ではもう一つの大きな火山噴火が起きていた。東北地方のできごとではないが、近い時代の事件であるので紹介しておこう。

貞観六年（八六四）五月、富士山の北側斜面で大規模な割目噴火が起きた。貞観地震のわずか五年前のことである。この噴火は大量の溶岩を流出させた。そして富士「五湖」と青木ヶ原はこのとき誕生したのである（口絵3）。

この噴火の第一報は五月二五日に駿河国司から朝廷にもたらされた。そこには次のように述べられていた。

> 富士郡正三位浅間大神大山火《や》く。その勢い甚だ熾《さか》し。山を焼くこと方《まさ》に一二許《ばかり》里※。光炎の高さ廿許丈※、大いに声あり。雷の如し。地震三度、十余日を歴《へ》て、火なお滅さず。岩を焦がし嶺を崩す。沙石雨の如し。煙雲鬱蒸し、人近づくを得ず。大山の西北、本栖水海あり。焼くところの岩石、流れて海中を埋む。遠きこと三十許里、広きこと三四許里、高きこと二三許丈。火焔遂に甲斐国堺に属す。（『日本三代実録』貞観六年五月二五日条）

※一二許里　概数を表現するときの方法で、一里か二里くらいの意味。

※丈　約三m。

ここには噴火、爆発音、噴煙、降灰物、火山性地震動のほか、本栖湖に溶岩が流れ込んでいる様子が述べられている。

続いて七月一七日、今度は甲斐国司からの報告が朝廷に届いた。それは次のようなものだった。

駿河国富士大山、たちまち暴火あり。崗巒《こうらん》を焼き砕き、草木焦殺す。土・鑠石《しゃくせき》*流れて八代郡本栖ならびに剗《せ》の両水海を埋む。水熱して湯の如し。魚鼈《べつ》皆死す。百姓の居宅、海とともに埋む。あるいは宅あれども人なし。その数記しがたし。両海以東、また水海あり。名づけて河口海という。火焔河口海に赴き向かう。本栖・剗《せ》などの海、いまだ焼け埋まざるの前、地大いに震動す。雷電、暴雨、雲霧晦冥にして山野弁じがたし。しかる後、この災異あり。

*鑠石　溶けた石。

流出した溶岩が富士北麓の森を焼き、本栖湖と「剗《せ》の海」を埋め、水は熱せられて魚や亀の類は全滅したこと、人家も大被害を受けていることが記されている。さらに溶岩は河口湖方面にも向かったとされる。

「剗の海」とは現在は聞かない湖だが、甲斐からの報告には、焼けた岩石によって埋まったとある。現在、富士山の北麓には西から本栖湖、精進湖、西湖、河口湖、山中湖の五湖がある。このうち山中湖は少し離れたところにあるので別として、史料に出てこないのは精進湖と西湖である。したがって

「剗の海」の中央が溶岩で埋まって、両端の水面だけが残って精進湖と西湖になったと考えれば、史料は合理的に解釈できるだろう。その証拠に、二つの湖の水面の標高は現在も同じである。富士「五湖」はこのときに誕生したのであり、それまでは富士四湖だったのである。そしてこのとき湖を埋めた溶岩の上にやがて生まれたのが青木ヶ原樹海である。

現在、青木ヶ原を覆っている玄武岩質の溶岩は、その表面観察から三つのタイプに分けられることが知られている。また、現在では、レーザー測量が進み、植物や落ち葉などの下に隠れた地表面の形が正確にとらえられるようになっている。それによってこれまでに知られていなかった山腹噴火の火口の位置や形がわかるようになった。そしてタイプの異なる溶岩と地表面に残る火口の跡を組み合わせれば、どの溶岩がどの火口から噴出したものかを特定することができる。さらにタイプの異なる溶岩の上下の重なり合いの様子を観察すれば、溶岩の流れの時間的な推移まで推定することも可能である。そのような方法によって、青木ヶ原溶岩の形成過程は、現在図1-11のように推定されている。

この噴火で流出した溶岩はどのくらいの量になるのだろうか。これを推定するためには溶岩流が覆っている面積に加えて厚さを知る必要があるが、二〇〇三年に「剗の海」の中央部だったと考えられる場所でボーリング調査が実施された。その結果、地表から一三五m下に泥の固まった地層があることがわかった。これが噴火以前の湖底面であり、その上を覆う一三五mが溶岩流である。これをもとに貞観噴火で流出した溶岩の量を推定すると、一三億㎥となる。これはデータの豊富な過去三二〇〇年間に起きた富士山噴火では最大量のものである（小山、二〇一三）。

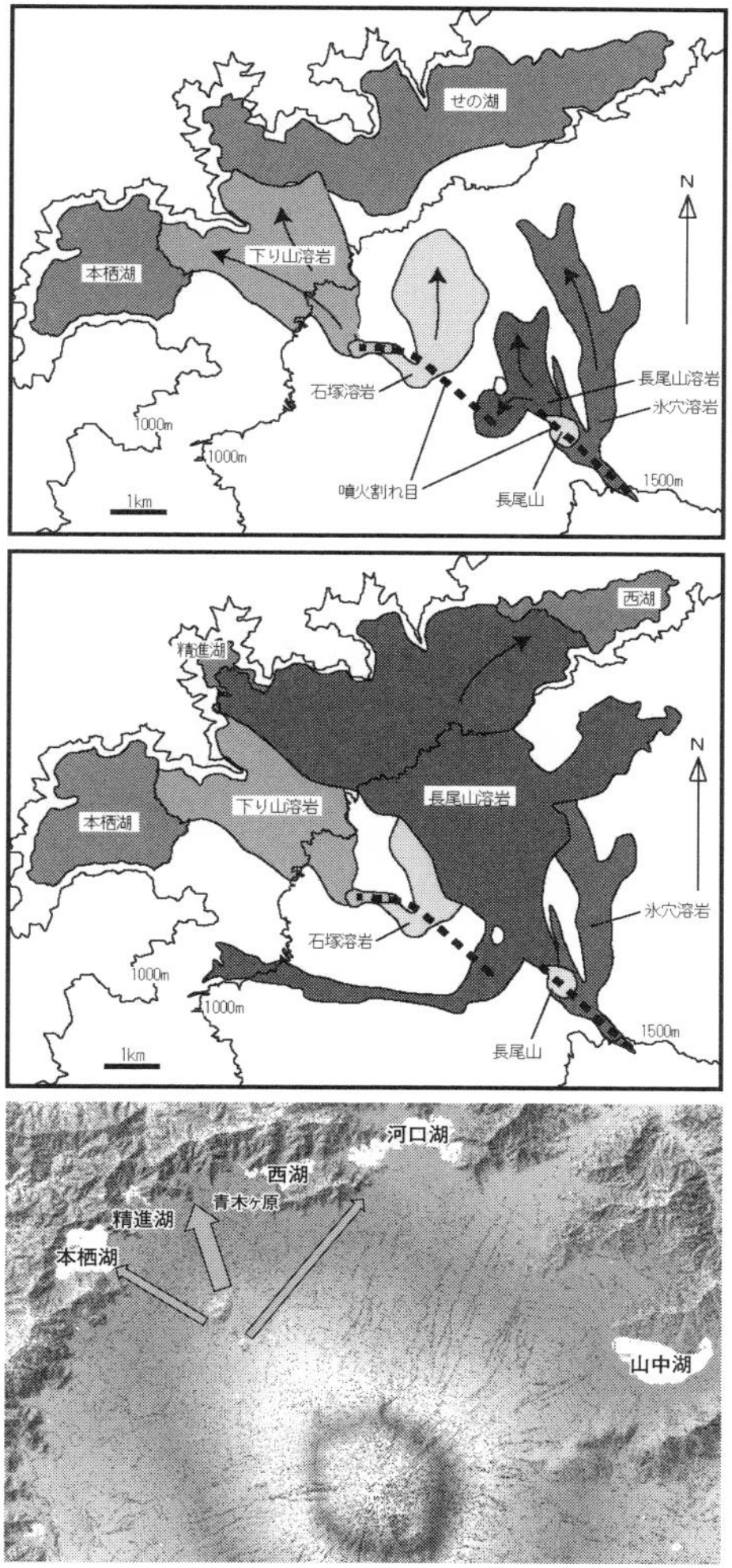

図 1-11　貞観噴火の推移と富士五湖の変化（小山，2013 より）
上：噴火開始 2 週間後の溶岩の流れ，中：噴火開始 2 カ月後の溶岩の流れ，下：富士五湖の現況．剗の海が西湖と精進湖に分かれる．

一―三　三陸地方の歴史地震

千年に一回か五百年に一回か？

前節で紹介したように、貞観地震については、歴史記録だけでなく、地層の中に津波の物的証拠が残されていた。

さらに、十和田噴出物の直下に見つかる貞観地震の津波堆積物よりも下に、より古い津波堆積物も少なくとも二層発見されており、これらから貞観地震と同様な津波が五〇〇〜八〇〇年程度の間隔で繰り返していたことがわかっていた（Sawai *et al.*, 2012）。この繰り返し間隔は、貞観地震（八六九年）から東北地方太平洋沖地震（二〇一一年）までの間隔（一一四二年間）よりも短い。もし貞観地震の後も同じような繰り返し間隔で地震・津波が発生していたのであれば、貞観地震と東北地方太平洋沖地震の間にも他の地震・津波が発生していたはずである。実際、図1-10には、東北地方太平洋沖地震と貞観地震の津波堆積物の間にもう一枚（第四層）の津波堆積物が観察される。この津波堆積物については、その上下の地層に含まれる放射性炭素の年代測定から、一五世紀から一七世紀初頭に発生したとされている（Sawai *et al.*, 2015）。

この年代に発生した地震・津波として記録に残されているものとして、享徳三年（一四五四）と慶長一六年（一六一一）の奥州地震が知られている。

享徳三年一一月二三日（一四五四年一二月一二日）の地震については、山梨県の普賢寺に伝わった『王代記』に次のように記されている。

享徳四年　元壬申　同三年甲戌十一月廿三日夜半、天地震動　奥州ニ津浪打テ百里山ノ奥ニ入テ、人多海ニ入テ死、

また、千葉県御宿町岩和田の大宮神社に伝わった年代記にも「享徳三年十一月廿三日夜、子丑剋、大地震ヨルヒル入」と書かれているとされる（『地震』三巻八号、一九三一）。「入」は「いる」と読んで、揺れたことを言っている（「行く」「言う」のように、イとユはしばしば入れ替わる）。この年代記は現在所在不明で、すでに失われた可能性が高いが、紹介されている記事を見る限りは特段疑うべき内容ではない。

二つとも簡単な記述ではあるが、『日本三代実録』の貞観の地震・津波の記述と共通するところがあり、同様な地震・津波があった可能性がある（行谷・矢田、二〇一四）。

一方、慶長一六年一〇月二八日（一六一一年一二月二日）の地震・津波については、仙台藩・盛岡藩・松前藩で津波によって数千人の死者が出たことが、各藩の記録や津波発生当時三陸沿岸を調査中であったスペインの探検家ビスカイノなどの報告から明らかになっている（蝦名、二〇一四）。また、駿府へ隠退した後の徳川家康の動静を記録した『駿府記』には、伊達政宗が家康に初鱈を献上した際

に、政宗の依頼で悪天候の中を出漁した漁師が津波に遭遇し、「千貫松」と呼ばれるところまで流されたという挿話とともに、「溺死者五千人、世曰津波云々」という記述が見える。ニュースソースの異なる複数の史料に見えることから、慶長一六年に三陸地方の海岸を大きな津波が襲ったことは確実と見られる。ただし、地震そのものによる被害を記した史料は見つかっていない。このことは、地震の揺れが小さかったたか、その後の津波による被害があまりにも大きかったため、津波のみが強調されたと考えてよいであろう。実際、東日本大震災についても、津波による被害について書かれたものは多いが、地震動による被害は専門的な報告書以外にはあまり残されていない。

一七世紀頃になると、平野部での耕地開発が進んでおり、復興の過程で津波堆積物が除去される場合も多い。そのため現在、仙台平野で見つかっているこの時期の津波堆積物の発掘事例は少ない。その事情もあり、この津波堆積物が享徳三年の津波なのか慶長一六年の津波によるのかについては、決着がついていない。しかし、享徳三年、または慶長一六年の津波が、東日本大震災と同じような地震によるものだったとすると、このように大規模な地震、津波は、千年に一度ではなく、五百年程度の間隔で繰り返し発生していた可能性が出てくる（図1-10参照）。

近世以降に三陸沿岸を襲った津波

三陸海岸は、仙台平野と違って、明治時代以降、東日本大震災の前に、二回の大津波に襲われてきた。一八九六年明治三陸津波と一九三三年昭和三陸津波である（図1-12）。これらの津波を起こした

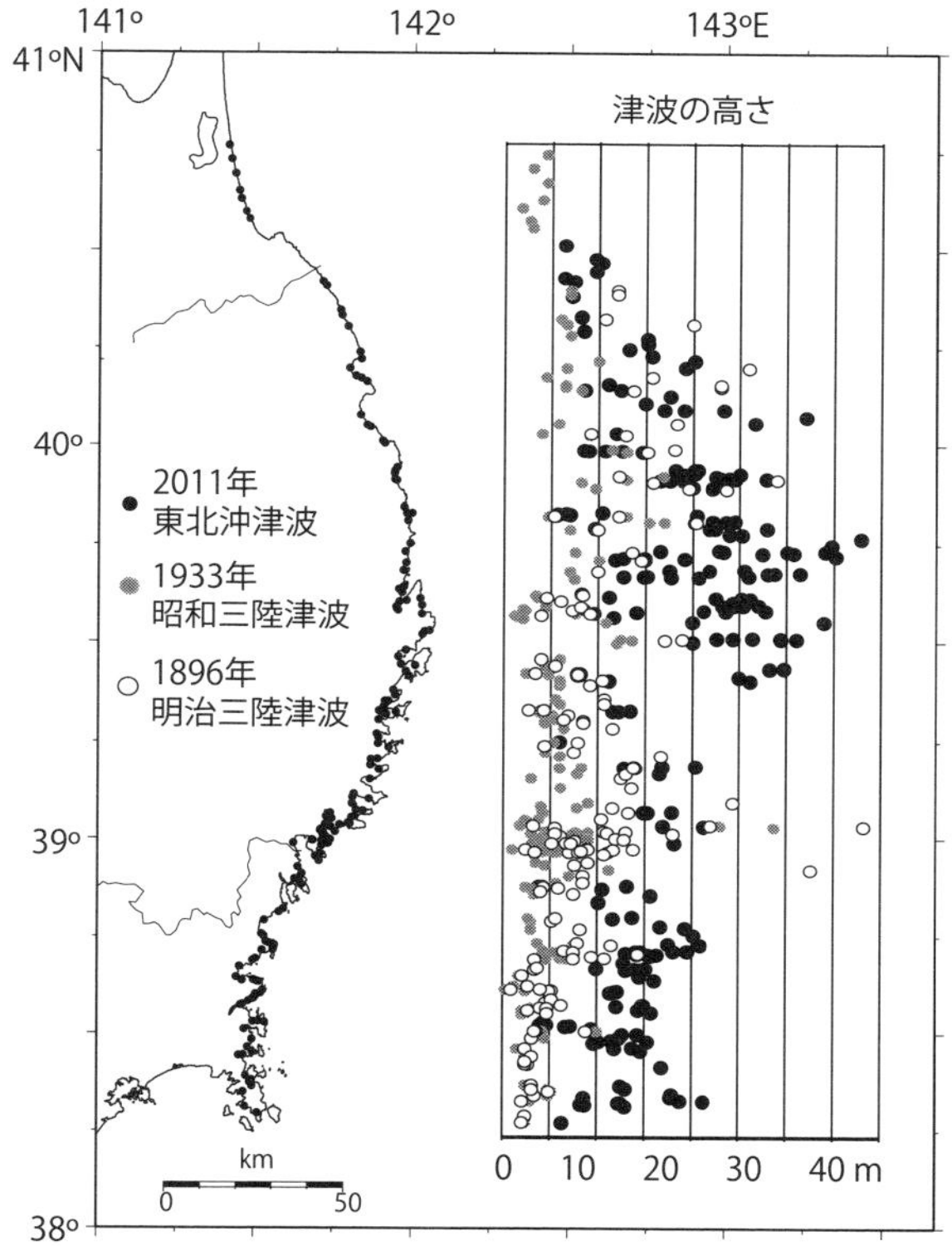

図 1-12　三陸沿岸における 1896 年明治三陸津波，1933 年昭和三陸津波，2011 年東北地方太平洋沖地震津波の津波高さ（Tsuji *et al.*, 2014）

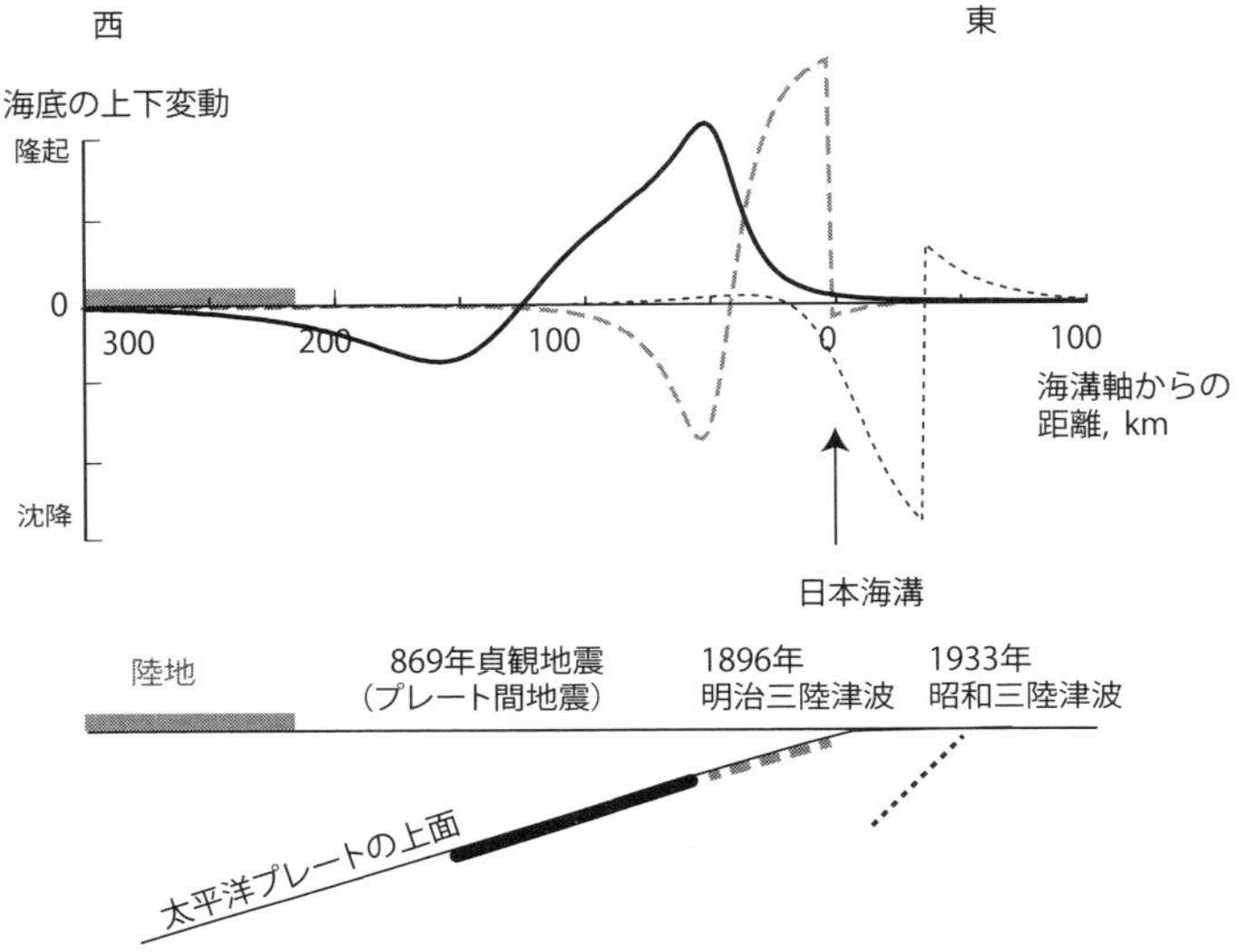

図 1-13　明治・昭和の三陸地震と貞観地震の断層モデルと海底の地殻変動

地震は、明治三陸地震が海溝軸付近の逆断層（津波地震型）、昭和三陸地震は海溝外側の正断層と、東北地方太平洋沖地震とは異なるタイプであった（図1-13）。

明治二九年（一八九六）六月一五日の夜に発生した明治三陸津波は、岩手県で最大約四〇mと東日本大震災と同程度の津波高さとなり、死者は約二万二千人と、東日本大震災よりも多かった。明治三陸津波の特徴として、地震の揺れは小さいのに大きな津波をもたらす「津波地震」であったことが挙げられる。この地震による揺れは現在の震度で二〜四程度の弱いものであったにもかかわらず、津波の高さは東北地方太平洋沖地震と同程度であった。最近の研究結果によれば、日本海溝付近の浅いプレート境界で断層運動が発生したため、人間の感覚や一般の建物に影響しやすい短周期の地震波を出さず、地震動に比べて津波は大きかったとされている。

昭和八年（一九三三）三月三日の未明に発生した昭和三陸津波は、日本海溝の東側のスラブ内で発生した正断層型の地震によるものであった。地震の規模はM８・１で、大きな地震動の後に津波が海岸を襲った。津波高さの最大は約三〇ｍであったが、多くの場所では五〜一〇ｍ程度であった。夜中であったにもかかわらず多くの住民が高台へ避難して助かった。死者数は約三千人であった。

コラム7　東北地方太平洋沖地震のモデル

東北地方太平洋沖地震の津波波形解析から得られた断層面上のすべりは、岩手県沖から茨城県沖にかけての長さ五〇〇㎞の範囲にわたって分布している。最も大きなすべりは日本海溝付近にあり、約四五ｍとなっている。また、震源付近の三陸沖南部（海溝寄り）では三〇ｍ程度、宮城県沖では一八ｍ程度のすべりが発生した。さらに、南の福島県沖から茨城県沖でもそれぞれ最大一〇ｍ、二ｍ程度のすべりがあった。このうち、海溝寄りの断層は一八九六年明治三陸津波の断層モデルと似ており、それより陸側の断層は八六九年貞観地震の断層モデルと似ている。これらを明治三陸型、貞観型と呼ぶことにしよう。

明治三陸型断層、貞観型断層からの津波波形を計算して、海底水圧計・ＧＰＳ波浪計の記録と比較したところ、貞観型断層からの津波波形は、最初に記録された津波第一波（徐々に水面が上昇した）に対応し、明治三陸型断層からの津波波形は、津波第二波（短周期で大振幅）に対応することがわかった。また、三陸海岸における大きな津波は明治三陸型断層によるもので、仙台平野における陸上への浸水は貞観型断層によるものであることもわかった。すなわち、東北地方太平洋沖地震は、明治三陸地震のような津波地震と貞観地震のようなプレート間地震が同時に発生したと考えられる。

二章　南海トラフの地震

二―一　南海トラフの巨大地震――その繰り返しの歴史を概観する

繰り返しが知られている稀有な地震

南海トラフは、駿河湾から紀伊半島沖、四国沖にかけて海底に存在する水深四千m程度の深い溝である。ここでは、海側のフィリピン海プレートが、その北側、すなわち陸側にあるユーラシアプレートの下に沈み込んでいる。このような沈み込むプレート境界では巨大地震が発生する。東北地方太平洋沖の日本海溝や中南米の太平洋側などにも沈み込むプレート境界が存在するが、世界各地の沈み込むプレート境界と比べてみても、過去の巨大地震の発生履歴や個別の地震の有様が最も長期間にわたって調べられているのが、南海トラフである（図2-1、表2-1）。南海トラフで発生する巨大地震

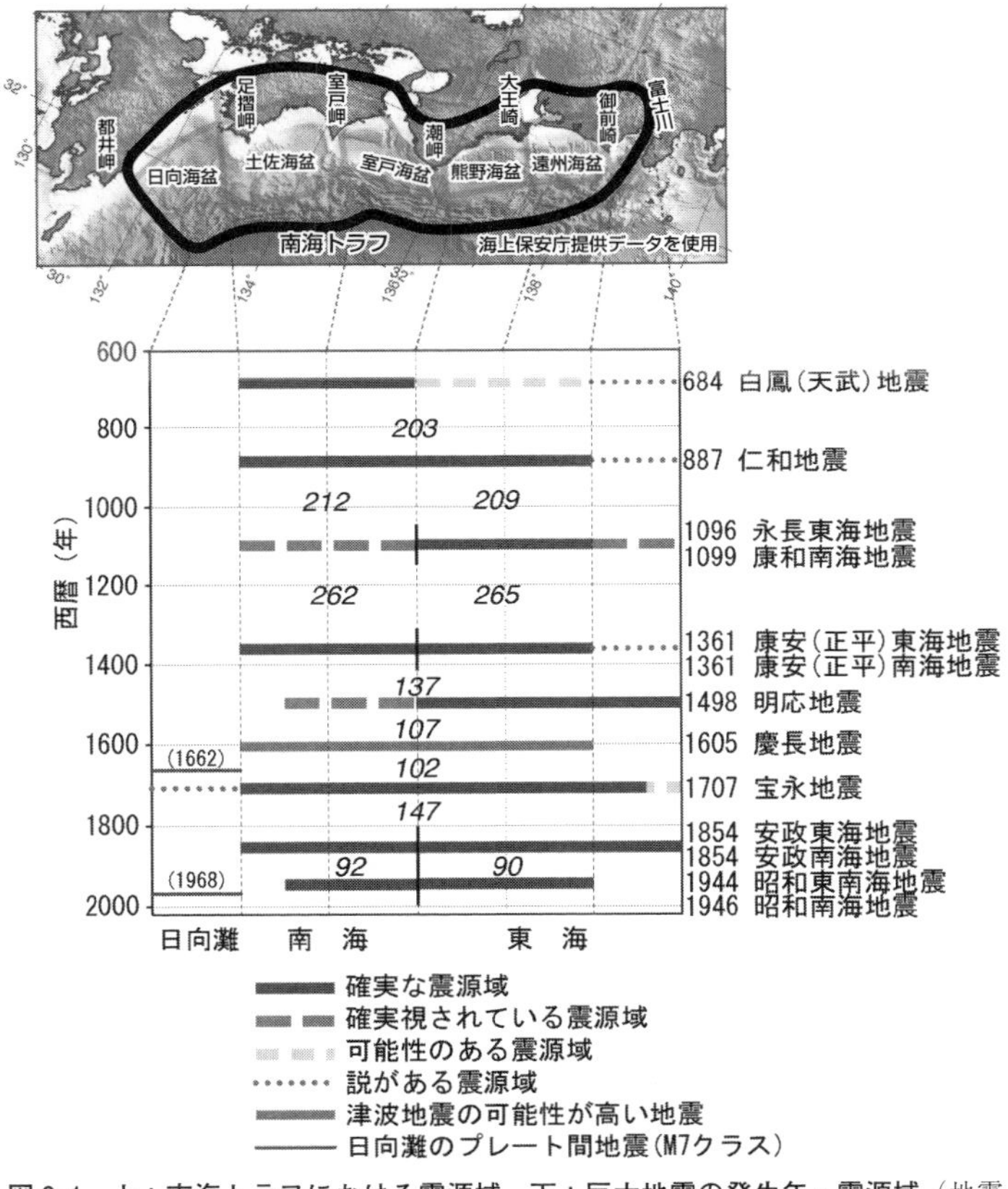

図 2-1　上：南海トラフにおける震源域，下：巨大地震の発生年・震源域（地震調査研究推進本部（地震調査委員会），2013 より改変）**上図の太線は，内閣府によって想定された最大クラスの地震による震源域を示す**（二－五節参照）．

には、主に駿河湾から紀伊半島沖にかけての東半分を震源域とする東海（または東南海）地震と、紀伊半島から四国沖にかけての西半分を震源域とする南海地震、これらが連動して南海トラフの全域を震源域とするものが知られている。豊富な歴史資料の存在が、発生履歴がよく知られていることの最大の要因である。

歴史上の最古の南海トラフの地震とされるのが、白鳳地震（六八四年）である。その後は、仁和（八八七年）、永長・康和（一〇九六・一〇九九年）、康安（一三六一年）、明応（一四九八年、以上二―二節）、宝永（一七〇七年、二―三節）、安政（一八五四年、二―四節）、昭和（一九四四・一九四六年）の各地震が知られている。慶長（一六〇五年）の地震については、津波地震（一章参照）であるとする説や、震源が南海トラフでなく、伊豆・小笠原海溝で発生した地震（遠地地震）による津波ではないかともいわれている。これらのほかにも南海トラフの巨大地震の候補として検討されている地震がある。

近代的な観測記録のある昭和の地震を除けば、いずれも主に文献史料の検討から地震像が推定されている歴史地震である。これらについて、史料の記述から、南海トラフの巨大地震であると推定できる根拠は何だろうか。

南海トラフの地震の特徴（たとえば、石橋、二〇一四）として挙げられるのは、まず、京都や奈良での強い地震動である。古い都であるこれらの地域では、ほかの地域に比べて文献史料の記録数が圧倒的に多い。そして古い地震ほどその傾向は強い。これらの地域で、ふだんの地震とは違う強い地震動、

明応地震	慶長地震	宝永地震	安政東海 安政南海 地震	昭和東南海 昭和南海 地震
明応 7 年 8 月 25 日	慶長 9 年 12 月 16 日	宝永 4 年 10 月 4 日	嘉永 7（安政元）年 11 月 4 日，5 日	昭和 19 年 12 月 7 日 昭和 21 年 12 月 21 日
実隆公記，後法興院関白記，大乗院寺社雑記，日海記，皇代記など	当代記など	多数	多数	中央気象台，水路局などの報告
1498 年 9 月 11 日	1605 年 2 月 3 日	1707 年 10 月 28 日	1854 年 12 月 23 日 1854 年 12 月 24 日	1944 年 12 月 7 日 1946 年 12 月 21 日
137 年	107 年	102 年	147 年	90 年，92 年
8.2-8.4	7.9	8.6	8.4, 8.4	7.9, 8.0
溺死者 5 千から数万	津波死者多数	2 万以上	2 ～ 3 千	1183, 1330
紀伊～房総，熊野	震害なし	五畿七道 東海道，伊勢，紀伊で大	4 日関東～近畿 5 日中部～九州	1944：静岡～三重 1946：房総～九州
京都で数カ月間継続		多数	多数	多数
紀伊～房総，伊勢や大阪湾で大被害	九州～房総，伊勢，阿波，土佐で大被害	九州～伊豆，土佐で大被害	4 日房総～土佐 5 日大阪湾～紀伊半島・四国	1944 伊豆～紀伊 1946 紀伊～四国
		高知沈降，室戸岬，串本，御前崎隆起	4 日清水～御前崎隆起 5 日高知沈降，室戸岬隆起	1944 紀伊半島沈降 1946 高知沈降，室戸，足摺隆起
湯の峰		道後，湯の峰	道後，湯の峰	道後

表 2-1　南海トラフでこれまでに発生した巨大地震の履歴

	白鳳地震	仁和地震	永長東海 康和南海 地震	康安（正平）地震
発生日時（和暦）	天武 13 年 10 月 14 日	仁和 3 年 7 月 30 日	嘉保 3（永長元）年 11 月 24 日 承徳 3（康和元）年 1 月 24 日	康安元（正平 16）年 6 月 24 日
主な記録	日本書紀	日本三代実録	後二条関白師通記，中右記，長秋記	後愚昧記，後深心院関白記，嘉元記，細々要記，太平記
西暦*	684 年 11 月 26 日	887 年 8 月 22 日	1096 年 12 月 11 日 1099 年 2 月 16 日	1361 年 7 月 23, 24, 26 日
前回との間隔		203 年	209 年，212 年	262 年，254 年
M	8 1/4	8 1/4	8.0–8.5 8.0–8.3	8 1/4–8.5
死者数	多			
震害	諸国の郡官舎・百姓倉・寺塔・神社の倒壊	五畿内七道諸国	1096 京都，奈良 1099 奈良，摂津	摂津，京都，奈良，熊野
余震		1 カ月程度継続	1 カ月以上継続	
津波	土佐の運調船が多数沈没	溺死者多数，摂津国尤甚	1096 伊勢，駿河で大被害 1099 記録なし	摂津，阿波，土佐で被害
地殻変動	土佐国では田畑五十余万頃が海となる		1096　木曽川下流「空変海塵」 1099　土佐沈降	
温泉の停止	伊予道後			紀伊湯の峰

*白鳳地震から明応地震まではユリウス暦.

あるいはふだんの地震より長い地震動（継続時間あるいは周期）が記録されている地震は、南海トラフでの巨大地震の可能性が高い。また、太平洋沿岸の広い地域での津波の記録や痕跡があることは、プレート境界で発生する南海トラフ巨大地震の大きな特徴である。土地の隆起や沈降も手がかりになる。これらは土地の浸水や港の変状など、海水面との相対的な高さの変化の結果として記録されることが多い。また、地震に伴って紀伊半島や四国の温泉で湧出停止が見られることも多い。これらの現象は、次に述べるように、昭和東南海地震（一九四四年一二月七日）や昭和南海地震（一九四六年一二月二一日）でも見られた。

地震学の知見に基づいて、南海トラフで巨大地震が発生したときにどのような地震動や地殻変動、津波が発生するかを推定することができる。京都や奈良での強い揺れ、太平洋沿岸での津波、地殻変動や温泉の湧出停止は、いずれも地震学的にも発生しておかしくないものばかりである。

昭和東南海地震と南海地震

南海トラフで繰り返す巨大地震のうち、いちばん最近発生したのは一九四四年東南海地震[1]と一九四六年南海地震である。それぞれM7・9、M8・0と推定されている。前者では静岡、愛知、三重を中心に死者一一八三人（資料により異なる）、後者では中部以西の各地で死者一三三〇人とされている。いずれも津波が発生し、太平洋岸で土地の沈降が発生した。

地震に伴う温泉や地下水の異常は、昭和南海地震で広く観測・観察された。水路部（水路局、現在の海上保安庁海洋情報部）が一九四八年にまとめた「南海大地震調査報告」には、紀伊半島から四国、九州にわたって、多くの温泉や井戸で、湧出が止まるあるいは減る、水位が下がるといった変化の報告がまとめられている（図2-2）。これらの多くは、川辺（一九九一）が分析したように、プレート境界での断層すべりにより生じる地殻の伸び縮み分布によって説明できる。震源域の範囲および陸の位置関係から、西日本の広い範囲で伸びる変化が生じることがわかる。地面が伸びると一般的には地下水圧が下がり、温泉や地下水の流出量の減少や水位の低下につながるのである。

「南海大地震調査報告」には、土地の隆起・沈降についてもまとめられている。地震に伴う土地の隆起や沈降は、それ自体が目に見える変化であることも多く、また港湾が使えなくなるなどの影響が生じるため、史料にも記録されやすい。隆起・沈降の空間分布は、プレート境界で発生するすべりとの位置関係で決まる（21頁参照）。南海トラフに近い室戸岬や足摺岬の周辺では隆起し、さらに内陸側では沈降が生じる。高知市付近では一ｍの沈降となり、浸水被害が発生することになった。

昭和の東南海地震の前には鳥取地震（一九四三年九月一〇日、Ｍ７・２）が発生し、東南海地震と

（1）東南海地震という名称は、中央気象台（一九四六）に見られる。この地震では、南海トラフの巨大地震の想定震源域のうち東端にあたる駿河湾付近が破壊しなかったとされるので、安政以前の東海地震と区別するために東南海地震と呼んでいる。また、一九四四年の地震で破壊しなかった駿河湾で発生すると予想された「東海地震」（石橋、一九七七）と区別する意味合いをもつこともある（110頁、212頁参照）。

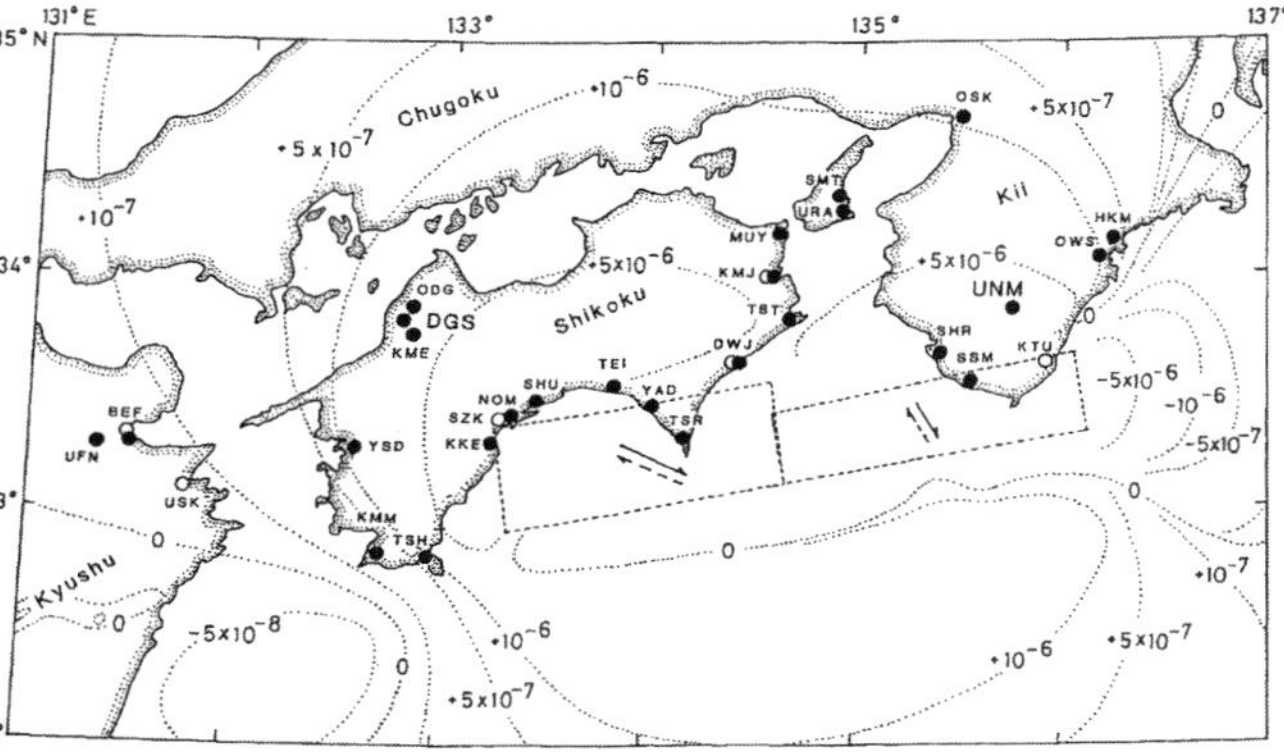

図 2-2　昭和南海地震での地下水位や井戸の変化（川辺，1991）　●：水位や水量が減少，○：水位や水量が増加．

南海地震の間には三河地震（一九四五年一月一三日、Ｍ６・８）が発生している。これらの内陸地震は、プレート境界での巨大地震前後の内陸地震の活発化の例ともいわれている。このような活発化については、近世以前の歴史地震についても検討されるとともに、計算機の上で地震の発生を模擬する地震サイクルシミュレーションなどでも検証がすすめられている。

二—二　古代・中世の南海トラフの地震

『日本書紀』に記された南海トラフの地震

日本の文献史料に書き残された最も古い南海トラフ地震は、天武一三年（六八四）の地震である。美術史の時代区分で「白鳳時代」と呼ばれる時期にあたるため、「白鳳地震」と呼ばれることが多い。

この地震について記した『日本書紀』の記事は次の三つである。

a（天武天皇十三年）冬十月（中略）十四日、人定※に及び大地震。国をあげて男女叫唱す。東西を知らず。すなわち山崩れ、河涌く。諸国郡の官舎、及び百姓の倉屋、寺塔、神社破壊の類い、あげて数うべからず。これにより、人民及び六畜、多く死傷す。時に伊予の湯泉、没して出ず。土佐国の田苑五十余万頃《けい》、没して海となる。古老曰く、これ、地の動くがごとし。未曽有なり。是夕、鳴く声あり。鼓のごとし。東方に聞こゆ。人ありて曰く、伊豆島の西と北の二面、自然に増益すること三百余丈。更に一島となる。すなわち鼓の音のごときは、神のこの島を造る響きなり。

※人定　人の寝静まった頃。夜一〇時頃。

b十一月（中略）三日、土左国司言わく、大潮高騰して、海水飄蕩す。これにより調《みつぎ》を運ぶ船、多く放失せり。

c（天武天皇十四年）夏四月（中略）四日、紀伊国司言わく、牟婁《むろ》温泉没して出ざるなり。

aの前半には、諸国の国司が朝廷に報告してきたことをまとめたことが書かれている。天武一三年一〇月一四日（六八四年一一月二六日）の夜更けに大きな地震があり、山が崩れ、川から水が溢れたこと、諸国の役所、住民の家、寺院、神社が倒壊したこと、多数の死傷者が出たことが述べられている。「河涌く」とあるのはやや理解しにくいが、液状化による出水のことであろう。何もなかった場所に、突然川のようなものが現れた現象をいっているように思われる。

後半には、諸国からの報告が具体的に記されている。伊予（愛媛県）の温泉とあるのは道後温泉のことであろう。その湯が止まったという。土佐（高知県）では田が「没して海となる」とされるが、これは地震による地盤沈下を語っていると考えられる。「伊豆島」に関する記述は、伊豆諸島のいずれかの島で噴火があったことをいっているのであろう。

bには、一一月三日に土佐からの報告が朝廷に届いたことが記されている。津波に襲われたことと、朝廷に調（貢納物）を運ぶための船が沈没したことが報じられているが、地震発生が夜更けだったことを考えると、船は港に停泊中だったものであろう。aに記された土佐の被災記事は、一一月三日の土佐からの報告を、『日本書紀』の編纂者が、地震発生日の条文にかけて記述したものであろう。

cには翌年四月に紀伊（和歌山県）から届いた報告が記されている。牟婁は紀伊半島南部一帯の広域の郡名である。このあたりには温泉が多いので、どの温泉であるかは特定できないが、早くから史料に見える温泉でいえば白浜か、熊野の湯の峰であろう。

このように『日本書紀』によって、各地に大きな被害をもたらした地震が起きたことが知られるが、被害が具体的に記されたのは四国と紀伊である。そのため、この年、南海地震が起きたことは確実とされている。

では東海ではどうだったのだろうか。『日本書紀』は東海での地震被害について記すところはない。ただ、伊豆諸島の噴火を思わせる記述は、この頃東海でも何らかの異変が起きていたことを示唆して

図 2-3　太田川の河川改修工事で現れた津波堆積物（Fujiwara *et al*., 2020）

いるようである。白鳳東海地震の確かな証拠を見つけられるか、というのが、歴史上の南海トラフ地震研究の一つの課題である。これについて、最近、地質学から、注目される調査結果が報告された。

津波堆積物から探る過去の津波

二〇一三年、日本地質学会の学術大会で、静岡県中部を流れる太田川下流の地層に関する、次のような研究結果が報告された（青島ほか、二〇一三）。

太田川では河川改修工事に伴って古い地層の断面が現れていたが（図2-3）、そこには四つの砂の層を認めることができる。それぞれの層に含まれる植物遺体の放射性炭素年代測定によって、砂の層は下から、七世紀、九世紀、一一世紀、一五世紀頃に形成されたものと推定された。このうち白鳳地震に関連して注目されるのは、一番下の層である。研究グループが、この層に含まれる礫の円磨率（小石の角の取れ方）を調査したところ、〇・七二であった。これを太田川の現在の川床の一般的な礫の円磨率、および遠州灘の海岸の礫の円磨率と比べると、前者は〇・四九、後者は〇・七〇であった。また、砂の層に含まれるザクロ石（カルシウム・マグネシウム・鉄・アルミニウムなどを主成分とする硬い石）の組成率をくわしく分析したところ、結果は、やはり太田川上流のものよりも、遠州灘海岸のものの方が近いことがわかった。つまり、七世紀に堆積した砂の層の鉱物組成は、太田川上流から運ばれてきたものよりも、遠州灘の海岸のものに似ているのである。これは、この砂の層が海からもたらされたものであること、つまり津波の痕跡であることを意味している。

これらがどんな現象による津波の痕跡であるかが問題だが、太田川で見つかった砂層のうち、九世紀、一一世紀、一五世紀の砂層については、後述するように文献史料上に対応する東海地震を確認することができる。したがって七世紀の砂層も東海地震の痕跡である可能性が高いだろう。

『日本書紀』には、白鳳時代の東海地方の地震や津波に関する記事は見られない。しかしこの地質学上の発見によって、白鳳地震は南海沖だけでなく、東海沖でも起きていた可能性が高まったといえるだろう。

平安～南北朝時代の南海トラフの地震

白鳳地震のあと、一五世紀末の明応東海地震に至るまでの間に、三度の南海トラフの地震が文献史料によって確認されている。

一つ目は、藤原摂関家の興隆期、菅原道真の登場する少し前に起きた仁和三年七月三〇日（八八七年八月二二日）の地震である。『日本三代実録』によれば、この日の夕刻、京都では大きく長い揺れがあり、京中では倒壊する建物や圧死する者があったという。同書の記述によれば、諸国で大きく揺れ、「海潮が陸にみなぎって、溺死する者が数え切れない」という状況で、特に摂津（大阪府北部、兵庫県南東部）がひどかったとされる。また『類聚三代格』に引用される翌年五月の詔によれば、同月八日、信濃（長野県）では山が崩れ、川が溢れ、六つの郡で役所や家屋が流されたという。前年の地震によって川がせき止められてできた湖が決壊したことによる被害であると考えられる。大阪湾に津波をもたらし、信濃でも山の崩壊を起こしていたとすれば、東海地震、南海地震の連動した地震であった可能性が高い。

二つ目は、白河法皇による院政の行われていた嘉保三（永長元）年一一月二四日（一〇九六年一二月一一日）の地震である。京都の貴族たちの日記によれば、この日の朝、京都では六度にわたる大きな揺れがあり、堀河天皇は庭の池の船に避難したという。大極殿では一部が傾いたり、柱がずれたりする被害があった。東寺では九輪が落下し、法成寺、法勝寺などでも塔や仏像などが損傷した。数日すると、京都以外の被災状況が朝廷に届き、近江では琵琶湖南端の瀬田橋が崩壊したこと、奈良では東大寺の鐘が落下し、薬師寺の回廊が倒れたこと、駿河では地震によって、寺社や百姓の家屋四百戸が流失したこと、伊勢の安濃津（現在の津市）では「大波浪」によって民の家屋が流されたことが報告されている(『後二条関白師通記』『中右記』『長秋記』)。

また、鎌倉時代中頃、伊勢の桑名あたりにあった近衛家領の荘園の住人は、隣接する荘園との境界をめぐる訴えの中で、嘉保年間の大地震のときには、荘園内の二つの島が空しく海塵に変じ、陸に戻るまで数十年かかったことを語っている(「近衛家文書」)。これは、木曽三川の形成した河口洲が、津波や液状化によって失われたことをいっているのであろう。

これらによれば、京都・奈良で被害があっただけでなく、伊勢湾岸や東海が津波で襲われる大きな地震があったのはまちがいなかろう。

さらに三年後の承徳三(康和元)年正月二四日(一〇九九年二月一六日)にも、京都では大きな揺れがあり、奈良では興福寺の大門と回廊が倒壊している。また土佐では、この地震によって田千余町が海底となったとされるので、東海側の地震から三年をおいて、南海側でも大地震が起きていた可能性が高い。

三つ目の地震は、南北朝時代の康安元(正平一六)年(一三六一)六月の地震である。貴族たちの日記によれば、京都では二一日の夕方、二二日の明け方、二四日の朝に大きな揺れが感じられ、その後しばらく余震が続いたようである(『後愚昧記』『後深心院関白記』)。畿内では二四日の地震による被害が大きかったようで、法隆寺で書き継がれた『嘉元記』という年代記には、この日、法隆寺では築地に損傷があったこと、薬師寺では金堂の二階や塔に損傷があり、中門や回廊が倒壊したこと、唐招提寺では塔の九輪が破損し、西回廊と渡廊が倒壊したこと、大阪の四天王寺では金堂が倒壊したほか、

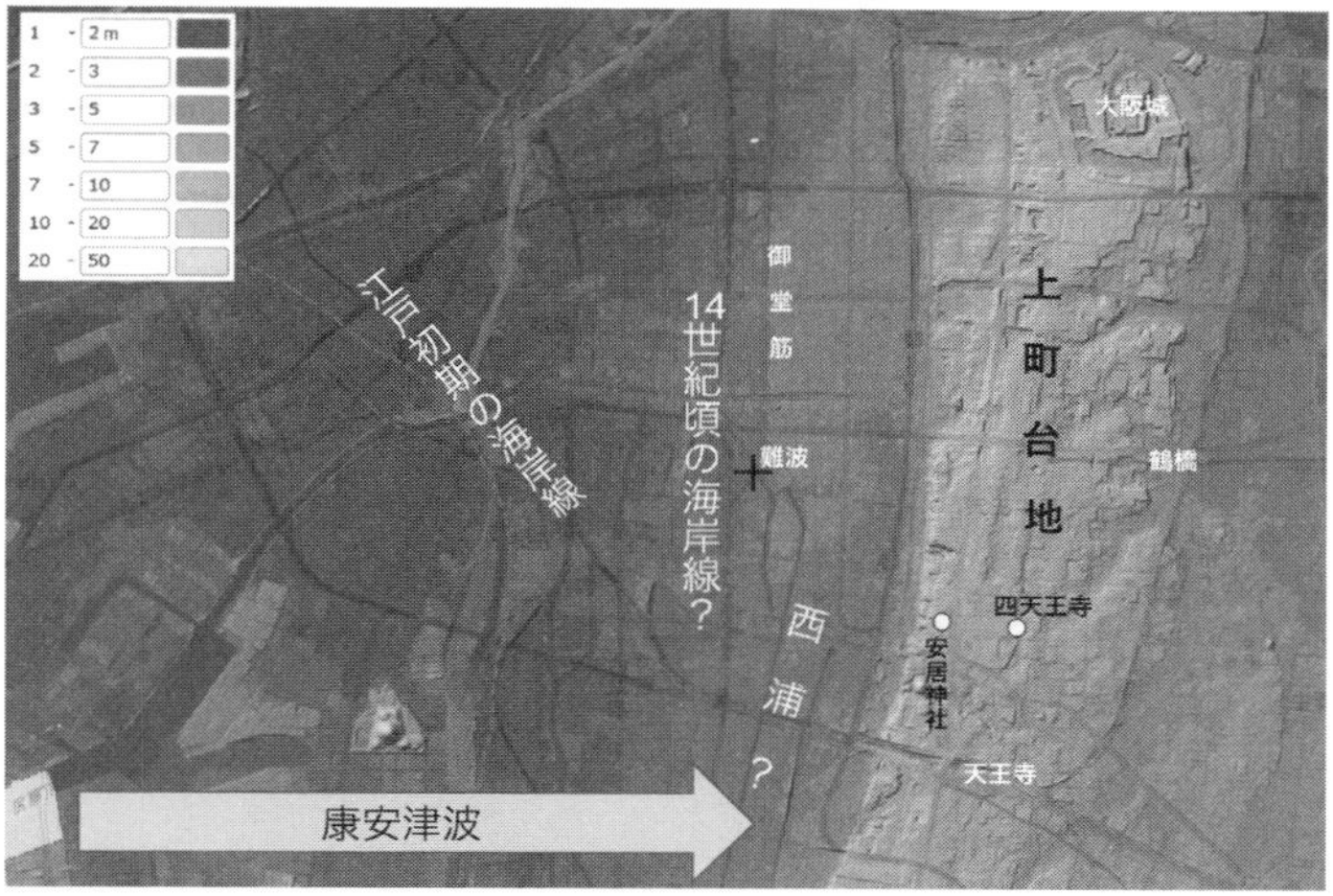

図 2-4　大阪平野での康安津波推測図

「安居殿御所西浦」まで津波が襲来して多くの人民が死亡したこと、熊野では山が崩れ、湯の峰温泉の湯が止まったことが記録されている。「安居殿御所」とは四天王寺と同じく上町台地にあった殿舎で、「西浦」は台地の西方の海辺地区をさす。津波はこの地区を水没させ、台地の直下まで襲来したのであろう（図2-4）。

大阪湾の津波については『太平記』にも記述があり、最初、潮が大きく引き、砂の上の魚を取りに出た人々は、次いで襲ってきた大波に呑まれ、数百人が命を落としたとしている。また阿波の鳴門や由岐も津波に襲われたとされる。四国の津波については、江戸時代の写本であるが、「康安元年六月十四日の大潮」で重要書類を失ったことを記した中世文書がある（『土佐国編年紀事略』）。おそらく「十四日」は「二十四日」の誤写であり、土佐もこの地震による津波に襲われたことを示唆しているのだろう。

このように文献史料によって、平安時代から南北朝時代にかけて三度の南海トラフ地震があったことが推定されている。このうち仁和と永長・康和の地震については、文献史料によって南海・東海の双方で地震があったと推定され、太田川の地質調査でも津波痕跡が確認されている。康安地震については、東海での被害を記した文献は少ないが、近年、康安元年六月に、伊勢外宮の正殿が大きく損傷する地震があったことが明らかにされている（奥野・奥野、二〇一七）。また静岡県駿河湾奥の浮島ヶ原（富士市・沼津市）の地質調査では、一一～一二世紀頃に始まる堆積層が見つかっており、この時期に地震に伴う水位上昇があったことが推定されている（藤原ほか、二〇〇七）。

広く被害を及ぼした明応東海地震

明応七年八月二五日（一四九八年九月一一日）に起きた地震は、紀伊半島から東海に大きな津波被害をもたらし、南海トラフを震源とする東海地震であると考えられている。江戸時代よりも前に起きた南海トラフの地震としては、最も多くの関係史料が残されている。特に、京都、奈良、鎌倉以外での被害に関して、被災当時に書かれた記録が残されている点は特筆される。

京都で書かれた史料から紹介しよう。京都では二人の公家の日記にこの地震のことが記されている。一つは権大納言三条西実隆の日記『実隆公記』で、八月二五日条には「早朝、地震大動す。五十年以来、かくの如きことなしと云々。予出生以来、かくの如きこと知らず」と記されている。もう一つは元関白近衛政家の日記『後法興院関白記』で、八月二五日条に、「辰の時、大地震。去る六月十一日の地震の一倍のことなり」と記されている。京都でも相当大きな揺れが感じられたことがわかる。

ついで一ヵ月後、『後法興院関白記』の九月二五日には「未の刻、地震。伝え聞く。去月の大地震の日、伊勢・参河・駿河・伊豆、大浪打ち寄せ、海辺の二三十町の民屋、悉く水に溺れ、人命を歿す。其の外牛馬の類、其の数を知らずと云々。前代未聞のことなり」とあり、東海地方で甚大な津波被害が起きていたとの情報が京都にも届いていたことが知られる。

それでは、被災地となった東海地方ではどう記されているだろうか。現在の静岡県掛川市あたりの禅寺の住持が残した『円通松堂禅師語録』には次のような記述が見える。


同月（明応七年八月）廿五日辰の刻、忽然《こつぜん》として大地震動《ゆ》る。万民胆《きも》を喪《うしな》う。あるいは地に倒れて匍匐《ほふく》し、あるいは柱を抱えて滅を待つ。老翁は合掌して仏の名を念ず。幼弱は叫喚して父母を号《よ》ぶ。平地は破裂して三五尺の波濤《はとう》を立《たちどころ》に涌き出ず。巨岳は分破してたちまち万仞《ばんじん》余の懸崖《けんがい》を崩奔す。従前の風雨に破落の残家残屋*、一等に震卻《しんきゃく》して*半ば地中に陥墜す。中につきても最も憐むべきは、旅泊の海辺、漁浦の市店《してん》、聚《あつま》れるは遠国の商人、群れるは近隣の賈客《こかく》、八宗の仏民、寺院僧房に架る、ならびに歌舞・伎楽・遊燕《ゆうえん》の輩《ともがら》なり。一朝《いっちょう》時刻を渉らずして、洪《こう》濤《とう》天に滔《はびこ》り来る。しかして一弾指《いちだんし》の頃*、地を掃いて総てを巻き去れり。俗舎・仏宮、幾千間《いくせんげん》を識《し》らず。緇白《しはく》*・貴賤、幾万人を記さず。牛馬鶏犬等らの類、豈に称計《しょうけい》に足らんや。（原文は漢文）

＊従前の風雨に破落の残家残屋　先日の風雨でこわれかけた家屋
＊一等に震卻して　ひとしなみに揺れて
＊一弾指の頃　わずかの時間
＊緇白　僧俗

難しい漢語表現であるが、突然の大地震によって人々が大混乱していること、液状化現象が起き、一mを超えるような水の噴き上げがあったこと、山が崩れたこと、津波が襲来し、海岸の港町にいた商人、僧侶、芸能者が命を失い、建物もすべて流されたことが記されている。「洪濤天に滔り来る」とは、津波は天に届くほど高かった、という意味である。同じ静岡県内では、焼津の日蓮宗寺院の僧侶も、「大波」によって海辺では寺も家屋も牛馬もすべて流されたと記している（『日海記』）。

津波の大きさや被害については三重県の伊勢神宮に伝えられた年代記にも詳しく記録されている（『皇代記』）。

同七年戊午六月十一日丙子未の尅、大地震。同八月廿五日己丑辰の刻、大地震に高塩（潮）満ち来りて、当国の大湊、八幡の林の松の梢《こずえ》を大船ども打越して、長居郷まで浪入ると云々。よって大湊、家数千軒余、流れ損亡す。人数男女ども五千余人死亡す。次、志摩国荒島は人数弐百五十余人死す。そのほか海辺の郷里、悉く皆損失す。死人あるいは百人、あるいは五十人。中にも達志嶋《とうしじま》、国府《こう》、相差《おおさつ》、麻生浦、小浜などなり。他国を聞くに、三河片浜、遠江柿墓《かきづか》・小河と申す在所は、一同に人境ともに亡ぶと申す。

かの高塩、地振により満ち来る。同じく引く時も大儀にして、海底の砂顕《あら》わる。鱗ら数を尽くして死す。塩干漫々として遥かなり。希代の不思議の間、人皆これを見物せり。しかるのところ、また自ら興る高塩、山のごとく満ち来る。塩干に出たる人、仰天して背帰すといえども、大略道にて死亡す。（中略）惣じて大地振の時は、問浪・大浪とて両度あるべし。後の浪、高塩たるべし。後代の人、地振の時、用心のため、懇《ねんご》ろに注しおくものなり。


伊勢神宮近くの港町大湊（三重県伊勢市）では、松の高い枝を越えるほどの津波が襲来したこと、多くの人命が失われたことが記されている。被災地として名前があがっている場所は図2-5、図2-6のとおりで、志摩半島のリアス式海岸の港町が軒並み被災した様子がうかがえるだろう。また、この史料の後半には、津波の第一波のあと大規模な引き潮があり、人々が珍しがって出ていたところ、第二波が襲来し、多くの人が命を失ったことが書かれている。康安地震でも同じような現象があったとされるが、大地震後の引き潮の記録として注目されるだろう。そして、地震のあと、津波は二度あることを記して、後世の人々への警告としているのである。

このほか、紀伊の熊野でも、湯の峰温泉の湯が止まり、建物が崩れたこと、浦々が津波に襲われたことが記されている（『熊野年代記』）。また江戸時代の史料になるが、現在の和歌山市、伊豆半島西海

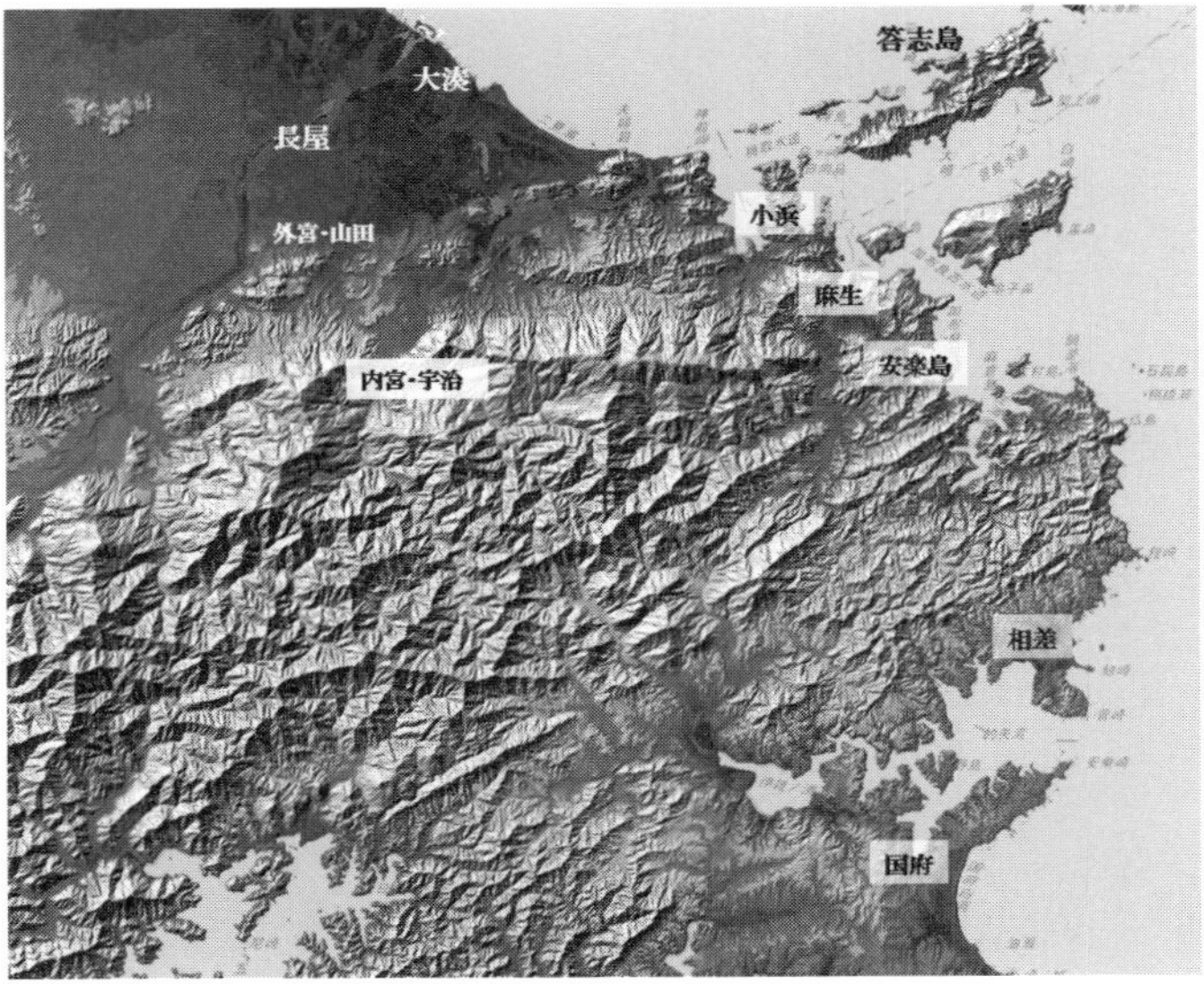

図 2-5　明応東海地震での伊勢・志摩における津波被災地

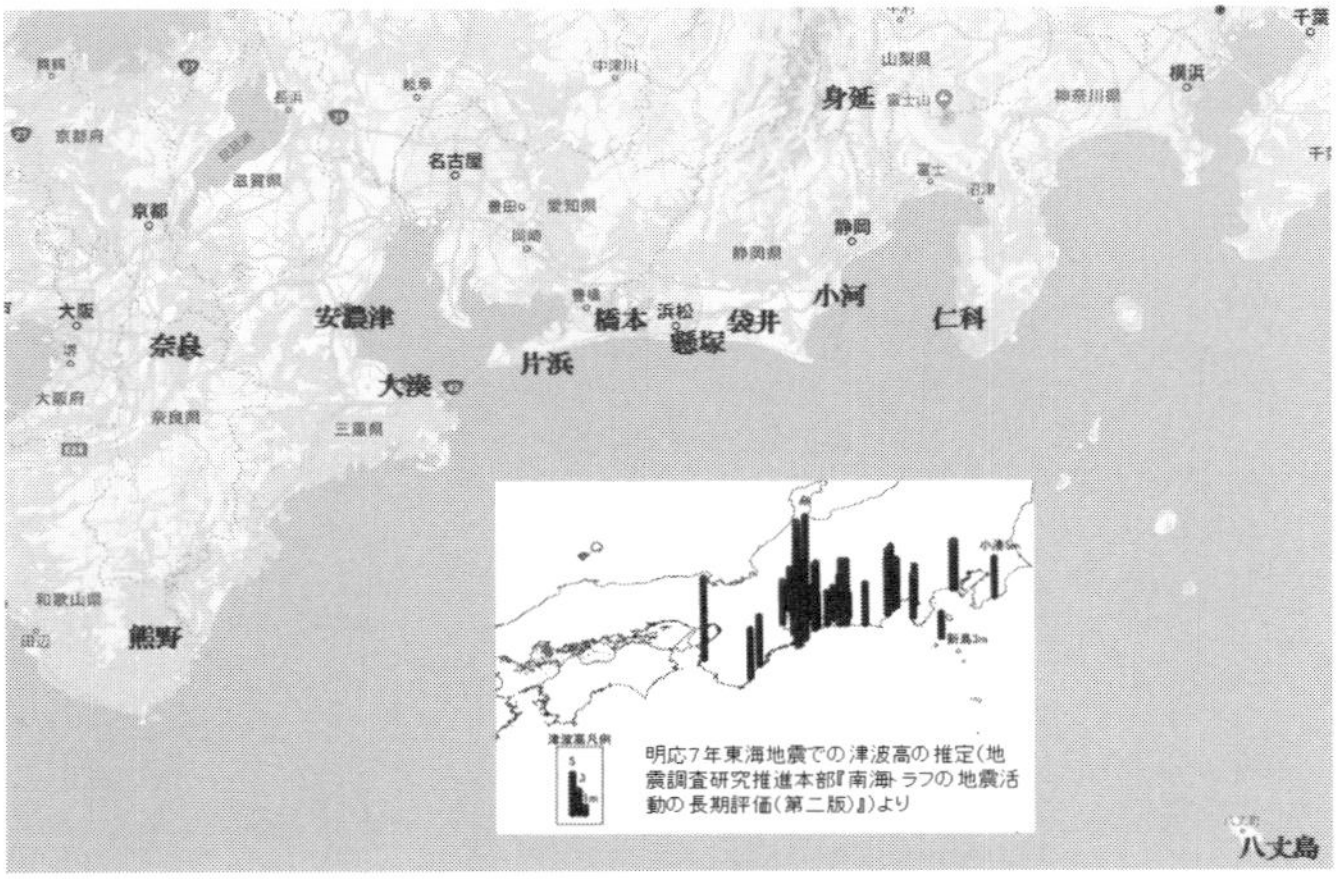

図 2-6　史料に記された明応東海地震の被災地と推定津波高

岸の仁科、八丈島などにも津波があったことを伝える史料が残されている。いずれもその地域独自の被害状況が記されているから、被災した事実はあったのだろう。被害は広い範囲に及んだものと考えられる。

浜名湖に残る明応東海地震の痕跡

実は、現代の日本人の少なからぬ人は、意識しないうちに明応東海地震の痕跡を目にしている。西へ向かう東海道新幹線は浜松を過ぎると浜名湖南端を渡るが、この浜名湖と太平洋を結んでいる湖口部の水路は、明応地震の津波によってできたものなのである。現在、地元ではこの水路は「今切」と呼ばれている。「今切」とは新しく切れた、という意味である。浜名湖と太平洋が接するこの地は、古来、風光明媚の地として知られ、平安時代以来の多くの紀行文でその景勝が称えられ、多くの和歌に詠まれてきた。しかしそれらを注意深く読むと、明応地震以前と以後では、浜名湖南部の景色が異なっていることがわかる。

『海道記』を始めとする鎌倉時代以来の紀行文によれば、浜名湖と太平洋は「川」とも「湖」とも表現される水路でつながり、「橋本宿」という町に「浜名橋」と呼ばれる橋が架かっていたこと、東海道の旅行者はこの橋を渡って旅を続けていたことが知られる。そして、「橋本宿」や「浜名橋」の名は、明応地震の後は史料から消える。

種々の記述の総合から推定される明応地震以前の浜名湖湖口部の地形は、図2-7上のようになる。

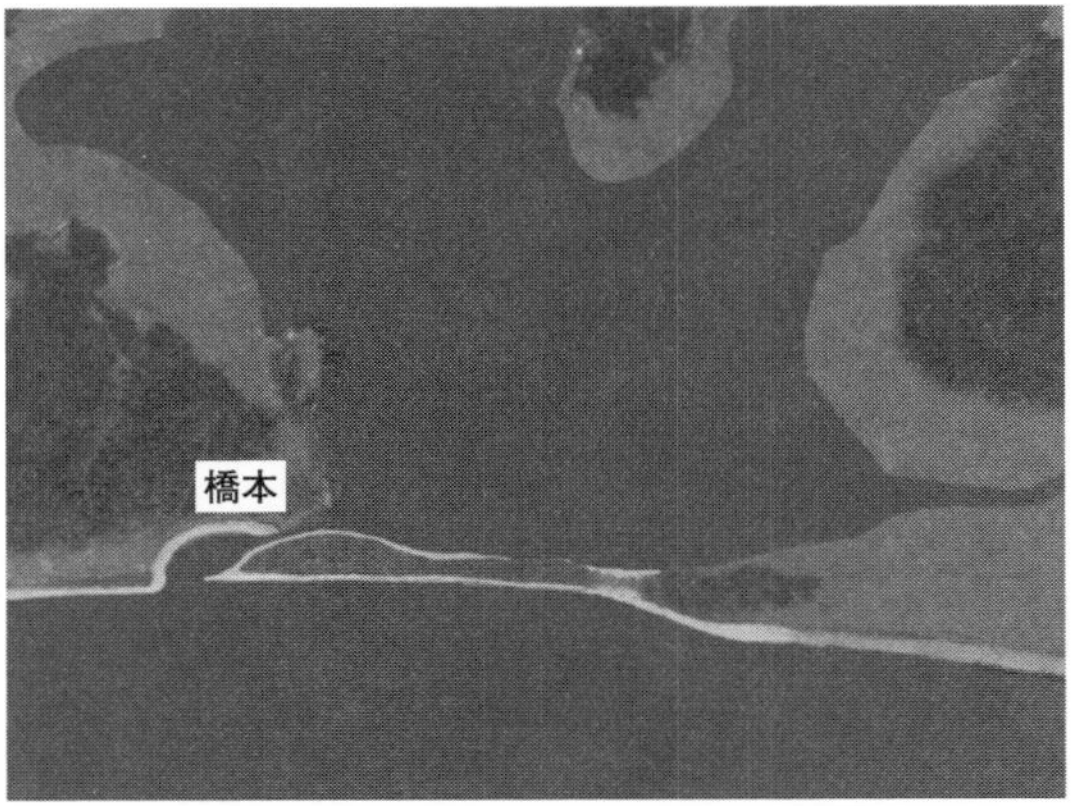

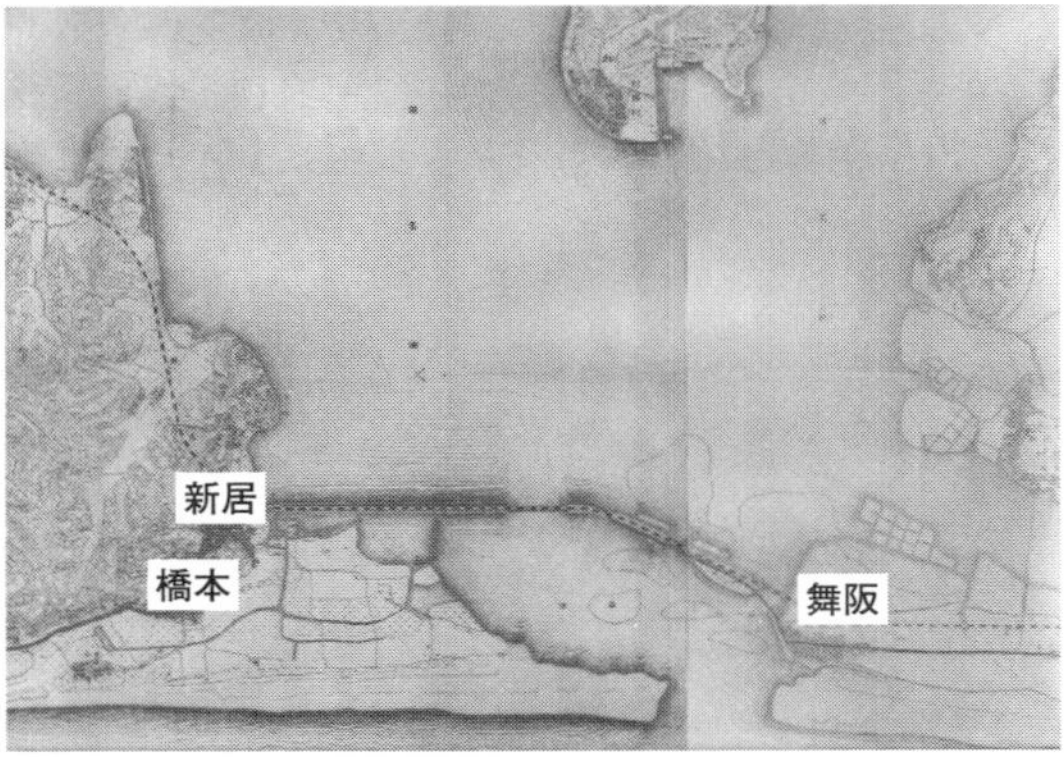

図 2-7　上：明応東海地震以前の浜名湖南部の地形復元図（大阪朝日放送制作），**下：明治初期の浜名湖南部の地形図**（旧陸軍陸地測量部作成　迅速測地図）

これを明治初年の地図である図2-7下と比べてみよう。湖と海の接し方に注目していただきたい。両者をつなぐ水路の位置がまったく異なっていることがわかるだろう。この変化こそが明応地震による津波によってもたらされたものなのである。

一五二六年にここを通過した連歌師宗長は、「先年の高潮によって、恐ろしい荒海を渡ることになった」と記している。橋で渡れた浜名湖の湖口部は津波によって広くなり、舟で渡らなければならなくなったのである。江戸時代になると、湖岸に新居宿が設けられ、対岸の舞阪まで舟で渡るようになっていた（当初の新居宿は高潮や宝永地震の津波で被災し、高台にある現在地に移転している）[(2)]。今切の眺めは、明応地震の痕跡であり、津波の力のすさまじさを現代に伝えてくれているのである。

二―三　宝永の地震と富士山噴火

最大級の地震――落橋、城、井戸からわかる

宝永四年一〇月四日（一七〇七年一〇月二八日）、五畿七道に強い揺れと大きな被害をもたらす地

（2）なお、ウェブで検索すると、明応地震によって浜名湖南部の一帯が広く沈下したという情報が得られるが、これは浜名湖の湖底遺跡の調査報告書を読み誤ったことから生じた学説に基づいた情報である。鎌倉時代の紀行文の記述とも、湖底の地質調査の結果とも一致していない誤認であるので、注意されたい。

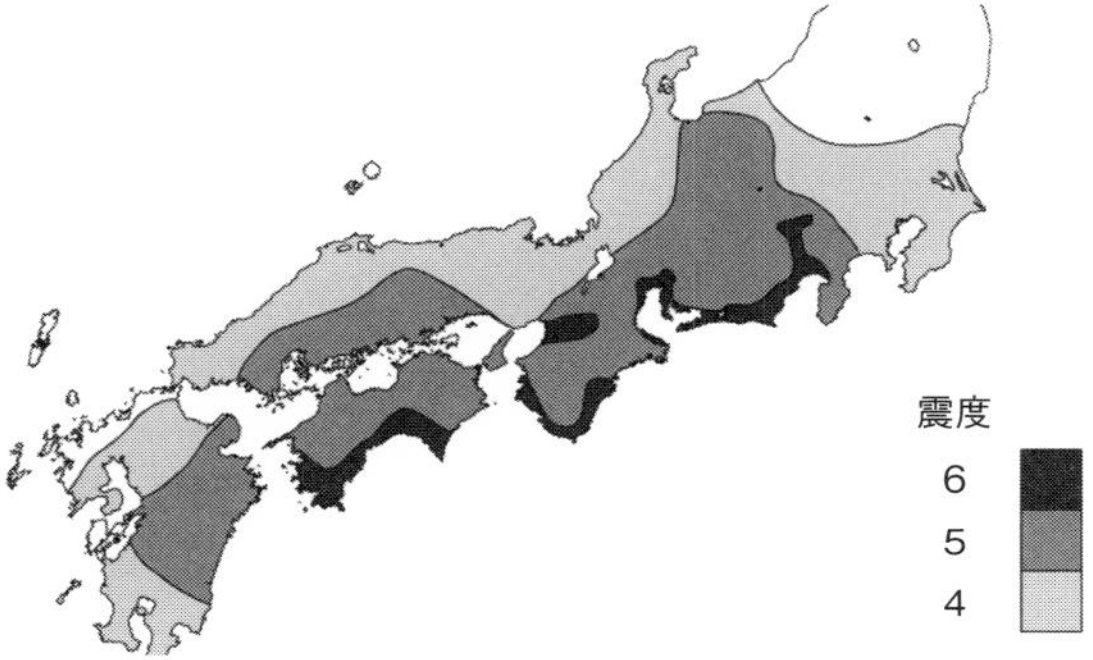

図 2-8　宝永地震の震度分布図

震が発生した。被害分布や津波発生などの特徴から、震源は南海トラフと推定されている。宇佐美ほか（二〇一三）では、「わが国最大級の地震のひとつ」で、M8・6としている。史料の検討から、この地震では駿河湾沖から土佐湾沖のプレート境界の広い領域が、一体として、あるいはほぼ同時にすべりを起こしたと考えられている。

最大級の地震であると判断できる一つの理由は、強く揺れた範囲の広さであろう。震度六以上と推定される地点が、東は現在の山梨県、長野県から、西は大分県まで分布している（図2-8）。地震動による被害が特に大きかったのは、東海道、伊勢湾周辺や紀伊半島、四国の南部のほか、濃尾平野や大阪平野である。有感の地点は、東北地方から九州まで分布している。また津波が到来した範囲も広く、伊豆半島から伊勢湾、紀伊半島、四国の南岸、九州の東岸（一部）などの太平洋沿岸で津波が到達したことがわかっている。後述（二―四節）の安政の東海・南海地震の被害分布と比較すれば、この地震の被害範囲の大きさが理解できるだろう。

柳沢吉保の公用日記『楽只堂年録』には、この地震による各地の大名や代官からの被害の報告がまとまっており、この地震の被害が概観できる（『新収日本地震史料』第三巻別巻に収録）。各地の史料による個別の被害に関する調査研究も進められている。

内閣府の災害教訓の継承に関する専門調査会（二〇一四）では、歴史資料を中心にさまざまな検討を行っている。前述のような強い揺れの分布のほか、たとえば、大阪市中に多数架けられている橋が津波によって受けた被害の分布から、津波の規模を推定することができる。大阪では後述の安政南海地震の際も津波被害があったが（二―四節）、宝永地震の方がより上流側に広がっていた。また、前述のように温泉や井戸水などにも変化があり、地震動や地殻変動を反映していると考えられる。

各地の城郭の被害に着目した研究もある。『楽只堂年録』に基づき、各地の城郭に関する史料や被害絵図の記述も加えて、宝永南海地震の城郭の被害や修築に関する調査がなされ、その成果は「宝永地震城郭被害データベース」（大邑・北原、二〇一四）として公開されている。立地条件や規模、建築物の違いもあり、単純に比較することはできないが、城郭は広く各地に分布し、また構造物が現存していることから、地震動についてより詳細な情報が得られる可能性がある。また、城郭の修復手続きなど、当時の行政手続きについても知る手がかりになっている。

宝永の南海地震は、南海トラフで発生した地震のうち、記録から合理的に再現できる中で最大（「既往最大」）の地震として、被害想定などに用いられてきた。現在は、二〇一一年東北地方太平洋沖地震の発生とそれによる被害を踏まえて、宝永地震よりさらに大きな震源域を想定すべきとして、

「あらゆる可能性を考慮した最大クラスの巨大な地震・津波を検討していくべき」との方針に基づいた新たな想定断層モデルが提示され、災害対策に活用されている(114〜116頁参照)。

宝永の富士山噴火と被害の特徴

この地震の四九日後、宝永四年一一月二三日(一七〇七年一二月一六日)に富士山が噴火した。一章で述べた貞観六年(八九四)の噴火では、北西斜面にできた割れ目からマグマが溶岩として地表を流れ下ったが、宝永四年には南東斜面に開いた長径一三〇〇mの火口から、爆発的な噴火で破砕され固化したマグマが空高く噴き上げられ、偏西風に乗って東に運ばれた。この噴火で開いた火口は「宝永火口」として今でも富士山南東麓にある巨大なくぼみとなっており、遠くからでもその地形をはっきりと認めることができる(口絵4)。

こうした降下火砕物はテフラと総称され、富士山との距離によってその種類や量、もたらす被害には違いがある。このうち粒径二㎜未満の火山灰は、一〇〇㎞離れた江戸や房総半島にまで到達し、広範囲に影響を及ぼした(図2-9)。

一方、火口の一〇㎞東の須走村(静岡県小山町)では三七軒が焼失、三九軒が潰れたと史料にあり、三mに達する砂礫に埋まったという。二〇一九年六月、小山町須走地区で行われた発掘調査では、約二m積もっていたスコリアの下の軽石を含む層から、焼け焦げた家屋の柱が直立した状態で発見され、壁や屋根の一部と見られる炭化物なども出土した(富士山考古学研究会、二〇二〇)。近くから直径一

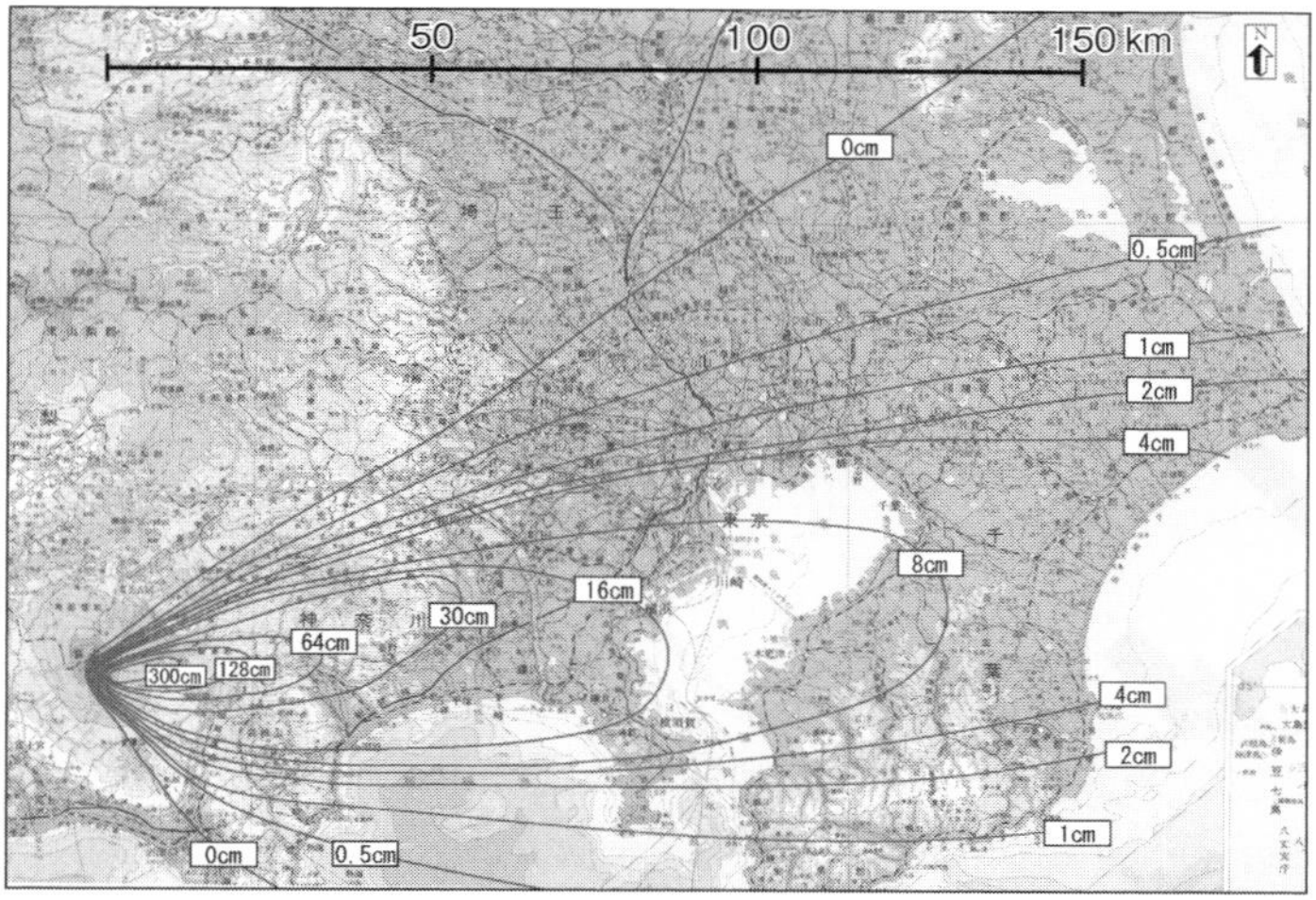

図 2-9　宝永噴火の降灰分布図（富士山ハザードマップ検討委員会中間報告, 2004 に富士山山頂からのおおよその距離を加筆）

○cmほどもある軽石が見つかり、その内部は赤く変色していたことが確認されている。

噴火の際にマグマが噴き上げられ、その中に溶けていた水などが発泡してできた多孔質の火砕物のうち、淡色のものを軽石、暗色のものをスコリアという。宝永噴火では初期に軽石が多く噴出され、スコリアに移行したが、須走での発掘調査から、数百度の高温で飛来した軽石によって家屋が燃え、その後にスコリアが降って村が埋まったことが実証された。史料の記述も正確であったことになる。

テフラが堆積した地域では、土地が埋没し生活基盤が破壊されるこうした一次被害のほか、川に流入した砂礫が川底を押し上げ、大洪水が繰り返されるなどの二次被害も発生した。大規模で爆発的な噴火は、長期にわたり多様で複合的な被害をもたらしたのである（永原、二〇一五）。

江戸で記された日記

この噴火について理解するうえでは、一二月八日に噴火が終息するまでの一六日間にどんな現象が発生し、どのように推移したのかを復元することが重要である。そのためには、文献史料による分析が欠かせない。史料を作成した主体や時期、形はさまざまだが、中でも日記は記主が直接見聞したことについて時を置かず連続して記述する点で、一次史料としての信頼度が高い。

江戸で旗本の伊東祐賢がつけていた日記（『伊東志摩守日記』）は、雲の様子や鳴動、降灰などを連日くわしく記録している。たとえば、噴火当日の日中については次のような記事が見える。

巳の刻時分より、南西の方に青黒き山のごとくの雲多く出申し候は、地は震い申さず候えども、振動間もなくいたし、家震い、戸障子強く鳴り申し候。風少しも吹き申さず候。午の刻時分より南の方にて雷鳴出し、黒雲の内、稲光強くいたし候。雷鳴り申すべき前には震動いたし候。北の方へも白雲次第におおい、たちまち天曇り、午の中刻よりねずみ色のはいのごとくの砂多く降り申し候。南西の黒雲少しは薄く成り申し候。未の刻時分より震動止み申し候。空は厚き白雲に成り、南の方にて時々鳴り、稲光夜中いたし、雷鳴り申すべき前には動揺いたし候。遠天にて鳴雷のひびき強く、地動き、戸障子なり申し候。雷声ことのほか長くこれあり候。

午前一〇時前後から南西の方に雲が多く出て、地面は揺れていないのに家が揺れ、建具が大きな音をたてた。昼前には南の方で雷が鳴り出し、震動や稲光も伴ったという。正午頃からはねずみ色をした灰のような砂がたくさん降ったことや、その後の雲や雷、震動の様子が細かく記されている。

こうした記述から、火山学でいう空振や火山雷などの自然現象を読み取れるため、『伊東志摩守日記』は噴火の推移を追うことの可能な史料として評価されている。また、富士山から離れた江戸での観察は、噴火の全体像をとらえた記録としても重要な意味を持つとされる（小山、二〇〇二）。

幕府の中枢にいた人々が富士山の噴火を知るまでの経緯も日記から知られる。将軍世嗣徳川家宣の侍講をつとめていた新井白石の日記（『新井白石日記』）によると、白石は噴火の翌日、家宣に近侍する間部詮衡から、富士山に赤気が立ち南の方から雲がたなびいているようだと聞き、富士山が噴火したのだろうと見ていた。大島の噴火という風説もあった中で、白石は東海道吉原宿（静岡県富士市）から幕府に届いた注進状を一一月二六日に見て、富士山の噴火と被害を知ったという。

京都に伝えられた噴火の状況

日記は、情報がどのように伝達されていったかを示してもいる。京都の公家近衛基熙《もとひろ》の日記（『基熙公記』）によると、家宣の正室で江戸城の西丸にいた基熙の娘熙子《ひろこ》は、一一月二五日付の書状で江戸での鳴動や降灰の様子を基熙に伝えてきた。

廿三日巳の刻時分より、地しんのように戸しょうじなどひびき申候。地しんにては御ざなく、ゆらゆらといたし、きみわろく候て、度々庭へ出申候ように御座候。夜へかけさように御ざ候て、空の色も何とやらん打ちくもりあしく御座候て、そのうえにかようにはい砂のようなるものふり申し候。つつみてかき付御めにかけまいらせ候。いずかたぞ山などやけ申し候やと申し候へども、空のけしき一めんにて何ともみわけがたく御座候。ひる七つ時分より、ざしきてにもひをともしまいらせ候ように御座候。廿三日そとをとおり候者ども、目・口へはいなど入り候てありきかね申し候よし、ひびき申候はにし南のかたよりにて御座候。廿三日夜中たえずひびき候て、廿四日にもおなじ通にて御座候。さりながら朝はそらはれ申し候。それゆえにおもて庭の山よりたしかに遠山のやけ申し候よく見え申し候。それにて地しんにては御ざなきとあんどいたしまいらせ候。大納言様も御らんぜられ、わたくしもみまいらせ候。さぞさぞすさまじくおそろしき事にて御座候。いずかたのともいまだしれ申さず候。

一一月二三日の午前一〇時前後から地震のときのように建具が振動し、地震ではないのに揺れて気味が悪く、たびたび庭へ出た。灰も降ってきたので、熙子はそれを紙に包み書状に添えたようである。ただし、その行方はわかっていない。どこかで山が噴火したとも考えられたが、空は曇っていて様子がわからず、午後四時前後から座敷で灯をともし、外を歩く人は目や口に灰が入って歩きかねたという。南西の方から振動が伝わってくる状況が続いていた中、二四日は朝から晴れたため、庭の築山から遠くの山が焼けているのがよく見えた。それで地震ではないと安堵したものの、本当に恐ろしいことだと心情を吐露している。

この書状を記した二五日夜の時点では、どこの山が噴火したのかわからないでいたところ、翌日に白石と同様、吉原宿からの知らせに接し、煕子は注進状の写を添えてその日のうちに続報した。振動は大方鎮まったが、灰が積もっていて気味が悪く、早く静かになってほしいと念じており、富士山が噴火したことはあまりないと聞いて恐ろしく思っている、と基煕に伝えている。煕子に仕える者も、富士山須走口が焼け、房総にも灰が降ったことなどを後日知らせてきた。

また、基煕は江戸に下向させていた使者から富士山の絵を受け取ったことを宝永五年一月二八日に記し、その絵を日記に綴じ込んでいる（図2-10）。東海道を通ってきた使者は、噴火が収まって一カ月ほど経った一月一三日に吉原宿と蒲原宿（静岡県静岡市）の間から富士山を見て、森林限界より上に火口や新山（宝永山）ができている様子を写したのであった。いつ、どこで、誰が描いたかが特定される数少ない絵図となっている。

このような形で情報を得た基煕は、京都にいながらにして、富士山が噴火し広範囲に影響が出ている事実を知ることができた。基煕が書状などを写したり綴じ込んだりした日記も、離れた場所の様子や情報伝達のあり方を後年まで伝える史料となっているのである。

なお、基煕は噴火の前年、江戸に下向した折に富士山を見た経験があり、使者の描いた絵を見て「名山」の形が変わったことを嘆き、後代のためにと自身も昔の山の姿を描いた。日記に残された絵

図 2-10　噴火後の富士山（宝永五年正月）（陽明文庫所蔵『基熙公記』）　**いつ，どこで描いたかを右端に記し，新山（宝永山）の裾の村（須走村）が消えたこと，谷のように見える火口のところどころに雪が見えるが火気ですぐ消えることなどを図中で注記している．**

は、噴火前の美しい山容を伝えている。

噴火を伝える絵図

噴火の様子を描いた絵図は『伊東志摩守日記』に見える。森林限界から上で噴煙が上がる様子を富士山の南西側から描いたもので、一二月九日条には駿河の代官が幕府に提出したという噴火の絵図の写への言及がある。記載された絵図がそれに該当するのであれば、原図は噴火が終息する前に描かれたことになる。なお、富士山の東側から噴火の様子を描いた絵図（「富士山宝永噴火之図」）も御殿場に伝来したが、いつ作成されたかは不明である。

また、東海道原宿（静岡県沼津市）に伝来した絵図（図2-11）には、南東斜面の五合目付近から噴煙が上がる昼の景色、火

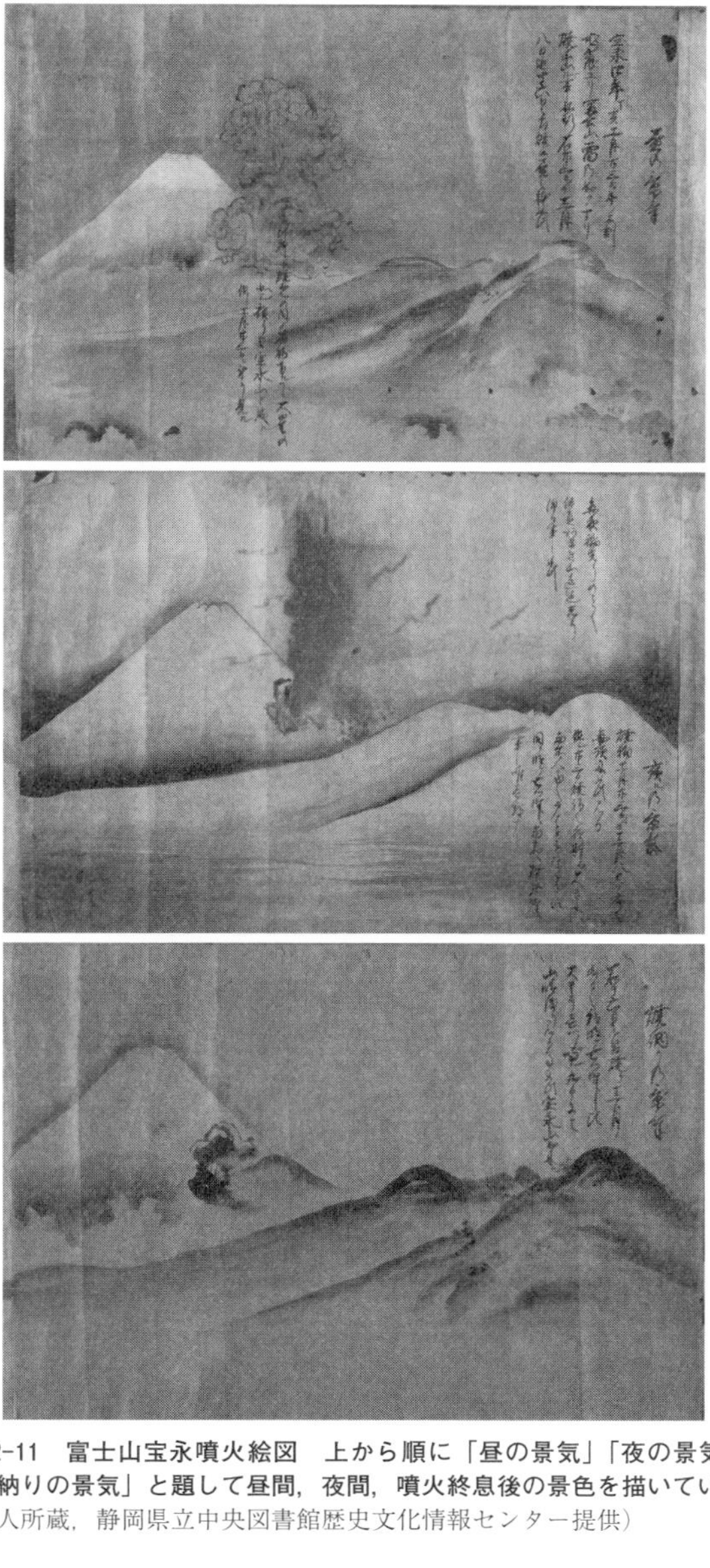

図 2-11　富士山宝永噴火絵図　上から順に「昼の景気」「夜の景気」「焼納りの景気」と題して昼間，夜間，噴火終息後の景色を描いている．
（個人所蔵，静岡県立中央図書館歴史文化情報センター提供）

口から火柱が立つ夜の景色、噴火が収まると火口のそばに宝永山ができていた景色が描かれ、それぞれに説明が付されている。作成時期は不明ながら、富士山の南側から実景を見て描いた可能性が高い。同じ場所での変化がわかる絵図はほかに知られていない点で貴重である。

東京大学での発掘と噴火の推移解明

噴火の推移を見るうえで有力な手がかりとなるのは、火山灰そのものである。偏西風に乗り富士山の東側の南関東一帯に降った宝永火山灰は各地で出土しており、近世考古学では遺跡や遺物の年代を決定するうえで重要な土層と見なされてきた。しかし、火山灰はごみ穴に片付けられるなど、攪乱された状態で見つかることが多かった。二〇〇二年、加賀藩本郷邸の一角にあたる東京大学薬学部系総合研究棟地点での発掘（原、二〇〇三）において、宝永火山灰が盛土に覆われた状態で出土し、降灰当時の状況が攪乱されていなかったため、火山灰の化学的分析や堆積状況の地質学的検討が行われた。

火山灰の直下の焼土層から出土した炭化材の放射性炭素年代は、宝永火山灰の降灰以前であることが判明した。文献史料によると、加賀藩本郷邸は元禄一六年一一月二三日（一七〇三年一二月三一日）の元禄地震後の火事で一一月二九日に類焼した後、宝永五年四月以降、御守殿の建築に伴う土木工事を行っている。焼土層はこの火事で生じたもので、降灰後の焼土の上に盛土をして生活面を構築したため、火山灰の堆積状況が保存されていたと考えられている。

本郷邸の火山灰は厚い部分で約二cmあり、色や粒子の大きさの違いで区分すると四層からなっていた。一方、火口から数kmの御殿場に宝永噴火で堆積したものは厚さ二m以上に及び、それも四層に区分される。この二地点の各層を比較すると火山ガラスの主成分組成が類似し、本郷の第一～四層は御殿場の宝永スコリアHo-I～IVに対比されることが明らかになった（藤井ほか、二〇〇三）。江戸でも富士山麓と同様、噴火初期から末期まで降灰が続いていたことになり、噴火堆積物の特徴は日記の記述とも符合する。

保存されていた火山灰

堆積した火山灰には、こうして発掘によって出土するもののほか、当時の人々が採取、保管したために現存するものがあり、後者については二つの例が知られている。

一つは、火口から東北東に一五〇km離れた下総国佐原村（千葉県香取市）で同村の名主伊能景利が採取した火山灰である（小山ほか、二〇〇三）。景利は豪商伊能家の当主で、同家に後年婿入りした伊能忠敬の義理の祖父にあたる。日本各地から岩石標本を収集した景利は、日記（『伊能勘解由日記』）とその抄本（『勘解由日記抄』）のほか、岩石標本とその目録（『入目録』）を残している。目録によると、景利は噴火当日一一月二三日の昼と夜、二五日夜、二六日に降った「富士焼灰」「富士焼砂」を包み、日付によって分けておいたという。伝来した火山灰は三包あり、表書に二三日昼過ぎという日付が含まれる二包には灰白色、日付のない一包には黒色の砂が入っていた（図2-12）。

佐原では二三日昼過ぎから黄色や白色に見える砂が、夜には黒色の砂が降ったと記録されているこ

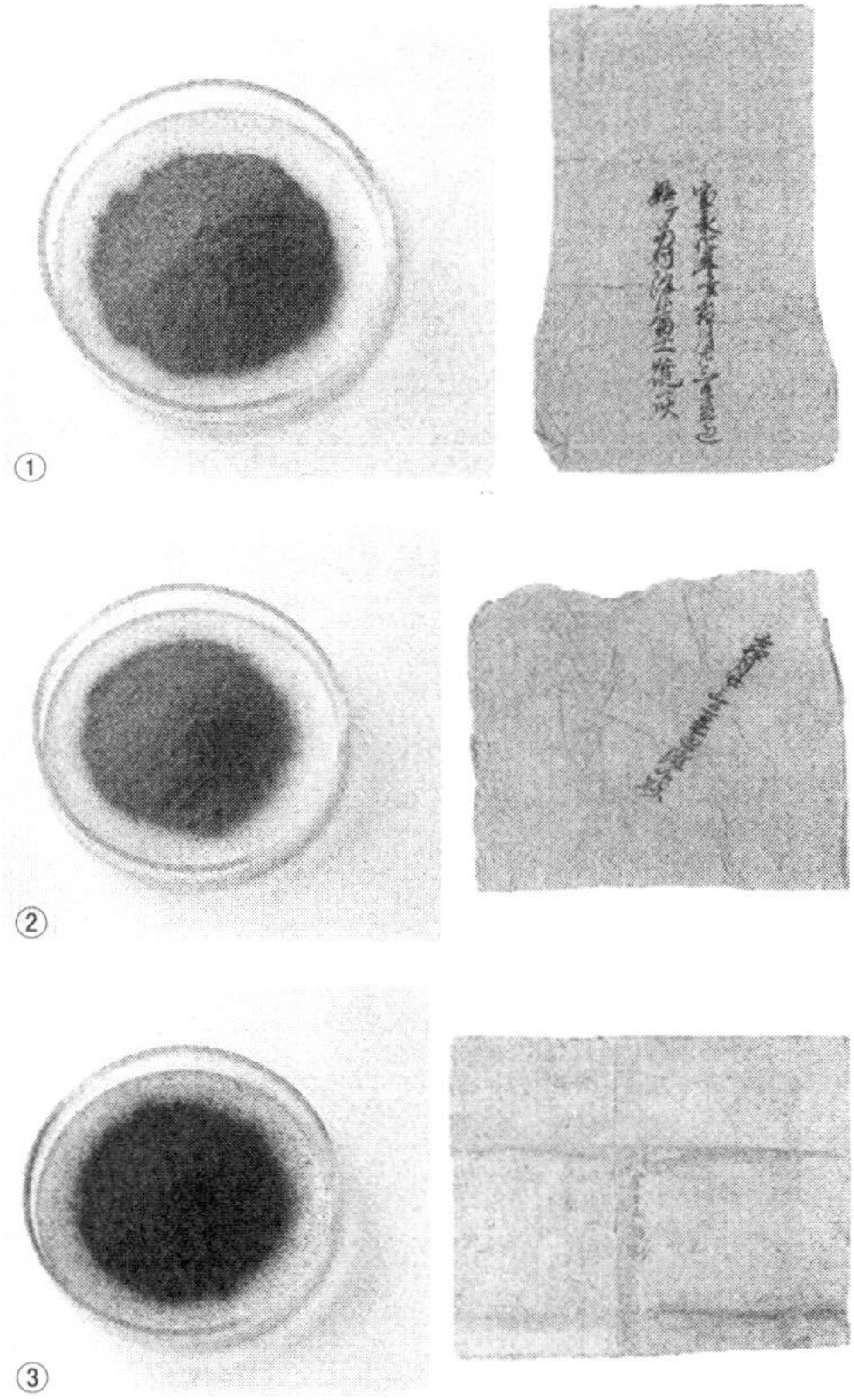

図 2-12　伊能景利が保存した火山灰（伊能忠敬記念館所蔵，神奈川県立歴史博物館，2006）**包紙には，①宝永 4 年 11 月 23 日昼過ぎに初めて当村に降った富士焼灰，② 11 月 23 日昼過ぎに降った砂，③富士山焼砂，と記されている。**

とから、日付のない包に入っていた黒色の砂は二三日夜以降に採取したものであろう。その主成分組成は、二四日昼頃から噴出した黒色スコリアを中心とする御殿場の Ho-III 以降に対比される（佐野ほか、二〇〇九）。噴火の進行に伴い、火山灰は白色から黒色へと変化したが、伊能家にはその両方が保管されてきたのである。

これとは別に、二五日朝に降ってきた毛を拾ったと表書にある包も伊能家に伝来し、同内容の記述が目録にもある。ただし、包に入っているのは火山ガラス繊維である火山毛とは考えにくく、誤って植物の茎などを採取したか、中身が入れ替わった可能性が指摘されている（小山ほか、二〇〇三）。

現存する火山灰のもう一つの例は、江戸で採取されたと見られるものである。噴火が起きた当時、甲府藩の国家老であった藪田重守は甲府城下に屋敷を拝領し、藩主柳沢吉保に代わり甲斐国の統治にあたっていた。後に甲斐が幕府の直轄領とされたのに伴い、柳沢吉保の長男吉里が大和国郡山へ移封されると、藪田家も郡山に移り、明治期には姻戚関係となった豊田家と同じ敷地に住んでいた。豊田家の蔵に保管されていた「豊田家史料」には藪田家伝来の史料も混在していたらしく、そこから藪田重守が表書をしたと見られる火山灰の包が発見されたのである（宇井ほか、二〇〇二）。

包を二つ収めた外包の内側には「宝永四年　亥《ひのとの》ノとし霜月廿三日むまノ中刻、ぼんと申し、神なりも少なり、その丶ちかくのことくはいふり申けり」とあり、「やふたくま之助八才ノとし」と書き添えられている。宝永四年に八才であった「くま之助」の父藪田重守が、一一月二三日の正午頃、ぼんという音がして雷も少し鳴り、その後灰が降ったことを伝える内容である。

この記述から、薮田重守が江戸の神田橋門内にあった甲府藩邸の家老役宅で火山灰を採取したと理解されているが、重守は国家老で江戸にはいなかった可能性が高い。ただし、甲府にいたとしても、そこで火山灰を採取したとは考えられない。噴火した際、甲府でも雷が鳴り、噴煙は見えたが灰は降らなかったからである。外包の内側の記述が「はいふり申けり」と過去に伝聞したことを表す「けり」で結ばれているのも、重守自身は降灰を経験しなかったことをうかがわせる。したがって、火山灰を採取した主体と地点は特定し難いが、重守が江戸藩邸の関係者などから火山灰を受け取って保管していた可能性は高い。

二つの包には約一〇gずつ灰色の粉末が入っており、表書には宝永四年一一月二三日に降った灰と記されている。噴火が始まって最初の数時間に堆積した御殿場のHo-Iに対比される主成分組成から、包に入っていたのは噴火初日の火山灰と考えられ（宇井ほか、二〇〇二）、その判断は包の表書とも符合する。

このように、火山灰の化学的分析と文献史料の検討をあわせて行うことで、噴火の推移に伴う降灰の状況が富士山から離れた地域においても解明され、噴火の全体像についての理解も進んだのである。

コラム8　富士山ハザードマップ

宝永四年（一七〇七）以降、現在に至るまで富士山は噴火していない。しかし、二〇〇〇年一〇月、富士山直下で低周波地震の群発が始まったことにより、活火山であることが再認識され、翌年七月、国の防災関係機関および関係する地方自治体で構成する富士山火山防災協議会が発足した。その諮問により富士山ハザードマップ検討委員会が発足し、宝永噴火での降灰分布図を前提として二〇〇四年六月にハザードマップを策定した（図2-13）。

その後、過去に噴火を起こした火口が新たに発見され、ボーリング調査による溶岩流噴出量の見直し、地形データの整備や火山現象のシミュレーション精度の向上といった科学的知見も蓄積されてきた。これを受けて、ハザードマップを改定することが二〇一八年三月に決定され、想定火口範囲を拡大する方向で二〇二〇年度中に改訂版が完成する見込みとなっている。

また、二〇一八年八月には、大規模噴火時の広域降灰への応急対策を検討するワーキンググループが中央防災会議のもとに設置された。火山周辺地域における対策は各火山防災協議会で検討されているとして、そこでは主に遠隔地における降灰の応急対策を対象としている。二〇二〇年四月には、富士山の宝永噴火をモデルケースに、首都圏を中心とした広域降灰の被害想定を公表した（大規模噴火時の広域降灰対策検討ワーキンググループ、二〇二〇）。

報告書では、風向などが異なる三つのケースについて、噴火三時間後から一五日目までに見込まれる被害の広がりが時系列で地図上に表現されている。噴火三時間後、降雨時には三cmの降灰で二輪駆動車は通行不能となり、三mmの降灰でも停電が起きるなど、広域で発生する交通インフラやライフラインへの影響が具体的に示された。なお、降灰後に除去し処理が必要となる火山灰量は、東日本大震災に伴う災害廃棄物の約一〇倍、一年間に全国で生じる建設発生土（一九九五年）とほぼ同量と試算されている。

こうした想定をもとに関係省庁や指定公共機関、地方自治体、企業などは対策をとりまとめ、防災計画や事業継続計画に反映することが求められて

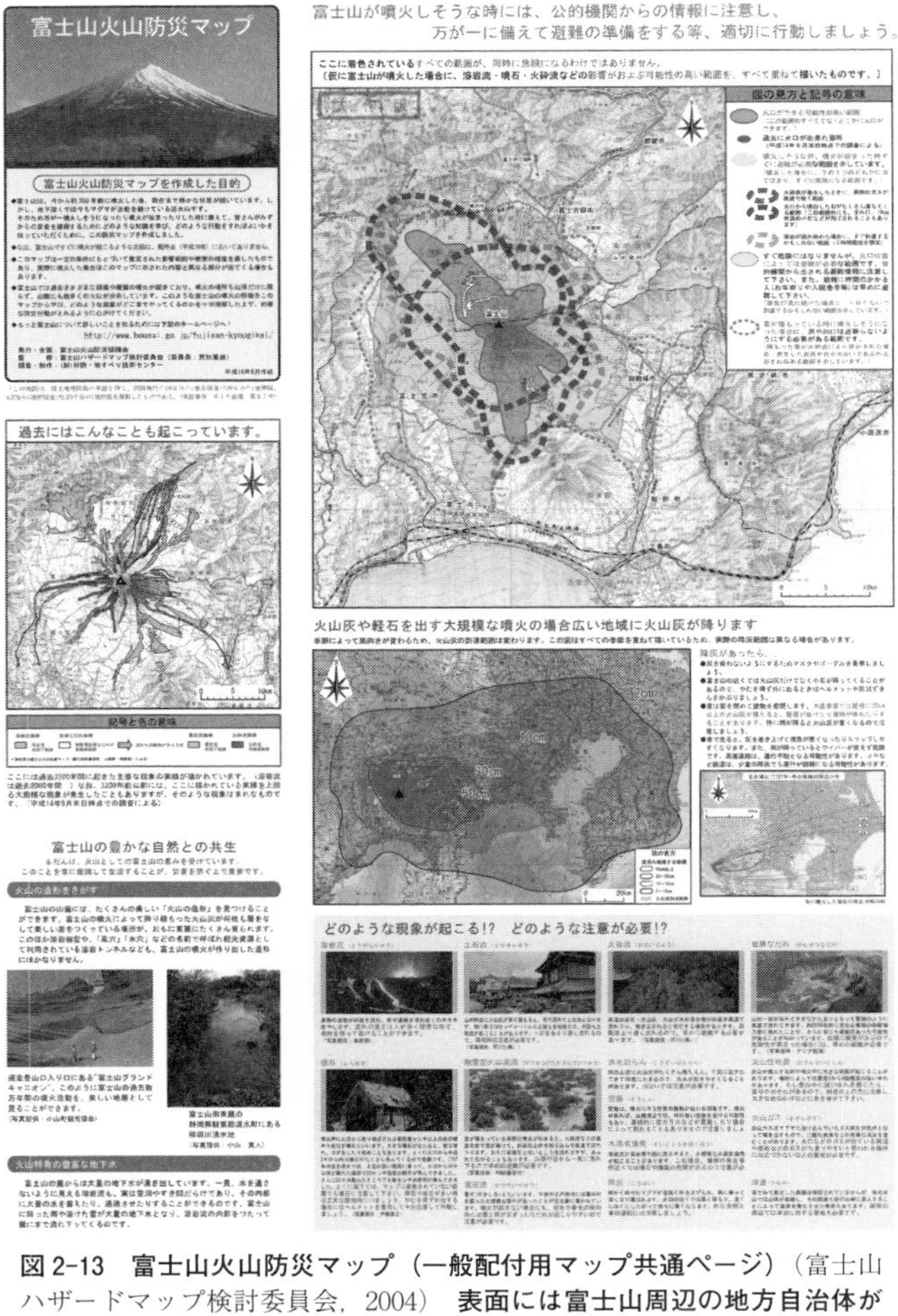

図 2-13　富士山火山防災マップ（一般配付用マップ共通ページ）（富士山ハザードマップ検討委員会，2004）　**表面には富士山周辺の地方自治体が共通で使える広域の範囲を示すマップが，裏面には地域版として各市町村が地域の特徴にあわせた内容が記載された．表面には，過去の噴火実績を示すものとして，宝永噴火の降灰分布図（図 2-9）が配置されている．**

いる。文献史料や考古資料などにも基づきながら、宝永噴火の推移や降灰分布、被害などの実態を解明することは、現代社会における課題と対策に直結しているのである。

大地震と火山噴火の関連

宝永地震の四九日後に富士山が噴火した。この二つの地学現象は互いに関係しているのだろうか？地震によって生じる地殻変動や地震動が火山の噴火に与える影響については多くの研究がある。Manga and Brodsky（2006）は、M8より大きい地震の直後に八百km以内の火山噴火（火山爆発指数が二以上の規模に限定、二〇〇〇～二〇〇一年の有珠山の噴火が同指数二である）が誘発される割合は少ないことを示し、地震による応力変化は火山噴火を開始させるには小さく、噴火を誘発するには他の圧力上昇メカニズムが必要と結論づけた。一方で、東北地方太平洋沖地震の発生直後には、東北から関東にあるいくつかの火山の周辺で地震活動が活発化した。特に四日後の三月一五日には、富士山のほぼ直下でM6・4の地震が発生し、富士山の噴火が心配されたことも記憶に新しい。

火山噴火の前あるいは噴火活動に伴って、山体近傍あるいは周辺で地震が発生する。火山周辺の地震活動（震源位置、規模、発生頻度など）は、火山活動の評価のために重要なモニタリング項目の一つとなっている。宝永の富士山噴火の前後にも多数の地震が記録されている。服部・中西（二〇一九）では、宝永地震の翌朝に発生した余震の体感規模は富士山周辺では本震の二～三倍であったことや、噴火前に多くの有感地震が発生したことが明らかになっている。

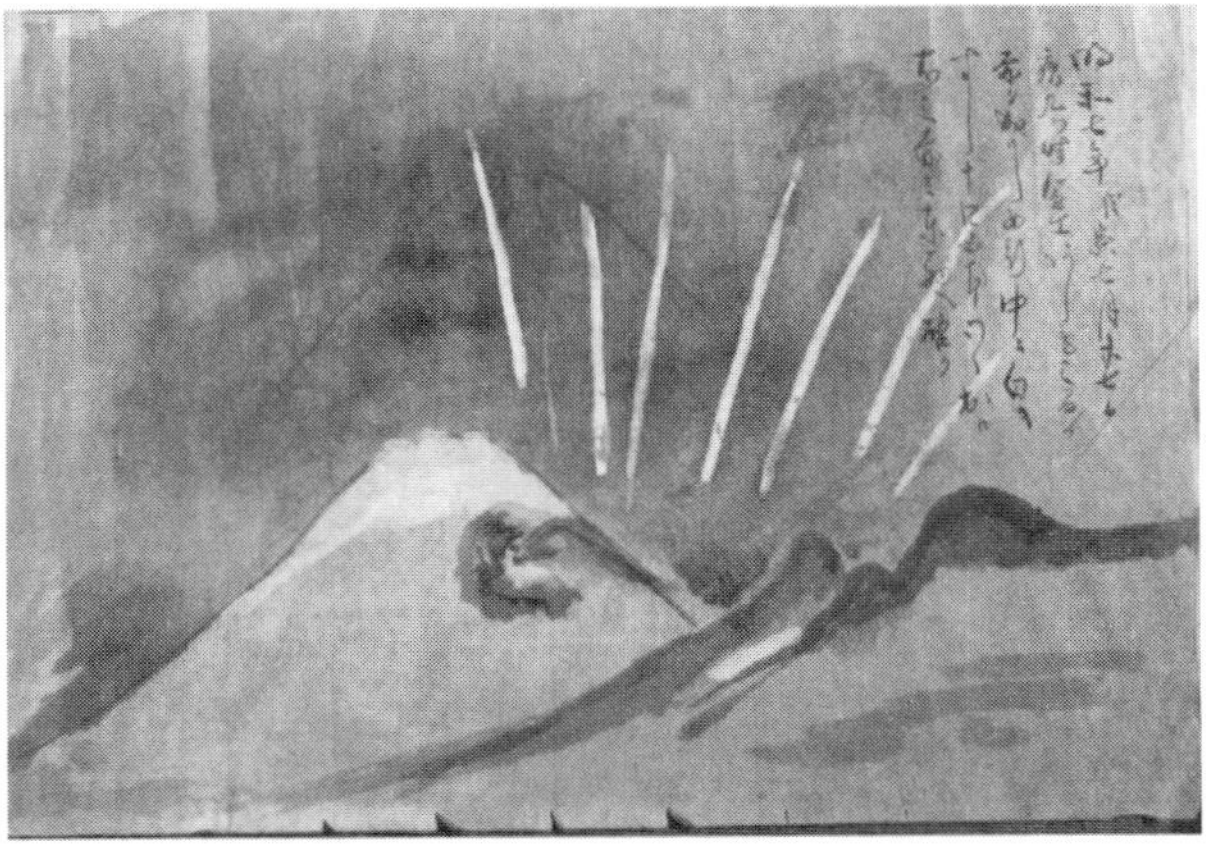

図 2-14　明和 7 年の富士山の絵図（出典は図 2-11 と同じ）

コラム9　明和七年（一七七〇）のオーロラ

噴火を伝える絵図のなかに、明和七年となっているものがある（図2-14）。富士山の周辺の夜空が一部赤く塗られ、白い線がいく筋か描かれている。明和七年は宝永の噴火から六〇年以上たっているが、富士山にいったい何が起きたのだろうか？

この絵図は、富士山の噴火ではなく、オーロラを描いたものであることがわかっている（たとえば、Hayakawa *et al.* 2017）。富士山のまわりに見えた異常な現象として、噴火の様子とともに一連の絵図として描かれたのではないかと考えられている。

オーロラというと極地方で見られるものと思われる方が多いだろうが、条件によっては日本などの低緯度地域でもオーロラが出現することがある。このようなオーロラは低緯度オーロラと呼ばれ、赤く見えることが多い。歴史資料には、このようなオーロラのようすが描かれているものが多数存在する。低緯度オーロラの出現は、その時期の太陽活動を知る手がかりとなるため、歴史学と太陽物理学による分野融合的な研究が行われている（岩橋・片岡、二〇一九）。

コラム10　揺れと津波のシミュレーション

地震や津波、火山噴火を計算機の上で模擬的に再現するシミュレーションと呼ばれる研究手法がある。実際の地球の性質や振舞いを考慮し、定められたシナリオに従って現象を再現するのである。近年、計算能力の向上や現象の背景にある物理の理解の進展、観測データの増加などにより、より複雑で現実的なシミュレーションが多数実施されるようになってきた。シミュレーションにより、現実に発生させることが難しい現象を可視化して、自然現象の理解を深めることができる。また、シミュレーション結果と、これまでに発生した実際の現象を比較することにより、現時点での地球の性質や現象の理解の妥当性を確かめることもできる。過去に発生した現象の再現という意味において、歴史地震・歴史噴火とも大いに関係する研究手法である。

ここでは地震動と津波のシミュレーションの例として、古村らによる宝永南海地震のシミュレーションを見てみよう。地震動のシミュレーションでは、震源と地下の構造について最新の研究によるモデルを仮定して計算を行い、結果を動画として表示している。まず、震源モデルでは、プレート境界で発生する断層すべりについて、その空間的な範囲と、それぞれの場所でのすべり量を仮定する。震源モデルの設定には、プレートの形状など現代の地震学的な情報だけでなく、歴史地震研

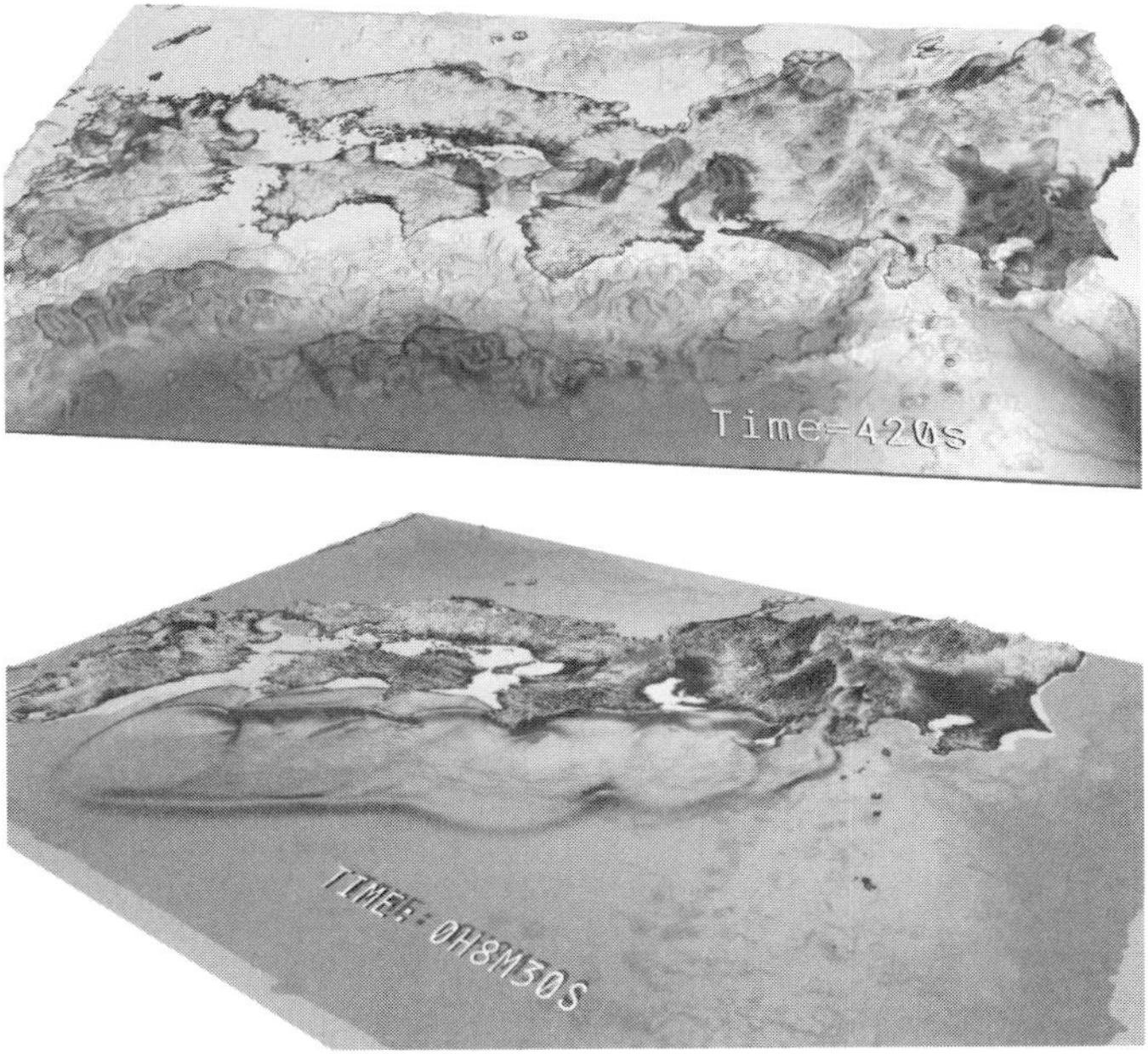

図 2-15　宝永地震の揺れ（上）と津波（下）のシミュレーション（東京大学地震研究所古村孝志教授による）

究の成果も使われている。たとえば宝永南海地震の被害分布や、それから推定される震度分布は、震源域の範囲やすべり分布の設定に有用である。また、津波の発生状況や海岸の昇降などの地殻変動に関する記述も震源モデルの設定に寄与する。次に、地下構造については、陸域および海域での地下構造探査や地質調査の結果、また近年発生した中小の地震による地震動の観測結果を勘案することになる。

図2-15は古村による地震動シミュレーションと津波シミュレーションのスナップショットで、当時世界最速のスーパーコンピュータであった「地球シミュレータ」を用いて計算された

ものである。地震動シミュレーションでは、一般に地震として人体に感じられる比較的小刻みな（短周期の）強い揺れだけでなく、長周期の地震動も再現されている。震源域に近い陸地での強い揺れとともに、震源から離れた関東、東海、近畿の平野部で長周期地震動が増幅され、大きな揺れが長く続くようすも再現されている。

津波シミュレーションでは、震源および海底の地殻変動に加えて、海の水深や海岸および海底の地形も考慮されている。海岸に津波が押しよせる時間や波高が得られる。海岸近くで水深が浅くなると波高が高まることや、湾や入りくんだ海岸線では津波が集中することで局所的に波高が何倍にもなることがわかる。震源域近くでは地震発生から数分で津波が到来する一方で、瀬戸内海や大阪湾、伊勢湾、東京湾などでは一時間以上遅れて到来する。これらの湾は水深が浅く津波の伝播速度が小さいことも影響している（一章参照）。

将来発生しうる災害として、どのような災害を想定すればよいだろうか。宝永南海地震は歴史上知られる南海トラフ巨大地震のなかで最大の地震とされている。このような地震を（ある地域での）既往最大地震ともいう。ハザード（災害誘因）となる地震として、経験のあるなかで最大のものを想定するというのは、一つのやり方である。

二—四　安政の地震

嘉永七年の状況

南海トラフが震源になったと見られる近代以前の地震のうち最も新しいものは、嘉永七年一一月四日、五日（一八五四年一二月二三日、二四日）に起きた地震である。一一月四日の午前中、関東地方から近畿地方にかけて大地震があり、房総半島から熊野灘までを中心とする地域に津波が押し寄せた。それから三〇時間あまり後の翌五日夕方にも大地震が発生し、中部地方から九州地方で大きな揺れと津波による被害が生じた。前者は東海道沖、後者は紀伊半島沖から四国沖の南海トラフを震源とする巨大地震と考えられ、いずれもM８・４と推定されている。

嘉永七年一一月二七日に安政と改元されたことによって、改元前の一一月四日、五日に起きた地震も安政東海地震、安政南海地震と呼ばれている。嘉永七年は、前年六月に来航したアメリカ東インド艦隊司令長官ペリーの再来航（一月）に始まり、日米和親条約を締結する（三月）に及んで、いわゆる鎖国から開国への転機を迎えていた。ペリーがこの条約により開港された下田でその細則を定め琉球に向かった（六月）後、幕府はイギリス艦隊を率いて長崎に来航したスターリングとの間で日英和親条約を結んでいる（八月）。さらに、交渉を中断（一月）して長崎を離れたロシアの使節プチャーチンも下田に来航し（一〇月）、幕府はそこで国境画定や開港をめぐる交渉に応じた（一一月）。

このように、嘉永七年には諸外国との度重なる交渉に加え、内裏の炎上（四月）、伊賀上野地震の発生（六月）と災異が続いたため、大地震が相次いだ一一月の末になって改元に至ったのである。

下田に来た津波とディアナ号の沈没

安政東海地震で発生した津波は、ロシアとの条約交渉が行われていた下田（静岡県下田市）にも到

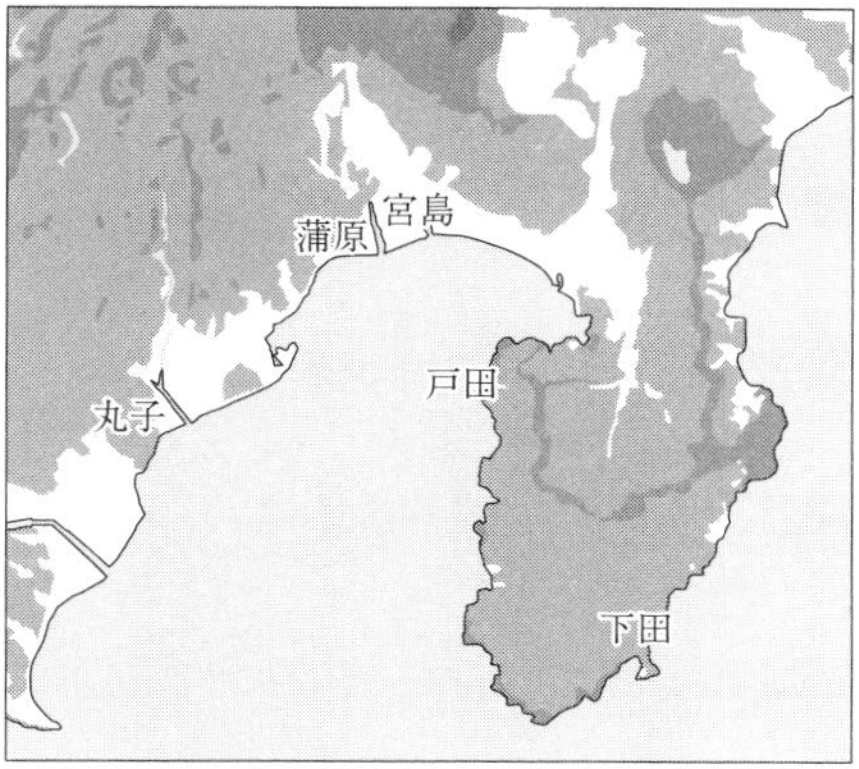

図 2-16　下田とその周辺の地図

達した（図2-16）。その高さは六・八mと推定され（地震調査研究推進本部、二〇一三）、八四一軒が流失、三〇軒が半潰となり、無事であったのは四軒に過ぎなかった。下田の人口三八五一人のうち九九人が亡くなり、他所から来ていて行方不明になった者などを合わせると、人的被害は一二二人にのぼったとされる（中央防災会議、二〇〇五）。

ロシア使節の応接掛の一人として下田の長楽寺にいた勘定吟味役の村垣範正は、当日の様子を次のように記している（『村垣淡路守公務日記』）。

四時少々前、よほどの地震これあり（中略）。右地震済みて間もなく何か人声致す故、皆たちまちに立ち承り候處、津波の由に付、直に御朱印を持たせ、本堂出候えば、はや市中人家の中へ四、五百積位の船二、三艘走り込み、門前町へ水来り候間、本堂脇秋葉社これある山へ登り一見の處、一旦引き候様子にて、程なく二度目の津波押し来たる。勢い恐ろしく、たちまちに波戸押し崩し、千軒余の人家片はしより将棋倒しのごとく（中略）、九時過ぎ迄およそ七、八度も押し来たる。二度殊に甚だしく、一時に下田町野原と成る。

午前一〇時前に大きな地震があり、それからまもなく津波が来て、市中の人家に四、五百石積の船が二、三艘走り込み、門前町にも水が来た。そこで、寺の脇にある山にのぼって見たところ、いったん波が引いてから二回目の津波が来て、千軒余りの人家は将棋倒しのようになったという。昼過ぎまで七、八回津波が来たが、二回目の津波の勢いは特に強く、一度に下田町は野原と化したと述べている。

この後の記事に「魯船も度々押し込まれ、又流れ、船傾き、よほど危なきところ、まずまず凌ぎ候由、檣は半分にいたし候」とある通り、プチャーチンら約五百人を乗せてきたディアナ号は津波で大破して帆柱も半分に折れ（図2-17）、それをどこで修理するかが大きな問題となった。下田では船を横にして修理することができないこともあり、それ以外の場所を希望したロシア側に対して、幕府は下田または伊豆国内を主張し、半島西側の戸田《へだ》（静岡県沼津市）を修理地とすることが決まったのである。

ディアナ号は一一月二六日に戸田へ向けて出航したものの、強風で漂流し、駿河湾に面した宮島村（静岡県富士市）の沖に停泊した。しかし、浸水が激しくなり、一二月二日に沿岸の村々の船によって戸田に曳航される途中、強風と大波で沈没した。ロシア人の乗員は全員救助されている。

図2-17　損傷したディアナ号（「諸国海辺地震津波書」 東京大学地震研究所図書室所蔵石本文庫） **ロシアの軍艦は大きくて堅固であるという説明文が添えられているが，帆柱の中ほどにあった檣楼（帆を張ったり物見をしたりする台）は損傷し，その上部の帆柱は折れて失われた状態で描かれている．**

ディアナ号に関わる情報は東海道の宿場にも届いた。京都から江戸に向かう途中、交通が寸断され丸子宿（静岡県静岡市）に滞留していた京都の聖護院の使者は、下田に来た津波で外国船も破損したことをその六日後に聞いて、道中記に書き留めている（『恒例関東献上使日記』）。

また、蒲原宿（静岡県静岡市）の問屋は、駿河湾に漂流してきた外国船を山の上から見てそれが下田で大破したことを聞き、船が沈没した日もその一部始終を目撃した。上陸したロシア人を後日見に行き、五月に下田で見たアメリカ人と大同小異であると日記に記している（『渡辺家日記』）。大地震で被害の出た下田に外国人や外国船が滞在していたため、そのことを伝える史料が残されることになったのである。

大坂を襲った津波

プチャーチンは下田に到着する約一カ月前、幕府との交渉を求めて箱館から大坂へとディアナ号を回航し、天保山沖に投錨した。天保山は、大坂湾に注ぐ安治川を浚渫した土砂を積み上げ天保期に築いた山であったが、大坂城代の指示で安治川河口には船が並べられ、湾岸の警備が行われて、ロシア人の上陸を阻んだ。半月ほど停泊した後にプチャーチンが下田へ向かったのは、大坂は外国応接の地ではないため下田に廻るように、という幕府の回答を得たからである。

天下の台所と呼ばれた大坂には、諸大名が年貢米や特産物を売り捌くため、安治川や木津川に通じる堂島川、土佐堀川、江戸堀川などに沿って蔵屋敷を置いていた。樽廻船や菱垣廻船、北前船などの大船で運ばれてきた荷物は、安治川や木津川の河口で喫水の浅い川船に積み替えられ、市中に廻らされた堀川を利用して輸送されていた。

安政東海地震、安政南海地震の揺れによって、大坂市中では家屋や土蔵の倒壊なども見られたが、大きな被害をもたらしたのは安政南海地震の後に来た津波である。地震の約二時間後、安治川や木津

図 2-18　大船の遡行による被害（「地震津浪末代噺の種」 東京大学地震研究所所蔵） **安治川や木津川を遡上した津波で堀川を遡行した大船が川船に衝突し，そこに乗っていた人が放り出されたり，川に落ちて溺れたりする様子や，船の衝突で川沿いの建物の瓦が飛ぶ様子が描かれている．**

川を遡上した津波で、両河口に停泊していた数百艘の大船は押し上げられて堀川を遡行し、堀川に浮かんでいた多くの川船に衝突してそれを押し潰した。川船には余震を恐れて避難した多くの人々が乗っており、川船の大破や沈没によって数百人の死者が出た（図2-18）。五カ月前の伊賀上野地震では、内陸地震ゆえに津波は発生せず、川船への避難により相次ぐ余震をしのげたが、その経験がかえって津波による被害を拡大させたことが指摘されている（西山、二〇〇三）。

余震を恐れて川船に乗る者は、一四七年前の宝永地震の際にも少なからずいた。M8・6と推定されるこの南海トラフの巨大地震でも大坂に津波が到達し、安政南海地震のときと同様、船に乗っていた者が多数溺死したという。堀川を遡行した大船の衝突によって大破、崩落した橋の分布を見ると、宝永地震による津波は安政南海地震に伴う津波より七五〇m以上も内陸側に大船を遡行させたことになり、宝永地震による津波の方が大きかったことがうかがわれる（二―三節参照）（西山、二〇〇三）。

安政南海地震の翌年、木津川の渡し場には、嘉永七年に相次いだ地震や津波について刻んだ石碑が建てられ、その碑文は摺物としても出版された。そこには伊賀上野地震、安政東海地震、安政南海地震による大坂市中の被害や避難の様子を伝える部分に続いて、次のような記述がある（「大地震両川口津浪記」）。

今より百四十八ヶ年前*、宝永四丁亥年十月四日大地震の節も、小船にのり、津浪にて溺死人多しとかや、年月へだてば伝え聞く人稀なる故、今また所かわらず夥しく人損じ、いたましき事限りなし。後年また計りがたし。すべて大地震の節は津浪起こらん事を兼ねて心得、必ず船に乗るべからず。

＊宝永四年は嘉永七年の一四七年前だが、ここでは嘉永七年を一年目として数え、宝永四年は一四八年目にあたることを意味している。

宝永地震でも川船に乗り込んで避難した結果、津波で多数が溺死したが、年月が経ちそのことが伝承されなかったために今回も多くの被害が出たとして、大地震が起きれば津波が来ることを理解し、船に乗ってはいけない、と戒めている。

大坂だけでなく、紀伊半島（口絵5）や四国の沿岸でも津波の被害があった。

一カ月後の下田

安政東海地震、安政南海地震による被害は、海外の新聞でも報道された。上海では一八五五年三月一七日（安政二年一月二九日）付の英字新聞 The North-China Herald において、宣教師ロブシャイドによる投書という形で日本の状況が伝えられ、アメリカのポーハタン号が下田に停泊している間に日露和親条約が結ばれたことや、ディアナ号の航海日誌の抜粋を含む内容が掲載された。

アメリカでは、下田を襲った津波とディアナ号の難破を中心とした記事が一八五五年五月（安政二年四月）から六月にかけて少なくとも三紙に掲載されている。ディアナ号やポーハタン号の士官からの情報をもとに上海などの特派員が伝えたもので、上海の英字新聞の記事の内容と同じものもある。

ポーハタン号は日米和親条約の批准のため、ペリー提督の副官をつとめたアダムスを乗せて、地震から約一カ月後の一八五五年一月二六日（安政元年一二月九日）、下田に到着した。そのとき、次のようなことがあったという（The New York Herald 一八五五年六月二三日、原英文）。

錨を下ろすとまもなく、役人が陸から船に乗り込んできて、昨年一二月二三日（嘉永七年一一月四日）の地震と津波で下田の町全体が廃墟となったことを告げた。その直後、ロシア海軍の制服を着た士官が船に乗り込んできたので驚いた。彼は、ロシア海軍で船将の副官をつとめるポシェートと名乗り、日本と条約を結ぶため下田に来たプチャーチン中将が座乗する旗艦ディアナ号に乗ってきたと述べた。地震が起きたとき、彼らは港にいて、船は大破し、その後全く失われたという。ポシェートは、日本人が彼らを親切に受け入れ、住む家を用意し、欲しいものを気前よく与えていること、乗員はまだ戸田にいて、米と野菜、たまに少々の魚を食べているが、帰る手段がないことを話した。

ディアナ号の乗員のほとんどが戸田に向かった中で、ポシェートは下田に残っており、幕府の許可を得る前に小舟でポーハタン号に近づき、乗船したのである（『村垣淡路守公務日記』）。その行動に、日本側全権としてロシアとの交渉にあたっていた勘定奉行川路聖謨も驚いたが、後の祭りであった（『川路下田日記』）。

アメリカ蒸気船へアダムス乗り組み来る。その騒ぎ言うべからず。魯人のうち下田に居り候重立ち候もの、右船へ参り候由承り、大いに驚き、かけ参りたれど、早いたし方これなく候。刀をとりながら、アメリカにフウチヤをくんで大騒ぎ又うかされてよるもねられず。

プチャーチンはディアナ号の沈没後ただちに代船の建造願いを出し、すでに許可されていた。ただし、下田奉行は、変災で大きな被害の出た下田での建造は引き受けがたく、アメリカ人も来たらロシア人と落ち合って意外な害も出かねないと難色を示し、戸田で建造することを評決したばかりであった。

そこへ早速アメリカの船が来て、幕府の許可なくポシェートが乗り込んだため、下田は騒然となったのである。日本と条約を結んだアメリカにロシアが接触し、その詳細を知れば、条約交渉中の日本に対してどのような要求をしてくるかわからない。「アメリカにフウチヤ《(プチャーチン)》《(茶)》をくん《(組)》《(汲)》で……」は、ペリーが前年に四隻の艦船を率いて浦賀沖に来航した際に詠まれた狂歌「泰平の眠りを覚ます上喜撰たった四杯で夜も寝られず」になぞらえ、そうした懸念を表現したものであろう。

海外に伝えられた日本の状況

ポーハタン号のマクルーニー艦長はポシェートの話を聞いて、上海に戻る際、ロシア人を乗せてもよいことなど、支援を申し出る手紙を戸田から戻ったプチャーチンに送った。上海にはクリミア戦争で敵対するイギリスやフランスが出入していたため、プチャーチンはその申し出を辞退する一方、ディアナ号の乗員をアメリカの船でカムチャツカのペトロパブロフスクに送ってもらえないかと打診し、後日一五〇人ほどの乗員がアメリカの船で帰国している。ポーハタン号から食糧や衣服などの提供も受けて条約交渉は続けられ、安政元年一二月二一日、日露和親条約の締結に至った。

ポーハタン号の乗員は、下田の町を破壊しディアナ号を難破させた大地震の話を聞き、下田に滞在していた約一カ月の間に地震も経験している（The New York Herald 一八五五年六月二三日、原英文）。

下田が被災した地震は、他所にも大きな被害をもたらしたと日本人から聞いた。江戸でも被害が出て、日本で最も大きく人口の多い都市の一つであった大坂は全滅したという。我々が下田にいた間にも、数回の震動を感じた―そのうち何度かはかなり激しかった。震動が続いている間、船はまるで珊瑚礁の上を走っているかのように揺れた。

下田に入港して二日後、夜一〇時頃に強い地震があった。蒲原でも強くて長い地震を感じ、夜半には中くらいの地震も起きたため、立ったまま夜を明かしたという（『渡辺家日記』）。ポーハタン号を揺らしたのは、この日のような地震であった可能性が高い。

ポーハタン号は一八五五年三月二日、長江の河口に到着し、アダムスはまもなく別の船で香港に向かった。アメリカの新聞に掲載された日本の地震関係の記事で日付のわかるものは三月二日、九日、一二日付で上海、一四日付で香港から伝えられており、ポーハタン号に乗ってきた者が情報をもたらしたと考えられる。ディアナ号の航海日誌の内容を伝える記事は、ポーハタン号の掌帆長ホワイティングによる記述に依拠しており、ロブシャイドの投書もそれをもとにした可能性が高い。ホワイティングは下田滞在中に自らも強い揺れを経験し、ディアナ号の士官から航海日誌に記された遭難時の情報を得てそれを書き留めたのであろう。

アメリカの新聞では、大坂にも大きな被害が出たことに言及するものや、地震に先立ち内裏が炎上したことにふれて、惨禍が続いたことで日本人は外国人との条約締結を料簡違いと思っているのではないかと指摘するものもあり、地震が起きた年の日本の状況をよく伝えている。

イギリスでも一八五五年一二月、航海日誌の内容が新聞 The Times に掲載された。同年九月末にイギリス船の士官が長崎で記した手紙の抜粋による記事で、その手紙は捕虜としてイギリス船に乗せていたディアナ号の士官のメモや航海日誌からの翻訳を書き留めたものであったという。プチャーチンらが代船のヘダ号で下田を出航した後も、ディアナ号の乗員は二八〇人ほど戸田に残っており、ドイツのグレタ号をチャーターして帰国する途中、八月一日にイギリス船に拿捕されていた。手紙を書いた士官は、そのイギリス船に乗っていた者であろう。一八五六年一月には、ディアナ号の士官による記録をもとにしたとする同様の内容を別の新聞が絵入りで報じたが、それはおそらく The Times の記事に拠ったものと見られる。

このように、下田で被災しながら条約交渉を続けていたロシア人にアメリカ人が接したことや、帰国途中のロシア人をイギリス人が捕えたという事情があり、海外で日本の地震や津波について伝えられることになったのである。

ディアナ号の航海日誌の記述

海外の新聞記事には、安政東海地震が起きた時刻として午前九時、九時一五分、九時四五分という三通りの記述がある。揺れが続いた時間もそれぞれ、優に五分、二〜三分、約一分と異なっており、津波が来た時刻には九時三〇分、一〇時の二通りがある。このうち、ディアナ号の航海日誌の記述との関連が見てとれる記事に限ると、地震が起きた時刻は九時一五分か九時四五分となる。前者は上海やアメリカの新聞、後者はイギリスの新聞によるものとして整理することができ、地震が起きた時刻の記述が異なる理由として、情報が伝わった経緯の違いや翻訳に伴う問題などが考えられる。津波が来た時刻はいずれも一〇時で、両者に違いはない。

地震のことを記すディアナ号の航海日誌は、ロシア国立海軍文書館に所蔵されている(ロシア国立海軍文書館・東京大学史料編纂所、二〇一二)。大坂を出て下田に向かい、地震で大破してから沈没するまでの五八日間を記録し、レソフスキー艦長の署名がある日誌には、沈没する二日前の午後四時から後の時刻欄の記載がない。その日には、浸水が激しくなってきたディアナ号から乗員や荷物の陸揚げが開始され、午後三時に士官が航海日誌を携行して無事陸上に移動したことが日誌の記事に見える(奈木、二〇〇五)。現存する日誌は、ディアナ号から持ち出され、船の沈没によりその役割を終えた後、艦長が署名した航海日誌の原本と見てよい。

日誌の記事を確認してみると、地震が起きた日の該当部分にはВъ 3/4 10 часа(翻字:有泉和子氏)と記されている。これは先に分を、次に順序数詞を使って時間帯を表すロシア語の表現で、第一〇時

（九時台）の四五分に、という意味である。英語では at 9:45 となり、イギリスの新聞はその通りに伝えていたことがわかる。

一方、アメリカの新聞の記述は誤っていたことになる。このうち地震が起きた時刻を three quarters to ten とするものは、四分の三時間という表現や分と時の語順は原文と似通っているが、第一〇時にあたる部分を一〇時と解釈し、B$_{b}$も誤訳したように見える。情報源となったホワイティングの記述に誤りが含まれていたことがうかがわれる。a quarter past nine とする他紙の記述は、three quarters to ten を言い換えたものである可能性が高い。

ただし、日誌のこの表現をもって、九時四五分に地震が起きた、と理解するのは正確ではない（有泉氏の御教示による。航海日誌に関する以下の記述も同様）。日誌を通覧すると、時刻は一五分刻みで、それより細かい単位による記述はなく、時刻に続く部分にはそこから始まる一五分間のできごとが記されているからである。こうした日誌の書き方をふまえれば、九時四五分から一五分の間に地震が起きた、と理解するのが妥当である。

標準時が存在しなかった当時、船では南中時の測量により正午に時計を合わせていた。大きくて重い時計は通常、艦長室と司令官室くらいにしかなかったため、船員たちは一五分ごとに鳴る銅鑼の音で時間を知った。正時にその数だけ大きく銅鑼を鳴らし、以後一五分ごとに小さく鳴らす音を加えており、九時四五分には大きく九回、続いて小さく三回、あわせて一二回の音が船内に響いたはずである。地震が起きたとき、艦長がいた場所は不明で、自ら時計を見たかどうかはわからない。銅鑼の音で時間を知る船員がつけた記録に基づく可能性もあるが、艦長が署名した航海日誌は公的な記録として位置付けられる。

その日誌には、揺れが約一分続いたとあり、これをその通りに伝えたのもイギリスの新聞であったことが判明する。The Times の記事につながる内容を書き留めたイギリス船の士官は、ホワイティングよりも日誌の情報を得やすい状況にあり、相対的に正確な内容を伝える結果になったことが想定される。

安政東海地震の発震時刻

安政東海地震、安政南海地震で発生した津波は太平洋を越えてアメリカ西海岸に到達し、アストリア、サンフランシスコ、サンディエゴの検潮所で潮位の変化が記録された（Bache, 1856）。その記録の解析により、安政東海地震の発震時刻を推定する試みが行われている（Kusumoto *et al.*, 2020）。波形が不明瞭なアストリアを除く二カ所の記録からは、一八五四年一二月二三日午後〇～一時（グリニッジ標準時）に津波が到達したと判断され、同日午前〇時（同前）を起点として計算すると、津波は観測されたものより約三〇分早く到達する波形となる。計算波形を三〇分遅らせれば観測波形と整合的になるため、津波励起時刻は同日午前〇時三〇分（同前）と推定された。これは、下田の地方時では嘉永七年一一月四日午前九時四六分に相当し、地震が起きた時間として航海日誌の記述から導かれる九時四五分からの一五分間に重なる。

また、プチャーチンは日露和親条約に調印した六日後、ロシア海軍を統括するコンスタンチン・ニコラエヴィッチ大公あてに作成した報告書において、地震の当日、午前一〇時頃に船室で揺れを感じたことを記している（高野、一九五四、奈木、二〇〇五）。地震発生時にプチャーチンと一緒にいたというマホフ司祭の記録（マホフ、一八六七）から、プチャーチンは司令官室にいたと考えられ、時計を見た可能性もある。

この報告書には、地震が起きてからディアナ号が沈没するまでの二八日間の記事を航海日誌から抜粋し、原本の記述と相違ないとレソフスキー艦長が署名した書類が添付されている（奈木、二〇〇五）。原本より短い記事もあるが、地震当日の該当部分は原本通りである。午前一〇時頃に地震が起きたとするプチャーチンの認識は、地震後まだ約一カ月半という時期に示され、省略せずに添えられた地震当日の日誌の記述にもきわめて近いものであった。

ロシア使節の応接掛として下田にいた村垣範正は、先に引用した通り、「四時少々前」に地震があったとしているが、川路は「五ツ時過」としている。このほか、丸子では「四時前」、蒲原では「五つ半頃」とする史料もあり、日本で記録されたものでも記述には幅がある。

地震が起きた日、下田の日の出は午前六時四八分、日の入りは午後四時三八分であった。これをもとに計算すると、五つ＝午前八時三分、五つ半＝午前八時五八分、四つ＝午前九時五三分、となる。村垣による「四時少々前」という表現は、ディアナ号の航海日誌やアメリカの津波記録から知られる時刻と整合的であったといえるだろう。日本だけでなく海外で記録されたものをも手がかりとして、

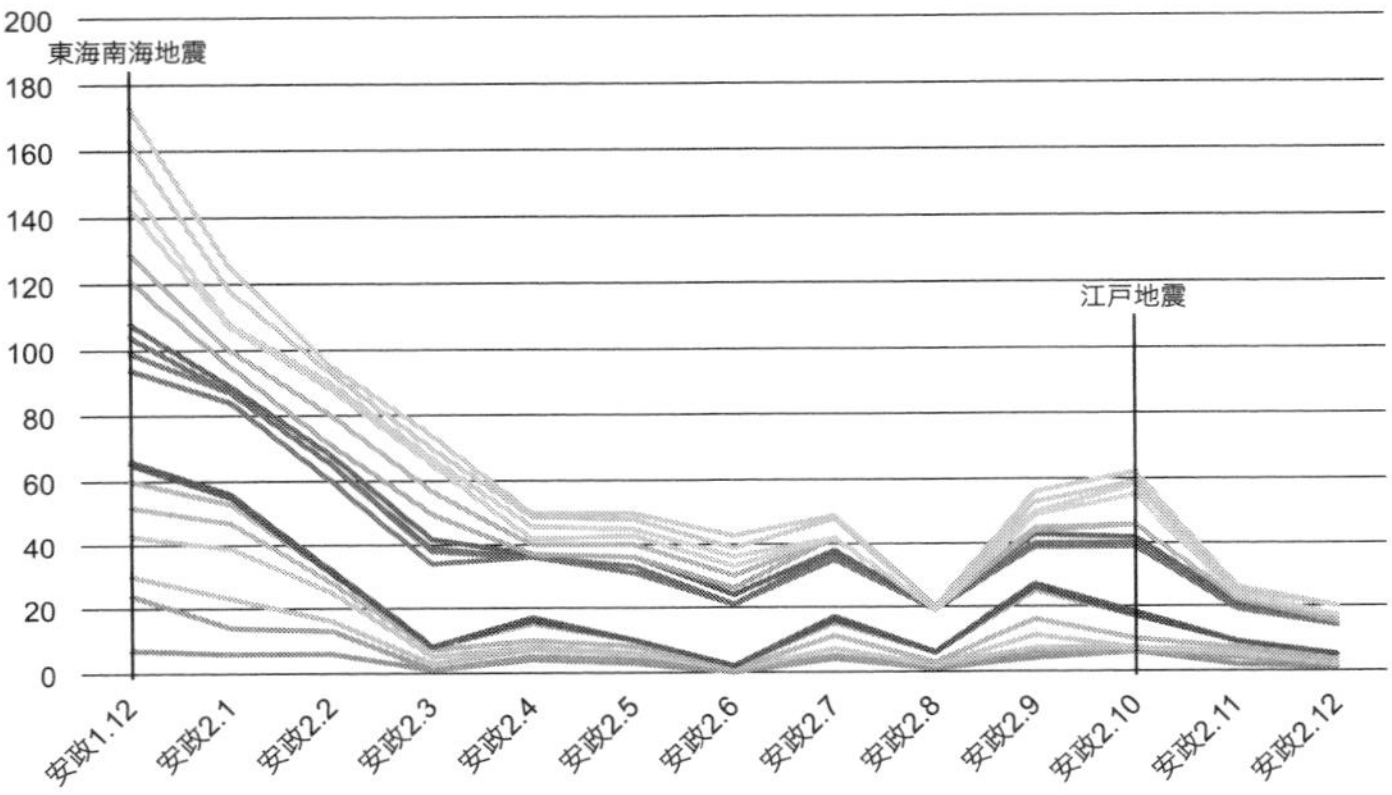

図 2-19　日記史料に基づく安政東海・南海地震から安政江戸地震までの各地の月別震動日数（積み上げ式）（調査・作成：地震火山史料連携研究機構）**計測地点は下から順に，今治，伊予小松，岩国，広島 1，広島 2，岡山，鳥取，豊岡，高知，摂津池田，京都，近江八幡，伊勢，西尾・田原，豊橋，麻績，静岡，富士宮で、その地点での震動日数を順次加算した．一貫して多いのは高知である．**

地震学と歴史学それぞれの方法により得られる知見は、安政東海地震が起きた時刻を絞り込んでいける可能性を示しているのである。

大地動乱の時代

西南日本で記された複数の日記史料を調査し、有感地震が記録されている日数を月ごとに集計してみると、安政南海地震以降ではその翌年の安政二年八月にいったん減少したのち、九月に再び有感地震が増加した状況を読み取ることができる（図2-19）。繰り返される南海トラフの地震を考えるうえでは、日記史料の調査とそれに基づくデータの分析をさらに積み重ねていく必要がある（五章）。

安政二年九月二八日には、遠州灘沖を震源とするM7・0〜7・5の地震があり、前年一一月の東海地震の最大の余震と考えられている。

その四日後の一〇月二日には、M7・0~7・1と推定される安政江戸地震が起き、江戸で七〇〇〇人を超える死者を出した(四—四節)。また、安政三年七月二三日には八戸沖で起きた地震で津波が発生し、安政五年二月二六日には飛越地震が発生している。嘉永七年には災異が続き、南海トラフの巨大地震の後に安政と改元されたが、安政期は大きな地震が相次いだ時期として、その前後の状況を史料から掘り起こしていくことが望まれる。

二—五　地震発生の長期予測と被害予測

大地震の長期予測

将来発生する地震を予知あるいは予測するには、いつ(時期)、どこで(場所)、どのくらいの規模か(M)の三要素を特定する必要がある。南海トラフで繰り返す巨大地震はM8~9と、場所と規模は特定できるが、時期を予測するのが難しい。時期の予測に関しては、大きく分けると、長期予測(数年から数十年程度の時間スケール)と、短期(直前)予知(数時間から数日程度の時間スケール)とに分けられる。緊急地震速報や津波警報は、地震が発生してから、その情報を短時間で捉えて処理することにより、大きな揺れをもたらすS波や津波の到達前に出すもので、地震の発生を予知するわけではない。

一七〇七年の宝永地震や一八五四年の安政東海地震の震源域は駿河トラフまで達していたと推定されるのに対し、一九四六年の東南海地震は達していなかった（図2-1）ことから、駿河湾内を震源域とする、いわゆる「東海地震」の発生が切迫しているという説が一九七七年に発表された。東海地方に地震計やひずみ計などの観測機器を多数設置し、地殻の活動をモニターすれば、大地震の前兆現象を検知でき、地震の発生を短期予知できる、という前提で、気象庁に地震防災対策強化地域判定会（判定会）が設けられ、異常現象が認められた際には、気象庁長官から内閣総理大臣へ報告し、警戒宣言が発表されるという仕組みが、大規模地震対策特別措置法（大震法）によって定められた。

この仕組みは四〇年近く実施されたが、明確な異常現象が認められたことはなかった。この間に、国内外の地震学コミュニティでは、大地震の前兆現象に関する理論やモデルは確立しておらず、地震の短期予知を確定論的に行うことは不可能である、というのが共通理解になってきた。このため、気象庁は二〇一七年に判定会が発出していた東海地震情報を南海トラフ地震の評価検討会が出す関連情報に変更し、東海地震についての警戒宣言が発表される仕組みは廃止された。

地震発生の長期予測は過去に発生した地震の履歴に基づく。プレート境界や内陸の活断層では大地震が繰り返し発生しているので、これらの履歴を調べることにより次の地震までの時間、あるいは一定の時間内の発生確率を予測しようというものである。このためには、決められた地域において、予測をしたい規模以上の地震を選択し、地震の規模や発生日時のカタログを作成する。そして、ある地震から次の地震までの時間間隔（発生間隔）を変数として、頻度をプロットしたときに、ある範囲に

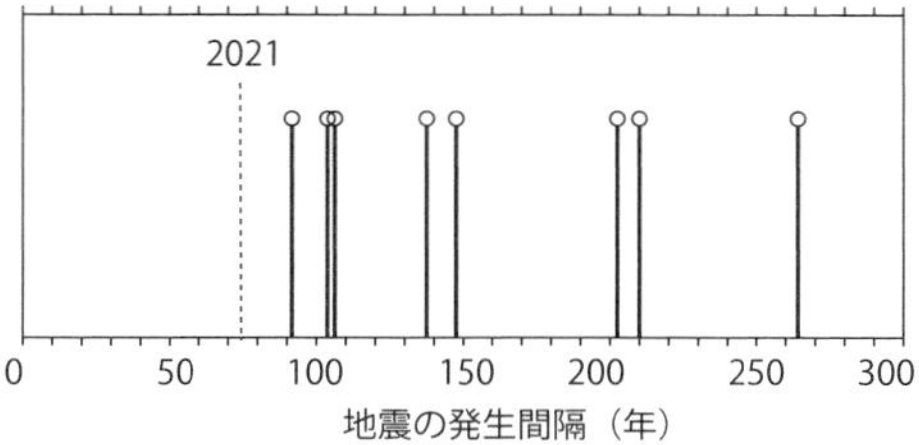

図 2-20　南海トラフ西側（南海地震発生域）における大地震の発生間隔　点線は最近の地震（1946 年）から現在（2021 年）までの経過時間を示す．

集中していれば、それを平均値として地震が繰り返していることになる。図2‐20は南海トラフ西側における巨大地震の発生間隔を示す。南海地震の震源域（図2‐1）だけに注目すると、白鳳地震から昭和南海地震まで九回の地震の繰り返しが知られており、最短は安政～昭和の九二年であり、最長は康和～康安の二六二年である。八回の平均は一五八年だが、一三六一年の康安地震以前の三回の間隔はすべて二〇〇年以上なのに対して、康安地震以降はすべて一五〇年以下で、ばらつきが大きい。

地震が時間的にランダムに発生する場合（ポアソン過程と呼ぶ）は、地震の発生時間間隔はピークを持たない対数型の分布になる（図2‐21）。地震間の時間間隔が短いものほど多く、長くなるにつれて少なくなるからである。

南海トラフで見たように、大地震の多くは、特定の時間間隔（たとえば百年程度）で繰り返しており、発生時間間隔はその繰り返し時間にピークを持つような確率密度関数で表現できる。よく使われるのは、対数正規分布やＢＰＴ（Brownian Passage Time）モデルというものであるが、実用的にはこれらの二つはほぼ同じ関数形を

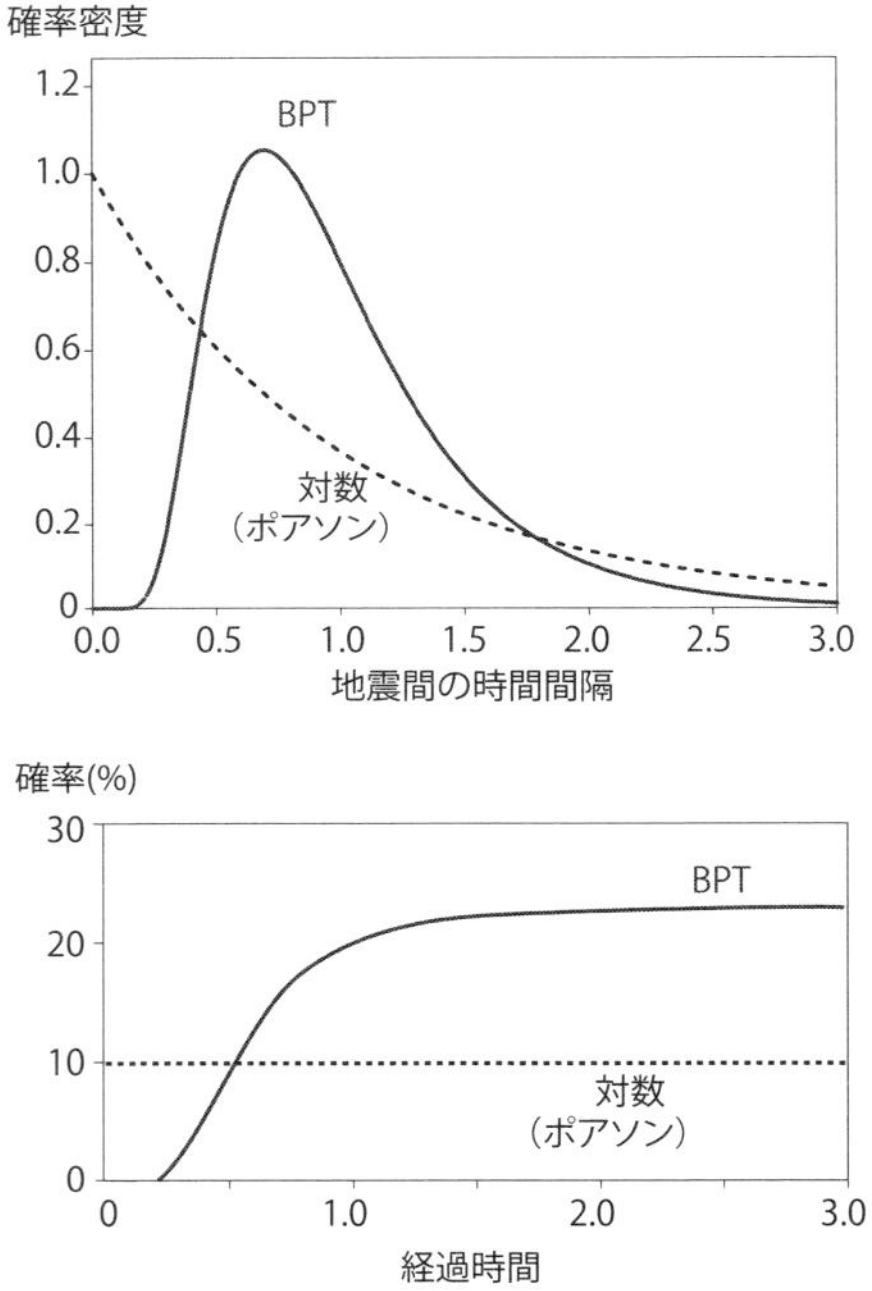

図 2-21　上：地震の発生時間間隔の頻度分布，下：地震の発生確率の時間変化　BPT モデル（平均発生間隔を 1.0 とした）とポアソン過程を示す．

している。地震発生間隔の平均値、そのばらつき、そして最後に発生した地震からの経過時間の三つのパラメターがわかれば、今後のある期間(たとえば三〇年間)にターゲットとした地震が発生する確率を計算することができる。ＢＰＴ分布の場合、地震が発生した直後は次の地震が発生する確率は低いが、次の地震に向かって時間とともに確率は上昇する(図2-21)。いっぽうポアソン過程の場合には、時間的にランダムに発生するという仮定から、地震の発生確率は、前の地震の直後でも、長時間経過した後でも変わらない。

　南海トラフの地震にＢＰＴモデルを当てはめて今後三〇年間の発生確

率を計算する場合、過去のどこまで遡って地震を採用するかによって、結果は変わってくる。前述のように、六八四年の白鳳地震以降の九回の地震（八つの時間間隔）を使うと平均は一五八年だがばらつきは大きい。康安地震以降の地震のみだと平均は一一七年となりばらつきも小さい。いずれにしても、二〇二一年（最後の地震から七五年経過）時点で、今後三〇年間の発生確率は四〇％以下となる。

南海トラフの地震の長期予測と被害想定

ＢＰＴモデルのように、同じ規模の地震が同じ時間間隔（ばらつきはある）で繰り返すというモデルに対して、地震の規模と発生間隔が関係する、というモデルもある。なかでも時間予測モデルは、地震の規模と次の地震までの時間間隔が比例する、というもので、規模の大きな地震の後は次の地震までの時間が長く、規模が小さかった場合には次の地震が早めに発生する、というものである。

南海トラフの場合、昭和の南海地震よりも安政の南海地震の方が規模が大きく、宝永地震はさらに大きかったことから、時間間隔は短くなっていると考えられる。実際、宝永地震と安政地震との間は一四七年、安政地震と昭和地震との間は九二年であった。このモデルに基づくと、次の地震までの時間間隔は八八年と計算され、その発生は二〇三三年頃と推定できる（図2-22）。さらに、発生間隔のばらつきも考慮すると、今後三〇年間に発生する確率は（二〇二一年時点で）七〇～八〇％となる。政府の地震調査研究推進本部の下の地震調査委員会が発表している南海トラフの発生確率はこの値である。

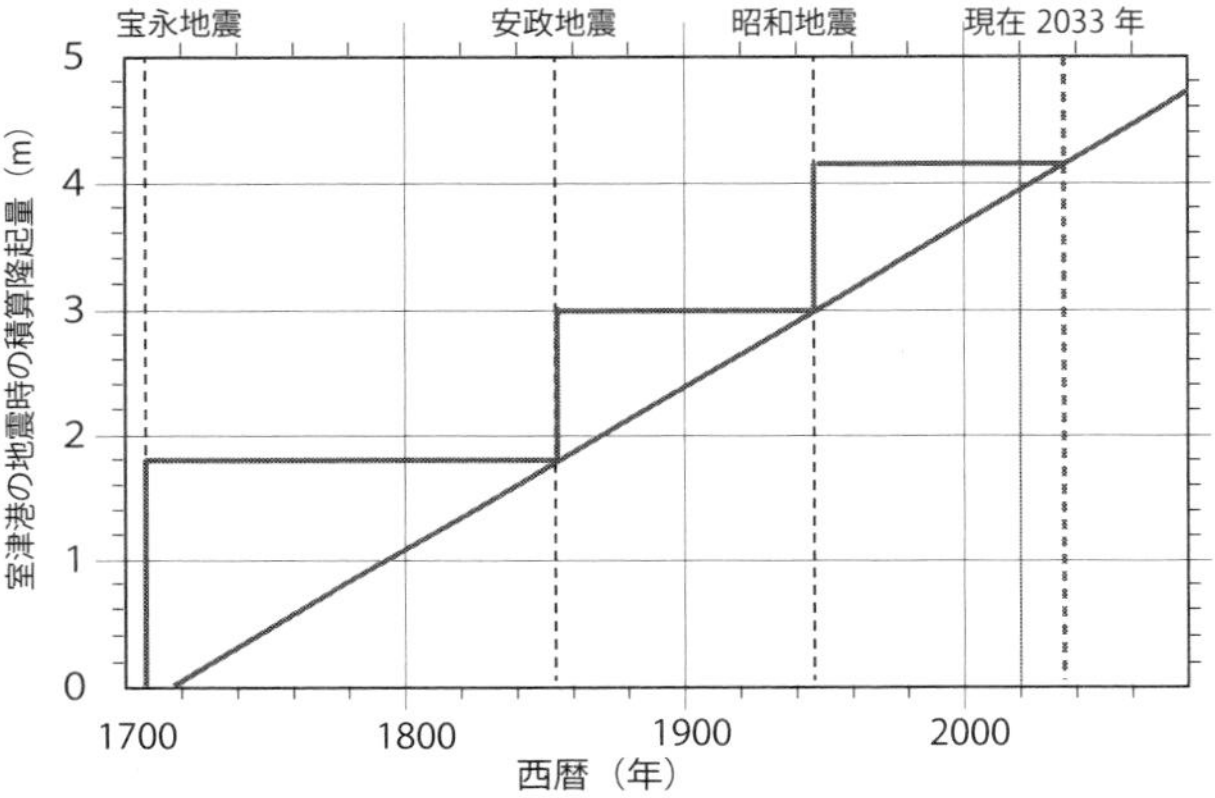

図 2-22　室津港（高知県）における地震時の地殻変動量の積算と発生年代（横軸）（Shimazaki and Nakata, 1980 を更新）

地震調査委員会では、南海トラフ、日本海溝、千島海溝などの海溝型地震、内陸の活断層で発生する地震について、歴史記録や古地震学的データに基づいて長期予測を行っている。さらに、個々の地震について、地震動の予測も行っている。地震動の予測は、それぞれの地域について、断層モデルを考慮し、震源域からの距離と地盤条件に応じて各地点の震度を計算する。そして、それぞれのタイプの地震について、発生確率を考慮して足し合わせたものが、地震動予測地図である。図2-23は全国各地で、今後三〇年間に震度六弱以上の揺れが発生する確率を示している。関東地方から東海地方、紀伊半島、四国の太平洋岸で確率が最も高い（二六％以上、ポアソン過程だと平均発生間隔一〇〇年程度）ことがわかる。

内閣府では、南海トラフにおける最大規模の地震の推定と、それが発生した際の被害想定、それに対する対策を行っている。地震の規模に関して、従来（東日

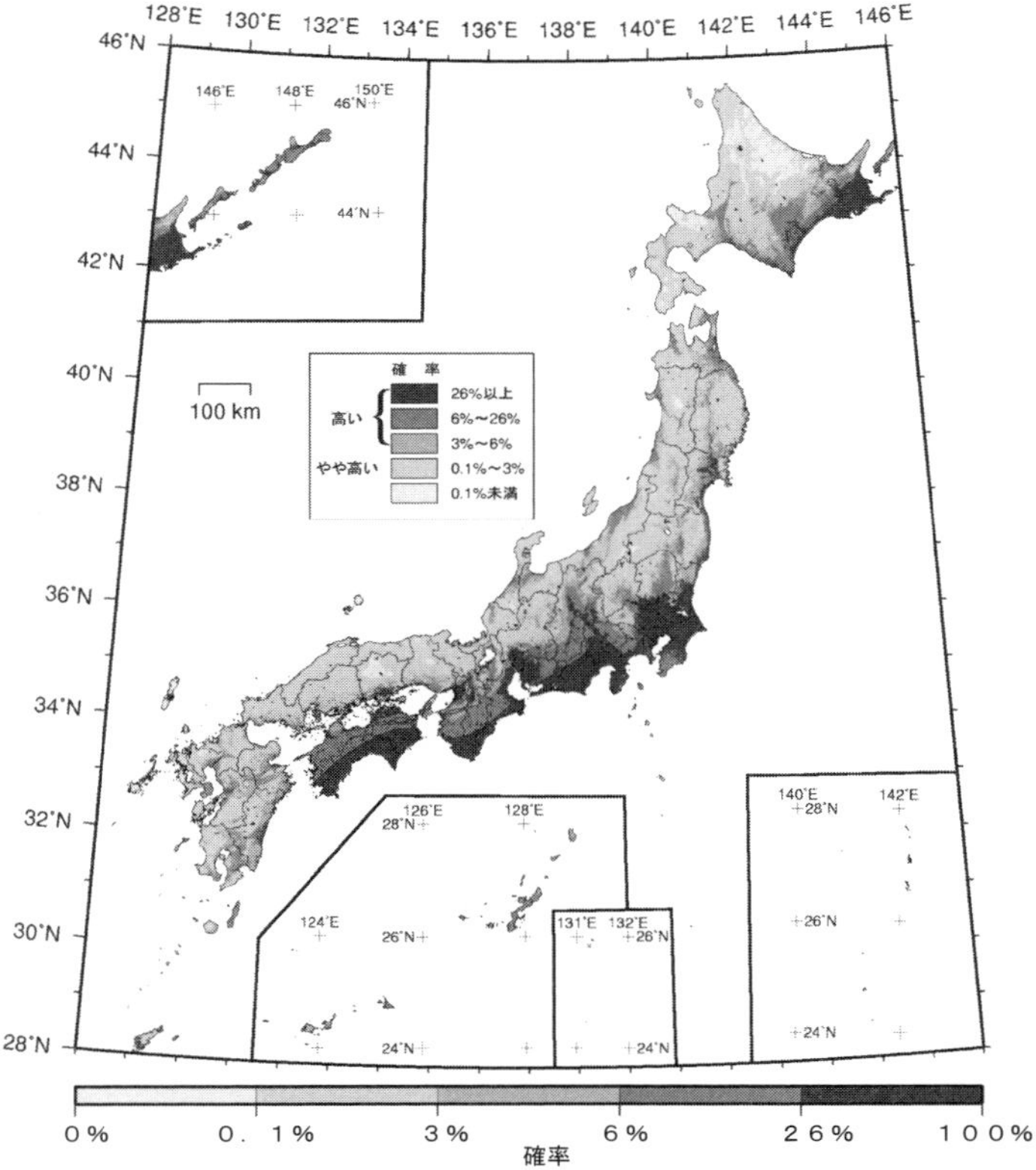

図 2-23　全国地震動予測地図（地震調査研究推進本部，2018）**今後 30 年間に震度 6 弱以上の揺れに見舞われる確率を示す．**

本大震災以前）は、その地域における既往最大の地震（南海トラフの場合は宝永地震）が発生した場合の震度分布や沿岸の津波高をまず推定し、これらによる人的・物的・経済的被害を想定した。二〇一一年東日本大震災は、数百年に一度程度という低頻度の大きな地震で、事前の想定を大きく超えた被害をもたらしたことから、東日本大震災後は、「あらゆる可能性を考慮した最大クラス」の地震による被害を推定することとした。

想定した最大クラスの震源域（図2-1上の太線）は従前の震源域に比べて大きい。過去に発生した地震の震源域の深さは一〇kmから二五km程度である。プレート境界のより深い部分（深さ三〇km程度）では深部低周波地震と呼ばれる地震が発生していることから、深部低周波地震発生域下限付近を最大クラス地震の震源域の北限とした。南限については、南海トラフ軸まで延長した。深さ〇kmと一〇kmの間では津波地震が発生する可能性があるとした。この震源域の面積は約一四万km²で、それから計算するMは9・1である（東北地方太平洋沖地震の場合は約一〇万km²、M9・0）。

震度分布については、強震動生成域（プレート境界の断層上で、すべりが集中している場所）の配置を変えて四ケースについて計算し．それらの最大値を取ったのが図2-24である。沿岸付近で震度が六強～七、瀬戸内海から近畿中部の内陸で五強～六弱、関東地方では五（弱・強）と予測されている。震度は、基本的には震源域からの距離とともに小さくなる（距離減衰と呼ばれる）が、地下深部や地表付近の地震波速度や減衰の構造によっても変わる。平野など沖積層と呼ばれる新しくまだ固着していない軟弱地層では揺れが大きくなり、台地や山地など古くて固い地層では相対的に揺れは小さい。

沿岸における津波高さ分布については、大すべり域の位置や数、それに分岐断層などを考慮した計一一ケースを検討し、それぞれについて津波の高さを計算した。モデルによって津波の高さ分布は異

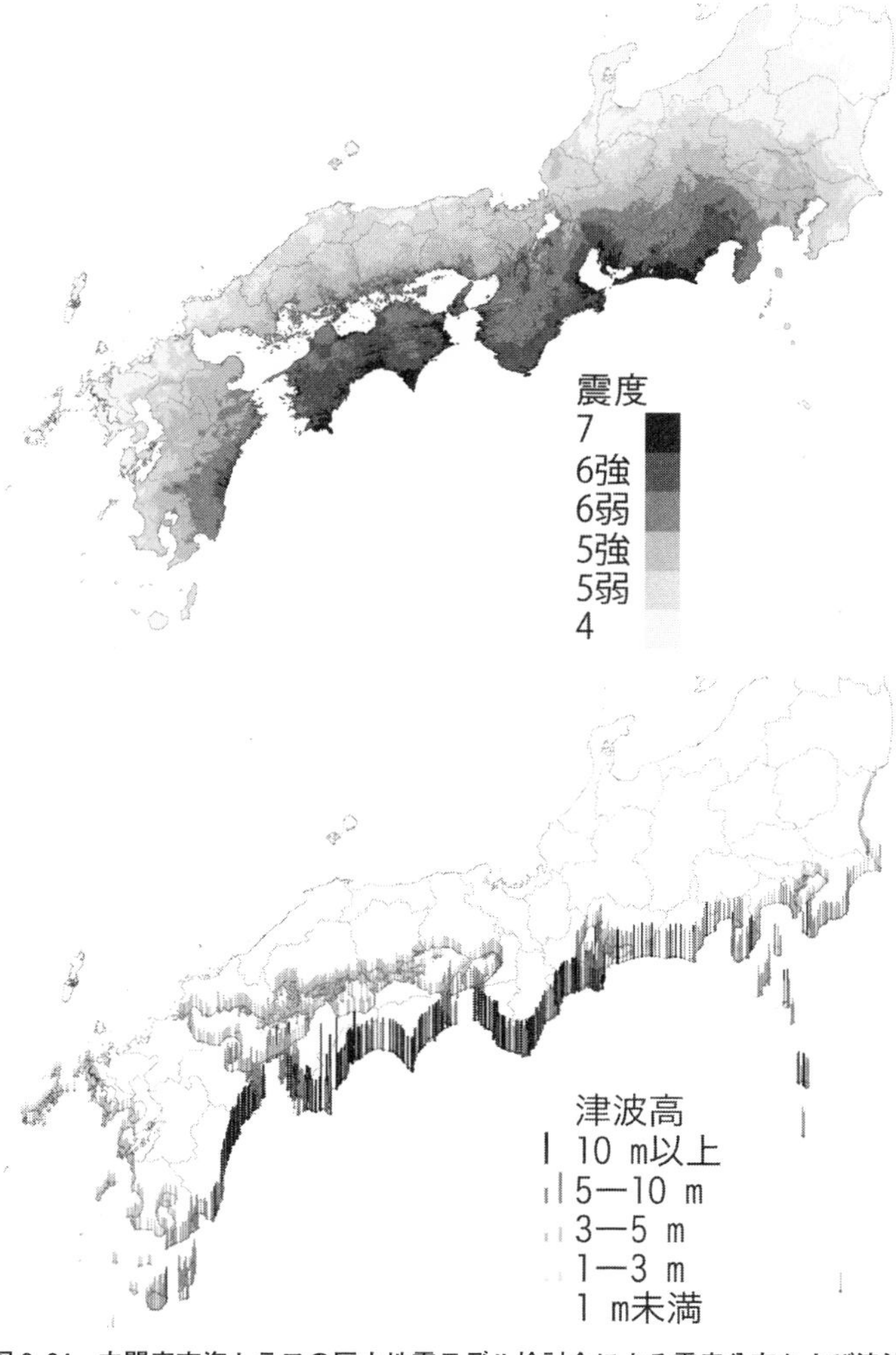

図 2-24　内閣府南海トラフの巨大地震モデル検討会による震度分布および津波の想定　同検討会が公開しているデータをもとに，震度分布は最大クラスについて 1 km メッシュに間引き，津波高はすべての断層ケースから最大値を抽出した．

表2-2　南海トラフ巨大地震の被害想定と東日本大震災との比較（内閣府防災ホームページ　http://www.bousai.go.jp/jishin/nankai/taisaku_wg/index.html　南海トラフ巨大地震の被害想定について（第一次報告）http://www.bousai.go.jp/jishin/nankai/taisaku_wg/pdf/20120905_01.pdf）

	M	浸水面積	浸水域内人口	人的被害	建物被害全壊棟数	経済損失
東北地方太平洋沖地震	9.0	561 km^2	62万人	1万8800人	13万400棟	16～25兆円
南海トラフ巨大地震	9.1	1015 km^2	163万人	32万3000人	238万5000棟	215兆円
倍率		1.8倍	2.6倍	17倍	18倍	10倍

なるが、大すべり域の付近では、沿岸での津波は高さ三〇m以上となった。

これらの震度分布や津波高さ分布はハザードと呼ばれ、自然現象である。一方で、これらによって引き起こされる災害は、人口や家屋、防潮堤などの人工物の脆弱性によって左右される。ある震度の揺れによる木造家屋の全壊率は、阪神・淡路大震災など過去の災害データから計算されているが、家屋の建築年によって大きく異なる。新しい家屋は、最近のより厳しい建築基準に従って建てられているため、同じ震度でも全壊率は低い。津波による家屋の全壊率（流失率）も、東日本大震災などのデータから求められており、浸水深が二mを超えると木造家屋はほぼすべてが、非木造家屋でも半数以上が全壊することが知られている。人的被害については、建物内に滞在する人口（住宅地では、昼間は少なく夜間に多い）や、津波に関しては避難行動の違い（避難しない・地震後すぐに避難・時間がたってから避難）で異なる。

被害想定の中で最悪のケースは、冬の深夜に東海地方を中心に大きく被災する場合で、建物倒壊による死者が八万二千人（このうち屋内落下物によるもの六千二百人)、火災による死者一万人、津波による死者が二三万人、その他も含めて死者が合計三二万三千人と想定されている。これは、東日本大震災の約一七倍という数である(表2-2)。

地震動による建物被害による死者は、建物の耐震化および家具の転倒・落下防止策によって、八万二千人から一万五千人に減らすことができ、津波については、全員が地震後すぐに避難を開始し、既往の津波避難ビルを有効に活用することによって二三万人から四万六千人にまで死者を減少させることができる、としている。これらの対策によって、犠牲者数を最悪の想定(三二万三千人)から八割以上減らすことを目標として、令和元年(二〇一九)に、「南海トラフ地震防災対策基本計画」が立てられた。この計画では、国、地方公共団体、地域住民等のさまざまな主体が連携をとって、計画的かつ速やかに地震や津波に対する防災対策を行うこととしている。

三章　連動する内陸地震

三―一　熊本地震と兵庫県南部地震

日本列島周辺で発生する地震は、沈み込むプレート境界で発生する海溝型地震（一章、二章参照）とプレート内で発生する地震とに大別できる。プレート内で発生する地震のうち、陸側のプレート内で発生する地震を内陸地震と呼ぶ。内陸というと一般には海岸から遠い地域をいうが、日本周辺ではおもに海にあるプレート境界付近で発生する地震と区別する意味で内陸地震としている。多くは活断層で発生するが、活断層から離れた場所でも発生することもある。ときにM８以上となる海溝型地震に比べ、内陸地震は一般に大きくてもM７クラスの地震であるが、人々が住んでいる陸域の直下で起こり、特に震源が浅いと大きな被害をもたらすこととなる。

ここではまず、近年発生した内陸地震のうち、平成二八年（二〇一六）熊本地震と平成七年（一九九五）兵庫県南部地震を題材として、内陸地震の様相や地震の連動について解説する。歴史地震としては、天正地震、文禄畿内（伏見）地震や文禄豊後地震を取り上げる。

平成二八年（二〇一六）熊本地震

平成二八年（二〇一六）熊本地震は、四月一四日と一六日に発生した最大震度七の二つの地震を始めとして、熊本県を中心とする地域の一連の地震活動である。この地震では、熊本県から大分県にかけて活発な地震活動があり（図3-1）、震度六弱以上を観測した地震だけでも七回発生している。特に、後で述べるように、一四日夜の震度七の地震の二日後に、より大きいマグニチュードで震度七を観測する地震が起きたことが注目を集めた。

震源断層は、布田川《ふたがわ》断層帯と日奈久《ひなぐ》断層帯とされる。この地震による人的被害は、死者二一一名、重軽傷者は二万七千人を超えた。また、建物被害としては、全壊家屋、半壊家屋、一部損壊家屋などあわせて約二一万棟に及んだ。また、各地で土砂災害が発生し、道路や鉄道の寸断を招いた。水道などのライフライン被害も甚大であった。

評価済みの活断層で発生した地震

熊本地震の特筆すべき特徴は、国によって活断層としての評価がなされていた活断層で発生した地

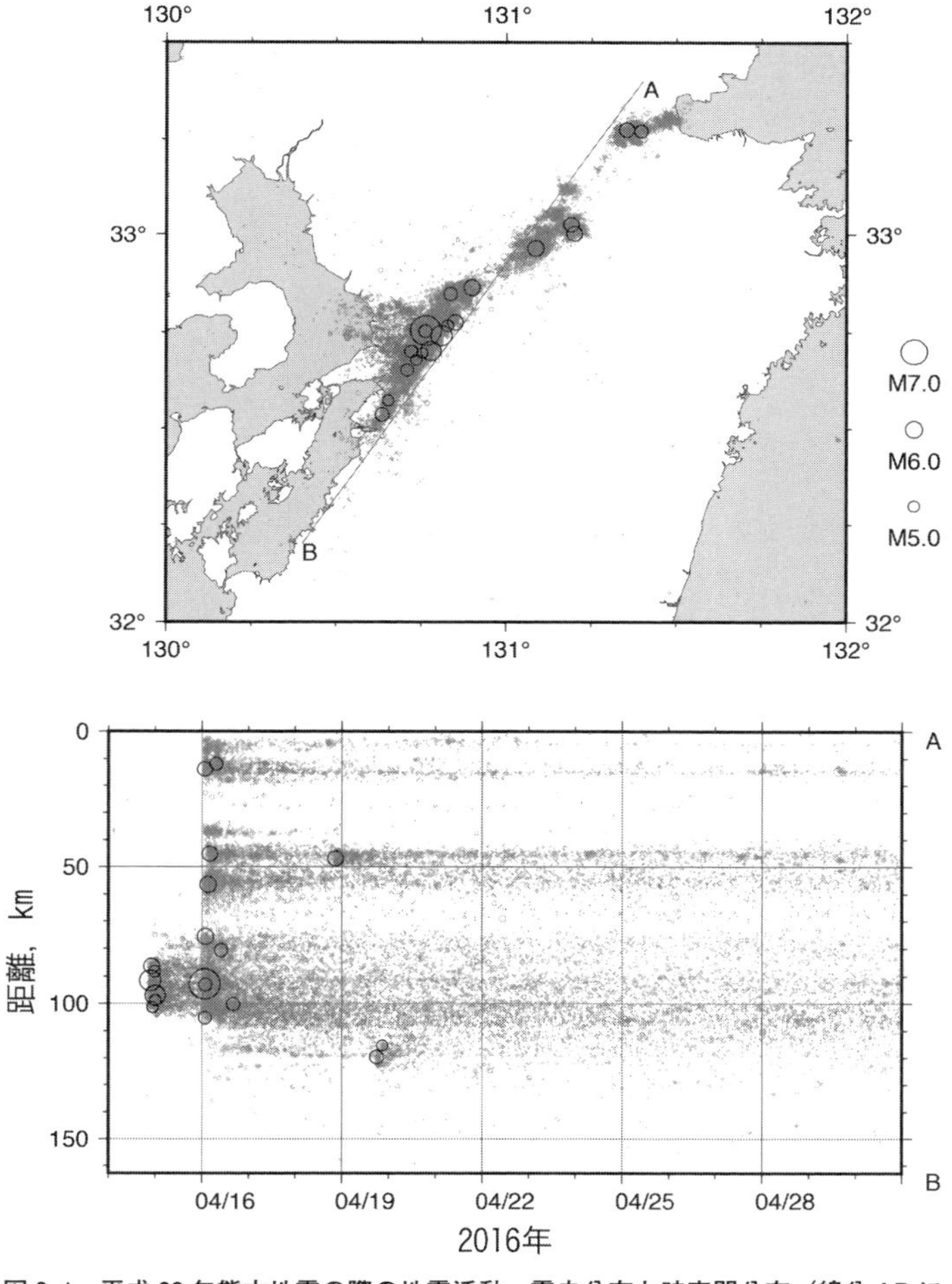

図 3-1　平成 28 年熊本地震の際の地震活動　震央分布と時空間分布（線分 AB に投影）で示す．布田川断層帯と日奈久断層帯に沿って地震が発生した．時間がたつにつれ，地震活動が空間的に広がっていったようすがわかる．

震だったということである。一連の地震活動(図3-1)は、おもに布田川断層帯と日奈久断層帯に沿って発生した。これらの断層帯は活断層として知られており、平成一四年(二〇〇二)に地震調査研究推進本部地震調査委員会によって最初の評価が発表された。平成二五年(二〇一三)の評価では、断層帯の将来の活動として、布田川断層帯の布田川区間でM7・0程度、日奈久断層帯の高野—白旗区間でM6・8程度の地震が発生しうると推定されていた(地震調査研究推進本部、二〇一三a)。また、この評価では、各断層帯の活動区間が同時に活動する場合や、布田川断層帯の布田川区間と日奈久断層帯の全体が同時に活動する場合についても検討されていた。両断層は、九州地域の活断層の長期評価でも「詳細な評価の対象とした活断層」とされている(図3-2)。地震調査研究推進本部(二〇一六)では、地震活動や地表地震断層の分布などから、熊本地震の一連の地震のうち、四月一四日のM6・5の地震および四月一五日のM6・4の地震は日奈久断層帯(高野—白旗区間)、四月一六日のM7・3の地震は布田川断層帯(布田川区間)の活動によると考えられる、としている。

熊本周辺では、過去にも何度も被害地震が発生している(図3-2、図3-3)。寛永二年(一六二五)、弘化四年(一八四八)、明治二二年(一八八九)などである。歴史地震については震源を精密に決定することは難しいが、これらの断層を震源としたものであった可能性もある。断層の長さとそこで発生する典型的な地震の大きさには相関があることから、長期評価では各断層の区間(セグメント)ごとに想定するマグニチュードを想定している。これら(図3-3)の歴史地震は前述の布田川断層帯・日奈久断層帯において想定する地震よりも小さな地震であったと推定され、長期評価には含

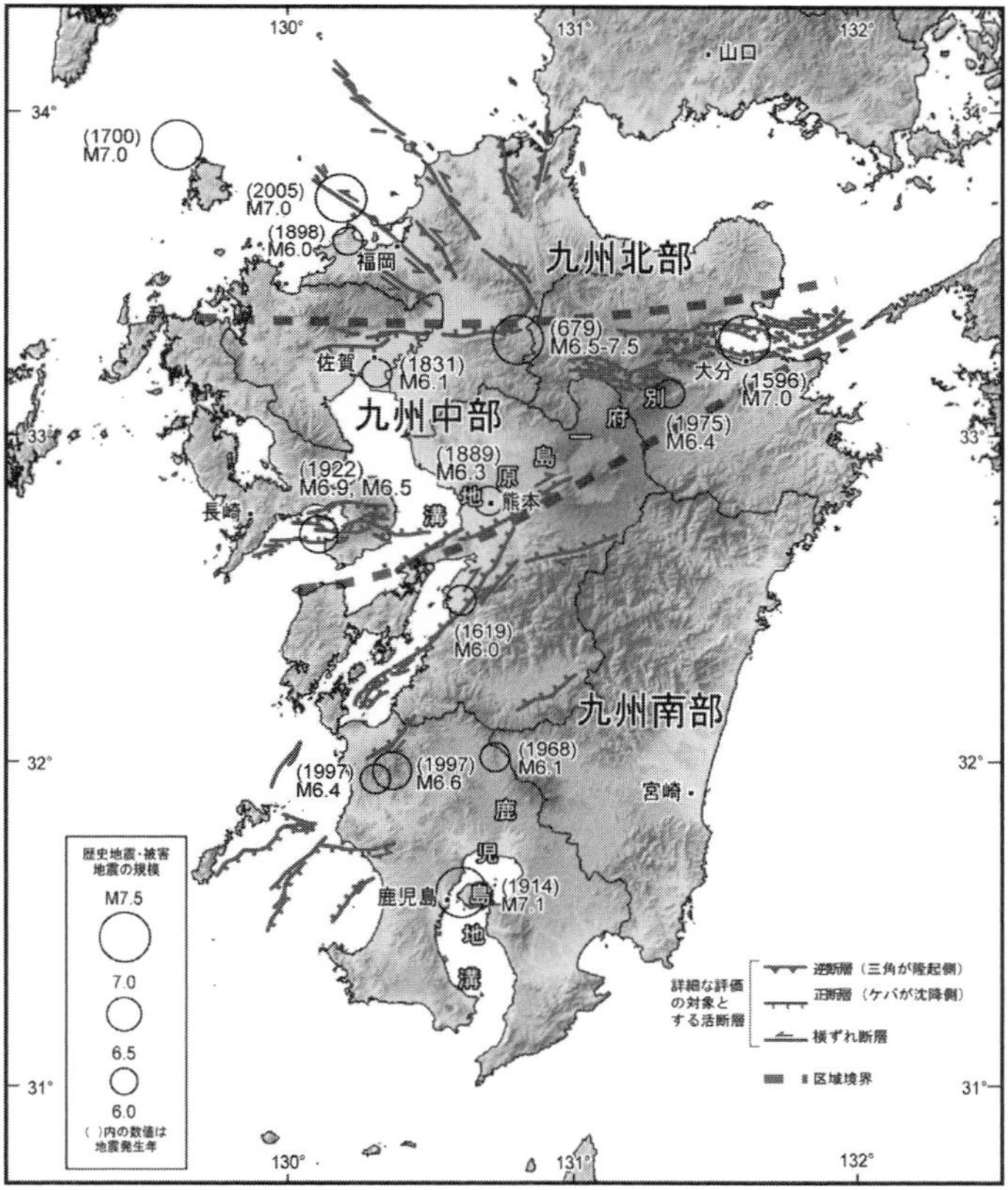

図 3-2　九州地域の活断層の長期評価（地震調査研究推進本部, 2013b）**詳細な評価の対象とする活断層のずれの向きと種類および九州地域で発生した歴史地震・被害地震の震央.**

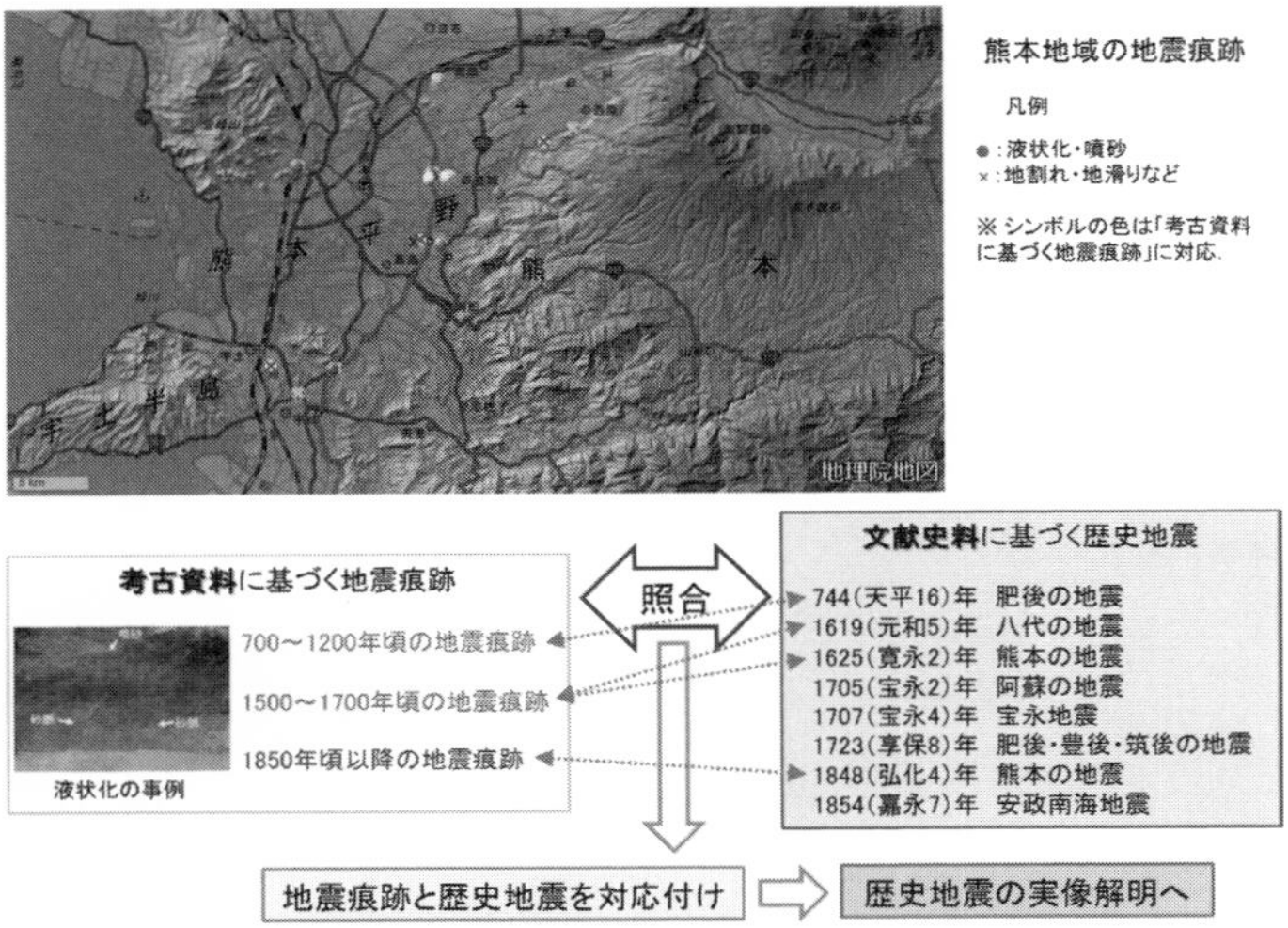

図 3-3 考古資料にもとづく地震痕跡と文献史料による熊本地域の歴史地震（奈良文化財研究所・村田泰輔氏作成，科学技術・学術審議会，2017）

まれていない。ある地域と時間幅に着目したときには、小さな地震ほど発生数が多い（一章参照）ことを考えれば、活断層評価の対象となっている地震よりも小さな地震が過去にも多数発生していることは想像に難くない。

今回の熊本地震では熊本城にも大きな被害が発生し、注目を集めた。熊本城では、過去にも地震等の災害によって被害が発生し、石垣等が修築されてきている。今回の被害を踏まえ、過去の被害についても調査が進められている（後藤典子、二〇一七、熊本市熊本城調査研究センター、二〇一九）。地震が繰り返し発生していることを如実に物語るだけでなく、文化財の保護や市民が集う空間の安全性についても留意する必要があることを示している。

短期間に続発した地震

熊本地震の特徴として、短期間に比較的狭い領域で大地震が続発したことが挙げられる。震度七を記録する地震が二日間で二回、マグニチュードで見ると、M6・0以上の地震が三回発生している。四月一四日二一時二六分にM6・5、一五日〇時三分にM6・4、一六日一時二五分により大きいM7・3の地震（図3-1）が発生した。

最初に大きな地震が発生したあとは、それより小さな地震が余震として発生することが多い（本震—余震型）（一章コラム4参照）。地震による活動の大小はあるものの、大きな地震のあとには余震が引き続いて発生し、時間的に徐々に発生数が少なくなっていく。多くの場合で最大余震は、本震よりもマグニチュードにして1程度小さい。余震の発生は、災害共助や復旧、避難生活にも影響を与えるため、気象庁は最大震度五弱以上の大地震が発生した場合に、以後の地震活動の見通しや防災上注意すべきこと等について発表している。

ところが、熊本地震では、あとからより大きな地震が発生した。このような例は、内陸地震では日本の観測史上でも珍しいことである。地震現象の多様性を再認識する機会となった。

四月一六日以降、大分県側にも地震活動が広がったが、これは震源断層が連続しているのではなく、熊本側で発生した地震によって誘発されたものと理解できる。このことは時空間分布を見るとよくわかる（図3-1）。このような離れた場所での地震の誘発は、熊本地震のように震源から数十kmの距離から場合によっては数千km離れた場所でも観測されることがあり、断層のずれによる応力変化や、伝播する地震波による応力伝播に起因するものと説明されている。

続発する大地震とともに、地震活動が広がっていく様子は、さらなる大地震につながるのではないかと人々の関心や不安をかきたてた。本章の後半で解説する文禄五年（一五九六）の文禄豊後地震、あるいは文禄畿内（伏見）地震や、中央構造線断層帯との関連も取り沙汰された。結果として見れば、大分側で誘発地震が発生した以上の誘発や連動はなかったことになる。

地震学的には大地震による地下での応力の変化が、次の地震の引き金になることはありえる。これまで起こった誘発地震の例としては、たとえば、昭和一九年（一九四四）東南海地震の二年後に発生した昭和二一年（一九四六）の南海地震（二章参照）、平成二三年（二〇一一）東北地方太平洋沖地震（一章参照）の約八時間後に発生した長野・新潟県境付近の地震などが挙げられる。ただし、現在の地震学では、大地震が発生した際に、近隣あるいは遠方で誘発されて大地震が発生するかどうかを正確に予測するのは難しい。

熊本地震は、歴史地震研究にもさまざまな観点をもたらした。熊本地方の過去の地震の発生履歴はどのようなものであったか？　過去に発生した地震ではどのような被害が発生したのか？　短期間に狭い範囲で続発する地震はどの程度起こりえるのか？　連動するのかしないのか？　歴史地震における地震の連動や誘発地震はどこまで議論できるか？　など、いずれも歴史資料と現代の地震学の知見を駆使して検討すべき課題である。

コラム11　誘発地震

地震が発生したあと離れた場所で地震が発生したり地震活動が活発化したりする。時空間的に近い場所で発生する余震と区別して誘発地震と呼ばれる。最初の地震による応力変化が次の地震の引き金になるという考え方である。最初の地震による応力変化は、地震波として伝わるものと、急激な断層運動によるものがある。

応力変化によって地震が発生しやすくなったかどうかを評価する指標として、クーロン応力変化の正負を用いることが多い。影響を受ける断層について、その位置や走向、傾斜、ずれの方向を仮定し、断層をずらそうとする力と、断層面を押さえつけずれないようにする力（摩擦力）のバランスの変化から計算するものである。

最初の地震や影響を受ける地震の仮定の違いによって大きく値が変わることがあり、また地震後の地震活動の変化のすべてをクーロン応力変化で説明できるわけではないが、大地震後の地震活動の推移を評価するひとつの有力なツールである。

平成七年（一九九五）兵庫県南部地震

平成七年（一九九五）一月一七日に発生した兵庫県南部地震は、阪神・淡路地域を中心に大きな災害を引き起こし、その被害の大きさからこの地震による災害をさして「阪神・淡路大震災」と呼ばれる。大都市の直下で、活断層が引き起こした地震による大きな被害が社会に衝撃をもたらした。総務省消防庁の統計によると、この地震による被害は、死者六四三四人、行方不明三人、負傷者四万三七九二人、住家全壊一〇万四九〇六棟、住家半壊一四万四二七四棟、全半焼七一三二棟となっている。高速道路の倒壊や、鉄道・水道・ガスなどの生活インフラ、港湾部での液状化などの被害も大きかった。避難所の設置や運営における課題、ボランティア活動、被災した人々の心理的状況やそのケアも注目された。

気象庁によるとこの地震は、淡路島北部の北緯三四度三六分、東経一三五度二分、深さ一六kmを震源とし、Mは7・3、淡路島では、活断層として知られていた野島断層に地表変位がはっきりと現れた（口絵6）。兵庫県神戸市と洲本市で震度六を観測したほか、東北地方南部から九州地方にかけての広い範囲で有感となった。地震後の気象庁による現地調査によると、神戸市や淡路島の一部の地域では震度七に相当する揺れが発生していた。昭和二三年（一九四八）の福井地震を受けて設けられた「震度七」が初めて適用された地震である。

市民の間では関西では大きな地震が発生しないという思い込みがあったとされる。日常の感覚では、たとえば関東と比べて相対的に有感地震が少ないこともあり、また、東海地震への対策が注目される中、関西はそのような状況にはないという誤った先入観もあったかもしれない。しかし専門家の間では、地震前からすでに周辺の活断層の分布などにより大地震の発生可能性が指摘されていた（たとえば、笠間・岸本、一九七四）。専門家の認識が広く市民と共有されていなかったという反省は、平時からのわかりやすい広報を目指すなどの形で、地震観測網の整備などとともに、地震後の対策に反映されていく。

活断層

兵庫県南部地震の後、活断層が大きな注目を集めた。活断層とは、最近数十万年間に繰り返し活動し、将来も活動することが推定される断層と定義されている（地震調査研究推進本部、二〇一〇）。この地震後に政府に設置された地震調査研究推進本部は、「地震防災対策の強化、特に地震による被害の軽減に資する地震調査研究の推進」を「基本的な目標」として掲げ、平成九年（一九九七）には「地震に関する基盤的調査観測計画」を策定した。この計画の中で「陸域及び沿岸域における活断層調査」を実施することとし、順次調査が実施され、その結果が同本部の地震調査委員会の「主要活断層帯の長期評価」等としてまとめられてきた。前述の「布田川断層帯・日奈久断層帯の評価」もそのうちの一つである。

活断層がずれて地震を発生する間隔は、数万年から数十万年と非常に長いため、長期的な評価が必要となる。現在、一一四の活断層が長期評価の対象となっている。また、平成二五年（二〇一三）からは「活断層の地域評価」も公表されている。これは、M6・8以上の地震を引き起こす可能性のある活断層について、対象とする地域ごとに総合的に評価するものである。令和二年（二〇二〇）までに九州地域、関東地域、中国地域、四国地域（発表順）についての地域評価が公表されている。

活断層の長期評価には、歴史地震研究の成果も取り入れられている。活断層の活動の時間スケール数万～数十万年に比べ、歴史地震でカバーできるのはそのうちの最近千年程度にすぎないが、歴史地震であれば、発生年月日を特定できる地震も多く、また被害の分布などから震源位置や地震の規模を推定することも可能である。より長い時間スケールを持つ地形学的あるいは地質学的な情報との比較検討により、より確からしい地震の履歴を示すことができる。

活断層は、その位置・形状・地質、さらには過去の地震発生の履歴などに基づいて、いくつかの区間（セグメント）に分けられる。各区間内では、同じようなタイプの地震（固有地震とも呼ばれる）が繰り返し発生するという知見に基づいて、将来の発生確率が推定されている。内陸の活断層だけでなく、プレート境界においても、同様に区間（または領域）に分けて整理することができる（一章、二章参照）。ただし、固有地震よりも小さい規模の地震や、複数の区間が連動してより大規模な地震になる可能性にも注意する必要がある。

コラム12　活断層の調査方法

過去の地震について知るためには、文献史料だけでなく、大地に残る痕跡も重要な証拠となる。断層がずれることで地震が発生するので（一章参照）、断層の位置を特定できれば、そこで過去に地震が発生してきたといえる。断層がずれた痕跡を見つければ、その断層で地震が発生したことがわかるのである。

おもな活断層の調査方法として、地形調査、トレンチ調査、地下構造調査が挙げられる。

地形調査は、空中写真や現地調査によって地形を調べ、断層の位置・確実度を決める方法である。断層が繰り返しずれることによって、土地のずれや断層に特有の地形（断層崖や河川の屈曲など）が認められることが多い。断層の長さは、発生す

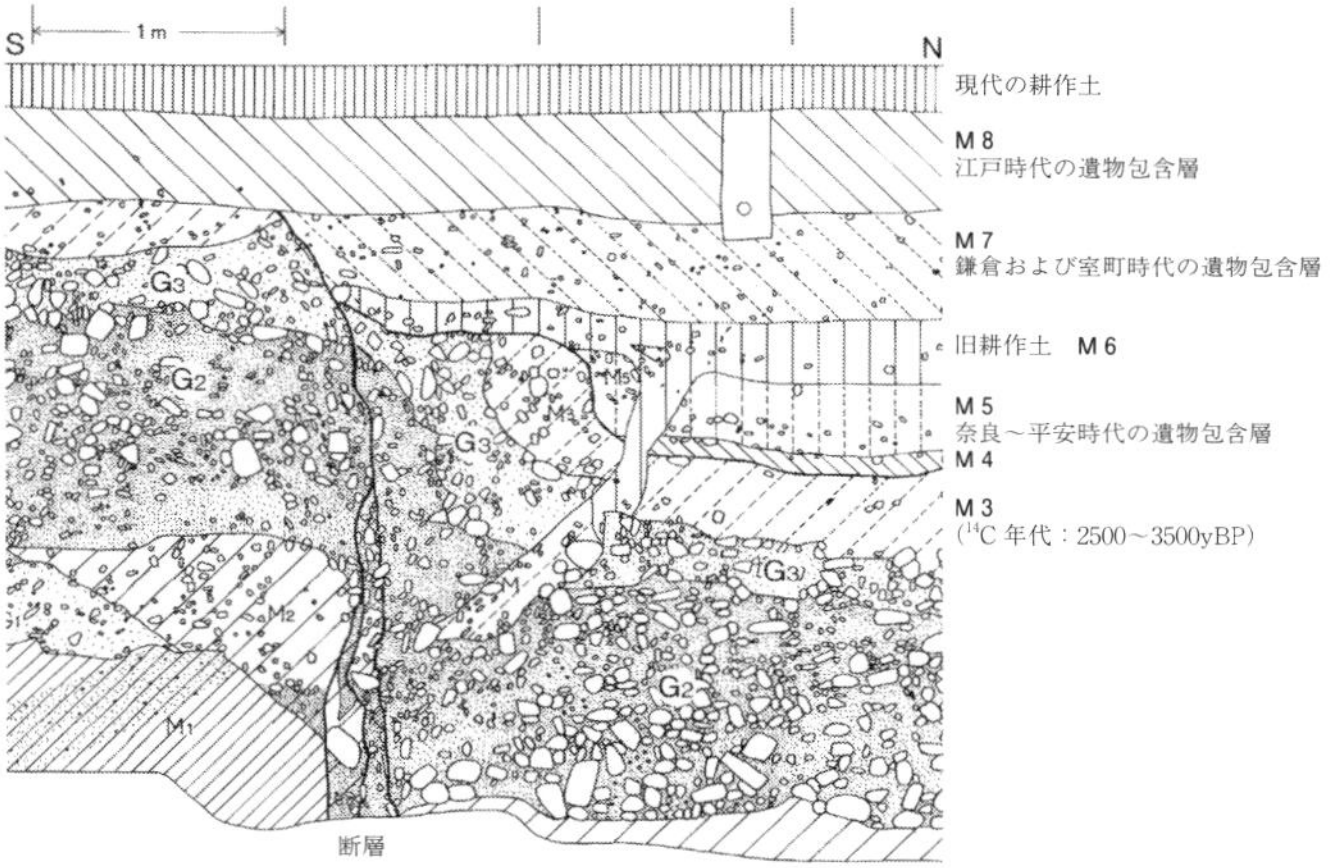

図 3-4　有馬—高槻断層帯におけるトレンチ調査の例（寒川ほか，1996）

る地震の規模と相関があり、一般に長い断層ほど大きな地震を発生させた可能性がある。現地調査により、地形の測量や、地形をつくっている地層や断層の露頭の観察を行う。断層のずれや特有の地形がいつつくられたものなのかがわかれば、断層の活動履歴を知ることができる。たとえば、採取した有機物の放射性炭素による年代測定や、地層に残る火山灰の年代が用いられる。

　トレンチ調査は断層の発掘ともいえる（図3-4）。トレンチとは調査用の溝のことであり、断層を掘り出して地層を直接観察することで、その断層で過去のいつどのように断層のずれが発生したかを調べる方法である。ずれの量も地震の規模と相関がある。断層に沿って複数の地点で調査を実施することで、断層のずれの広がりやずれの量の空間分布を得ることもできる。ボーリングによって得られる情報も併用される。

　トレンチ調査で得られるのは深さ数m程度までの地層の情報であるが、地表での調査だけではわからない断層の深部の位置や形状を知るために実施するのが地下構造調査である。弾性波（地震波）や重力、電磁気を用いた地下構造調査によって、地表の調査では断層が認められない場所でも、地層の食い違いの量と場所を推定することができる。また、海底や湖あるいは川の地下のように、地表からの調査の及ばない場所でも断層に関する情報を得ることができる。

六甲・淡路島断層帯

兵庫県南部地震の震源断層としてよく知られているのは野島断層であろう。淡路島北西部に約一〇kmにわたって地表に断層変位が現れた（口絵6）。最大で上下ずれ約一m、右横ずれ約二mに及ぶ。その後、北淡町（現淡路市）には野島断層保存館が設置され、地表に出現した断層の一部が保存されている。

野島断層は、大阪府北西部から兵庫県の淡路島にかけて位置する六甲・淡路島断層帯に含まれる。地震調査委員会の長期評価（二〇〇五）では、六甲・淡路島断層帯の一部である淡路島西岸区間と六甲山地南縁―淡路島東岸区間が兵庫県南部地震の際に活動したとし、地震時の断層の変位量や地殻変動の分析から、淡路島西岸区間での最新活動としている。これに対して、六甲山地南縁―淡路島東岸区間においては、固有規模の地震よりひとまわり小さい地震とみなし、固有規模の地震の最新活動ではないと評価し、六甲山地南縁―淡路島東岸区間の最新活動時期は一六世紀と推定している。これは、被害記録の側面からだけでは断層帯主部が活動したと断定する証拠に乏しいためである。この一六世紀の活動は後述の一五九六年の文禄畿内（伏見）地震の可能性はあるが、長期評価ではこの地震とは特定していない。一六世紀前半の歴史記録が十分でないことから、ほかの地震が発生していたとしても記録されていない可能性をふまえ、断定しなかったとしている。

内陸地震の活発化

兵庫県南部地震から、西日本は地震の活動期に入ったという説がある。この地震以降も、平成一二年（二〇〇〇）には鳥取県西部地震などが発生した。ほかの時期に比べて大地震がより多く発生する時期を活動期として、西日本の活動期は、南海トラフ沿いの巨大地震（二章参照）の発生サイクルと関連づけて説明されることが多い。二章で述べたように、南海トラフ沿いではおよそ一〇〇年から二〇〇年間隔で巨大地震が発生している。これらの巨大地震の前後に内陸でも地震が多く発生するというのである。

Hori and Oike（1999）では、南海トラフ沿いの巨大地震の前の数十年間と後の一〇年程度は、西南日本の内陸地震の発生数が多いとし、プレート境界と内陸活断層の相互作用のモデリングを行い、巨大地震の発生による応力変化が内陸地震の発生数に影響を与えていると結論づけている。南海トラフでの直近の巨大地震からすでに七〇年以上がたっている。今後の観測や過去の事例の調査、モデル構築などを通してこのような仮説を検証し、予測に役立てていくことが望まれる。

コラム13　濃尾地震

図 3-5　濃尾地震の際に断層変位が現れた根尾谷断層（Koto, 1893）

内陸地震として、国内で最大級の地震とされるのが明治二四年（一八九一）一〇月二八日に発生した濃尾地震（M８・０）である。岐阜県・愛知県を中心に、死者が七千人を越え、全潰家屋も一四万軒以上となるなど大きな被害があった。濃尾断層帯が活動した典型的な内陸地震である。根尾谷断層帯、梅原断層帯、温見断層北西部の、合わせて七四㎞の区間が活動したとされている。

この地震の際に地表に現れた断層から、断層と地震の関係について理解が深まった。根尾谷断層では最大で七ｍを越える断層変位が観測された（図3-5）。これらの断層変位はいまも観察することができ、一部は国指定の特別天然記念物となり保存されている。地震の翌年に震災予防調査会が設立され、地震や防災に関する幅広い研究が始められた（五章参照）。

三―二　天正地震

広範囲にわたる被害

天正から慶長にかけては、いくつかの大きな内陸地震が知られている。天正一三年一一月二九日（一五八六年一月一八日）に中部から近畿の広い範囲に被害を発生させた地震（天正地震）、文禄五年閏七月九日（一五九六年九月一日）の豊後の地震、その三日後の一二日（九月四日）に畿内で大きな被害を発生させた畿内（伏見）地震などである。天正地震と畿内（伏見）地震は歴史大河ドラマで取り上げられることも多いので、一般にもわりあい知られた地震であろう。これらの地震についての最新の研究状況を紹介しておこう。

天正地震について当時書かれた信頼のおける文献史料が一致して示すのは、一一月二九日の深夜一二時頃に大きな地震があり、ついで一二月一日の未明（当時の日時表現では「十一月晦日丑刻」となる）にも大きな震動があったこと、京都でも倒壊した寺院があったこと、美濃・尾張・近江・伊勢で多くの死者があったことである（『兼見卿記』『多聞院日記』『東寺執行日記』『興福寺寺務初任日記』『顕如上人貝塚御座所日記』『伊勢外宮遷宮近例』『松平家忠日記』）。

丹後・若狭・越前の沿岸部が大波に襲われて壊滅したことや、飛驒白川郷で大規模な山崩れがあり、帰雲城を拠点としていたこの地域の有力武士内ヶ島氏が全滅したことは、伝聞情報ではあるものの、情報源を異にする複数の史料に見えるので事実と見ていいだろう（『兼見卿記』『貝塚御座所日記』「長滝寺文書」「寺社来歴」)。若狭湾で津波が発生し、飛騨の山中では山体崩壊が起きたものと考えられる。

近世の加賀藩の史料によれば、越中砺波郡でも木船城が崩壊し、前田利家の弟秀継が死亡したとされる。また、のちに高知藩主となる山内家の家譜によれば、琵琶湖岸の長浜城が倒壊し、当時城主であった山内一豊の娘が死亡したとされる。さらに、イエズス会宣教師の報告書によれば、美濃の大垣城も崩壊して湖に埋まったという(『日本西教史』)。大垣城は低湿地に築かれた城なので、大規模な液状化が起きた可能性があるだろう。

震源断層はどこか?

このように、文献史料では被害があったとされる地域は、中部から関西の広範囲に及んでいる。また、二回大きな地震動があったともされる。しかし、畿内以外のできごとについては伝聞情報で、その日付までは確定できないこともあって、すべてをうまく説明できる地震像を定めるのは難しく、「いろいろと解明すべき点のある地震」とされ(宇佐美ほか、二〇一三)、さまざまな説が提案されている。

天正地震の震源断層として候補にあがっているのは、庄川断層帯、阿寺断層帯、養老―桑名―四日市断層帯である(図3-6)。これらの断層のいずれか、あるいは複数が連動して発生したとする説がある。その中にも、複数の断層が同時に活動したとする考え方と、時間を置いて活動したとする考え方もある。さらに余震や誘発地震(コラム11参照)によってやや離れた場所の被害を説明する考え方

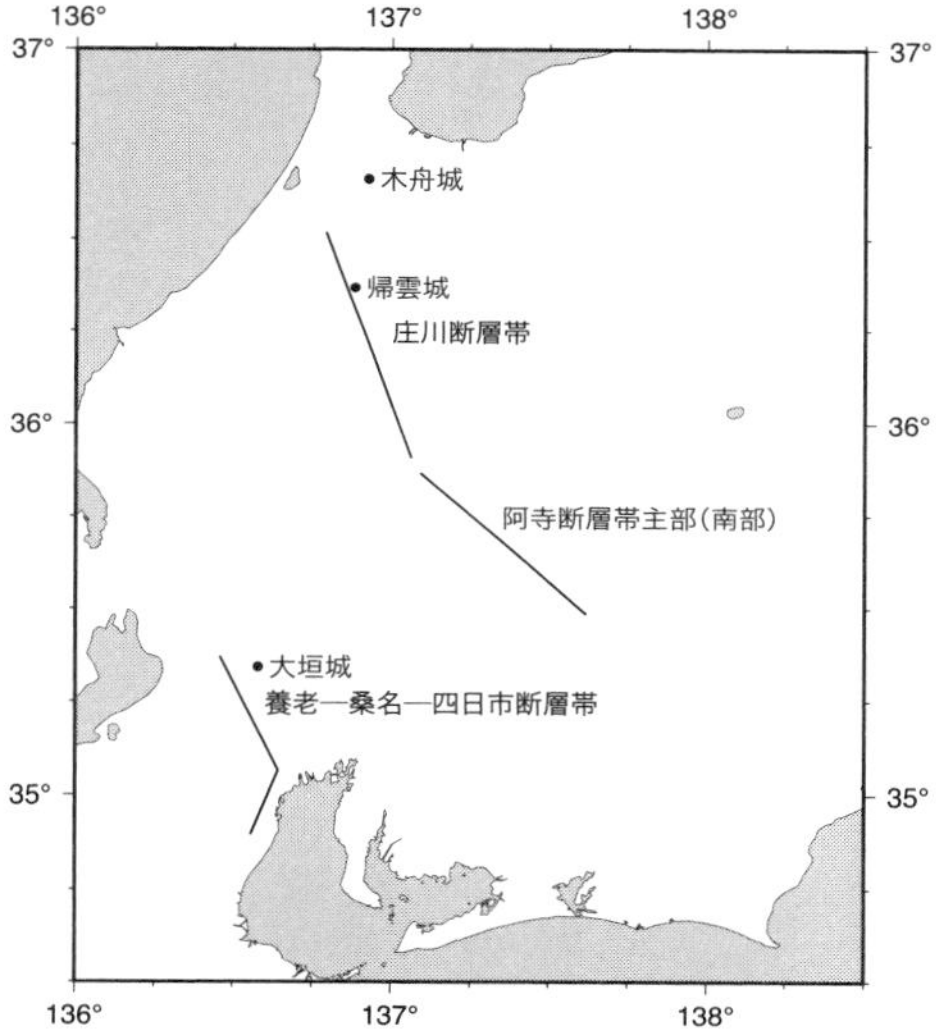

図 3-6　天正地震の震源断層として仮定した庄川断層帯，阿寺断層帯，養老—桑名—四日市断層帯の位置

もある。このような研究状況から、松浦（二〇一一）では「確実な史料から詳細な実像を把握できない分、解釈の幅によっていろいろな断層を震源と推定できた都合のいい地震」と表現している。

地震調査委員会の長期評価（二〇〇一a、二〇〇四ab）ではどうなっているだろうか。

庄川断層帯については、地すべりの分布や、地形・地質調査による一一世紀以後という最新活動期から「本断層帯が活動したことも示唆される」とする一方で、「本断層帯と天正地震との関係を断定できる資料は無く、不明な点が多い」ともしている。

次に、阿寺断層帯については、「一五八六年の天正地震の際に、阿寺断層帯主部（南部）が活動した可能性があると判断する。なお、阿寺断層帯主部（北部）に関しては、この地震による断層に沿った被害は知られておらず、地形・地質的調査結果からも、該当する年代には活動していないと考えられる」としている。

また、養老—桑名—四日市断層帯については、「一五八六年の天正地震が本断層帯の最新活動に該当するとの指摘もある（須貝ほか、一九九九、飯田、一九八七）。しかし、この地震に関する史料が限られていることから、この地震と養老—桑名—四日市断層帯の関係については判断できない」としている。

このように、現在のところ、史料や活断層の調査から天正地震の震源を特定するには至っていない。これは断層の活動の年代推定には幅があるため、史料から推定した地震の発生年と照らし合わせることが難しく、同じ地震によるものと判断することができないためである。

液状化を手がかりにした推定

関連する史料が少ない状況で、天正地震に関する情報を得るための試みとして、液状化現象に着目した研究を紹介しよう。天正地震では、いくつかの史料に液状化現象が発生したと解釈できる記述がある。先述のように、美濃の大垣城が崩壊して湖に埋もれたとされる。また、ルイス・フロイス『日本史』（松田・川崎、一九七八）には地割れが発生したり、泥状のものが吹き出したりしたとの記述がある。ほかに、富山平野や砺波平野、濃尾平野や琵琶湖周辺の多数の考古遺跡で液状化の痕跡が認められている。長浜市などの琵琶湖岸に存在する湖底遺跡を湖岸での液状化および地すべりの発生が原因とする研究もある（林ほか、二〇一二）。

若松（二〇一二）は、液状化現象が発生する一般的な条件を、①主に砂で構成され，緩く堆積した地層、②地下水以下の地層、③地震動が大きい、と整理している。①②のような条件がそろった地点で、③強い地震動が発生すると液状化を引き起こす、ということである。

山村・加納（二〇二〇）は、液状化現象が発生したと考えられる地域の地盤と、そこで生じた可能性のある地震動とを合わせて検討することで、天正地震の震源断層の絞り込みを試みた。若松の①②の条件については、ボーリング等による地質調査の結果が参考になる。液状化現象が発生したと思われる地点とまったく同じ場所で地盤の情報が得られることは少ないが、最も近い地点でのボーリング調査の結果を参照した。③の条件の地震動については、庄川断層帯、阿寺断層帯、養老―桑名―四日市断層帯をそれぞれ図3-6のように単純化した震源断層として地震の規模を仮定すると、任意の地点での地震動（震度）を推定することができる。その際、震源から観測点までの距離が長くなればなるほど地震動が小さくなるという関係（距離減衰）と観測点直下の地盤による地震動の増幅を考慮した。地盤と地震動の条件を組み合わせて、液状化の発生可能性を求めることができる。液状化ハザードマップの作成に用いられる手法である。

濃尾平野では、庄川断層帯、阿寺断層帯、養老―桑名―四日市断層帯のいずれを震源とした場合でも、各地点で液状化可能性が高くなる。いっぽう、富山平野や砺波平野では、より震源距離が短い庄川断層帯を震源とした場合には液状化可能性が高くなるものの、阿寺断層帯、養老―桑名―四日市断層帯を震源とした場合には、液状化可能性が小さくなることがわかった。このような結果から、山村・加納（二〇一〇）は、天正地震の震源断層を、三つの活断層帯から一つに絞って液状化の分布を説明しようとするならば、庄川断層帯とするのが適当であるとした。

図 3-7　東北地方太平洋沖地震の際に発生した液状化現象（田村修次氏撮影）　**上：歩道に堆積した噴砂（新木場），下：浮き上がったマンホール（浦安市日の出）.**

コラム 14　液状化現象とは

史料には液状化現象が発生したと推定される記述が少なくない。田畑や道から泥水や砂が吹き出した、などと書かれている。地震史料の分析の対象となるのは、揺れの強弱や長さの表現、人的あるいは建物等の被害などが主であるが、液状化現象や土砂崩れなどの地変も参考になる。液状化現象は生活の場である地面から水や泥、砂が吹き出すなど、異常な現象であるため、人目にふれやすく、記録もされやすかったと考えられる。

液状化現象が発生するかどうかは、地震による揺れの強さと、地盤の条件との兼ね合いで決まるため、史料に見える液状化現象の発生をそのまま震度の数値に変換するのは難しい。しかし、近年発生した液状化現象（たとえば図3-7）については、地震波形あるいは震度記録と地盤のデータをもとにした発生過程の分析が可能である。これらの知見を用いることで、歴史地震における液状化発生の評価もさらに精度を高めることができるはずである。

遺跡等の発掘からも、液状化の痕跡が発見されることがある（口絵7）。史料の記述と対応づけることができれば、その地点において液状化現象が発生する程度の揺れがあったことが、いっそうはっきりする。日時などが記述され時間の精度がよい史料の特徴と、発生地点を特定でき空間的な精度が高い考古学的手法を組み合わせて、より精度の高い検討ができるのである。

三—三　文禄畿内地震

文献の記す被害状況

文禄五年（一五九六）閏七月一二日深夜（一三日の未明とする史料もある）に発生した地震は、豊臣秀吉の居城伏見城の天守が倒壊したことで知られ、「伏見地震」と呼ばれることが多い。伏見城下の大名屋敷や京都でも大きな被害が出ており、その様子は醍醐寺座主義演や公家の山科言経《ときつね》らの日記に記されている。それらから京都周辺の被害を整理してみよう。

伏見城では天守、御殿が倒壊し、城番衆が多く死亡した。伏見城近くにあった徳川家康の屋敷でも長倉が崩れた。伏見の町家も被害が大きく、千人以上が死亡したとされる。京都では、東寺で多くの堂舎が倒壊した。洛西では、嵯峨の天竜寺、二尊院、大覚寺が倒壊、愛宕権現でも堂舎が悉く倒れた。鴨川東岸では、秀吉が建立したばかりの方広寺の堂舎は無事だったが、漆喰で急ごしらえした大仏が大破した。東山の泉涌寺、東福寺、三十三間堂、清水寺では回廊に被害はあったが、おおむね無事だった。義演のいた醍醐寺での状況には言及がないから、伏見の東の醍醐では大きな被害はなかったのであろう。また洛中では内裏の被害は少なかったが、瓦葺の寺院は多く倒壊した（『義演准后日記』『言経卿記』『小槻孝亮日記』）。

このように、同じ京都でも西の方に被害が大きく、中心部や鴨川の東では比較的被害が少ない傾向がある（図3-8）。そうした中で伏見城の倒壊は突出した被害といえるが、近年の発掘調査で、このときの伏見城建設では大がかりな土木工事が行われていたことがわかってきている。天守は造成地の上に築かれていた可能性が高い。また宇治川の中島にも殿舎が築かれていた。城下町も鴨川河口部の低湿地上にまで広がっていた。こうした地盤の弱さによって、伏見では近隣の醍醐や東山と比べて突出した被害を出すことになったと考えられる。

当時、日本にはイエズス会の宣教師たちもおり、彼らによってローマに報告された記録も残されている。それらによると、さらに広い地域の状況が見えてくる。奈良では興福寺や郡山城で建物の倒壊があったが、近江以東や高野山ではほとんど被害がなかったという。一方、大坂・兵庫方面を見ると

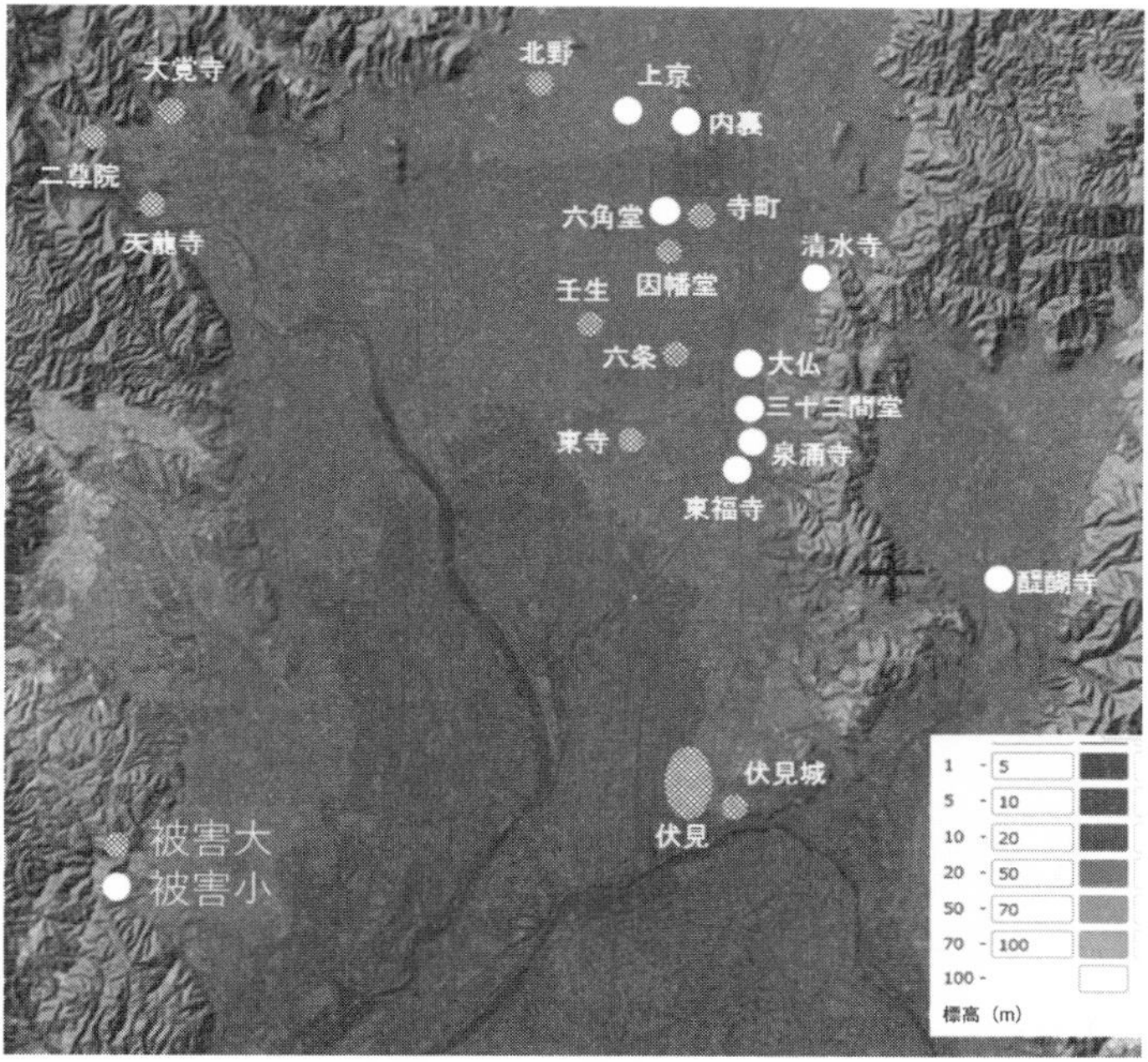

図 3-8　京都での被害地の位置

状況が一変する。現在の京都府と大阪府の境界付近の山崎、八幡では家が悉く崩れ、大阪府側の枚方、茨木でも寺院に大きな被害があった。兵庫県の有馬温泉（現神戸市北区）では六百人の湯治客が圧死したという。港町の兵庫（現神戸市兵庫区）では家屋倒壊と火災で多くの死者が出た。大坂では城は大丈夫だったが、町屋はほとんど崩れた。この差は大坂城が上町台地上にあったのに対し、町屋は沖積地にあたるという地盤の違いによるものであろう。同じく沖積地の堺では六百人の死者があった。

　以上の被害状況を地図で示すと図3-9のようになるが、これを

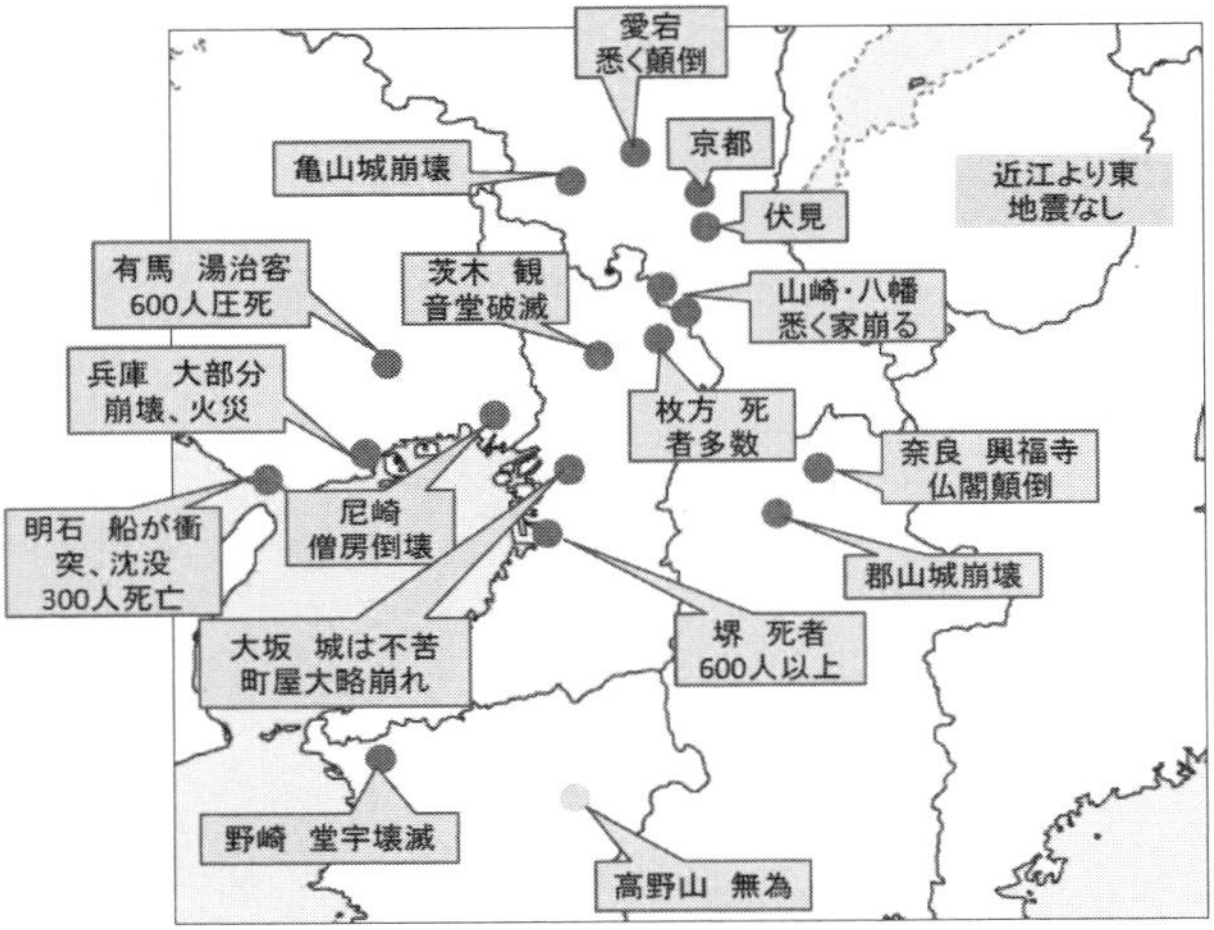

図 3-9　畿内での被害概要（公家日記ほか宣教師たちの記録による）

見れば、被害の中心は現在の大阪府北部から兵庫県南東部あたりであることがわかるだろう。有馬温泉西方から高槻市街地北部にかけて有馬—高槻断層帯が存在するが、地震調査研究推進本部による「有馬—高槻断層帯の評価」（二〇〇一b）では、この有馬—高槻断層帯の最新活動が、文禄五年の地震であるとされている（図3-4）。伏見城倒壊はシンボリックな被害ではあるが、被害の全体を見ると、伏見は被害地域の周縁部である。被害の実態からすると、伏見地震というよりも畿内地震と呼ぶ方がふさわしいだろう。

兵庫県南部地震との関係

有馬—高槻断層帯の南西側には、一九九五年兵庫県南部地震の震源断層である野島断層をふくむ六甲・淡路島断層帯がある（三—二節参照）。文禄畿内地震の際には、有馬—高槻断層帯と六甲・淡路島断層帯が同時に活動したとする考え方もある。京都盆地南部から大阪府北・中部、兵庫県の阪神地区、淡路島にいたるまでの考古遺跡では、中世から近世への移行期のものと判定される噴砂の痕跡が見つかっており、広い範囲で液状化が起きたことが推定されている（寒川、一九九二）。被害記録から見積もられた地震規模は、文禄畿内地震の方が兵庫県南部地震よりも大きく、より長い断層区間が活動したと考えてよいだろう。ただ、どこまでが文禄畿内地震で活動したかを定めるには、さらなる調査が必要である。

有馬―高槻断層帯周辺では、平成三〇年（二〇一八）六月一八日にM6・1の地震が発生した。気象庁の定める震源地名は大阪府北部である。この地震では、大阪府大阪市北区、高槻市、枚方市、茨木市、箕面市で震度六弱、京都府京都市、亀岡市など一八の市区町村で震度五強を観測したほか、近畿地方を中心に、関東地方から九州地方の一部にかけて震度五弱〜一を観測した。有馬―高槻断層帯、あるいは、南側の生駒断層帯と上町断層帯での活動とも見られたが、詳細な震源や地殻変動の分析から、これらの断層の活動ではないとされている（地震調査研究推進本部、二〇一八）。

このように、現代で発生する地震であっても活断層と地震を直接結びつけるのは難しい場合がある。歴史地震については震源を現代のような精度で推定することは難しく、活断層と関係づけるのはより困難な場合が多い。平成三〇年の大阪府北部の地震のように、既知の断層帯近傍で地震が発生したときに、それが断層帯の以後の活動に影響を与えるのか否か、たとえば断層帯での活動を誘発しうるのかについても、現状で予測するのは難しい。

コラム15　地震の数日後の降下物

文禄五年閏七月の畿内地震の二日後、京都やその周辺の史料に、空から白い毛のようなものが降ってきたことが記録されている。京都での現象については「八つ時分程も降る。その尺、一尺あるいは四、五尺ばかり。相に交じる色、白・黒・青なり。白髪より弱きなり」(『小槻孝亮日記』)、「天より白毛降ると云々。誠に方々より持ち来る」(『義演准后日記』)、「大量の灰が降り、(中略)家々の屋根や樹木はあたかも雪が降ったように覆われた。別の地では赤みがかった細かい砂塵までが降り、(中略)白髪の雨が空から非常に多く降った」(ルイス・フロイス『イエズス会日本年報』)などと記述されている。また美濃(岐阜県)の白山麓の寺の史料にも、日付は書かれないが、地震に伴った現象として「天ヨリ馬ノ毛ノ白キフリ申候、土又は石砂フリ申候」(「長滝寺文書」)と記録されている。

不思議な現象のようだが、これは火山噴火で噴出したマグマの一部が空中で急速に冷却されてできる「ペレーの毛」のことだと解されている。ペレーとはハワイの火山の女神である。問題は、この噴出物はどの火山から噴出したものなのかである。江戸期の史料に、このころ浅間山が噴火したと書かれていることから、浅間山の噴火によるものと考える説がある(早川・中島、一九九八)。しかし一方では、日本の上空には偏西風が卓越しているので、台風の通過がない限り、西南西方向の京阪神に火山灰が降るようなことはないとする説もあり(小山、一九九六)、まだ決着を見ていない。

この時代には畿内以外の天気を知りうる史料はまだ少ないが、幸運なことに、ちょうどこの日の前後には、鹿児島での天気を記した史料がある。儒学者藤原惺窩の薩摩旅行記『南航日記残簡』である。そこに記された日々の天気は図3-10の中に示したが、閏七月九日から一五日にかけて、南九州では台風による風雨があったと解釈すること

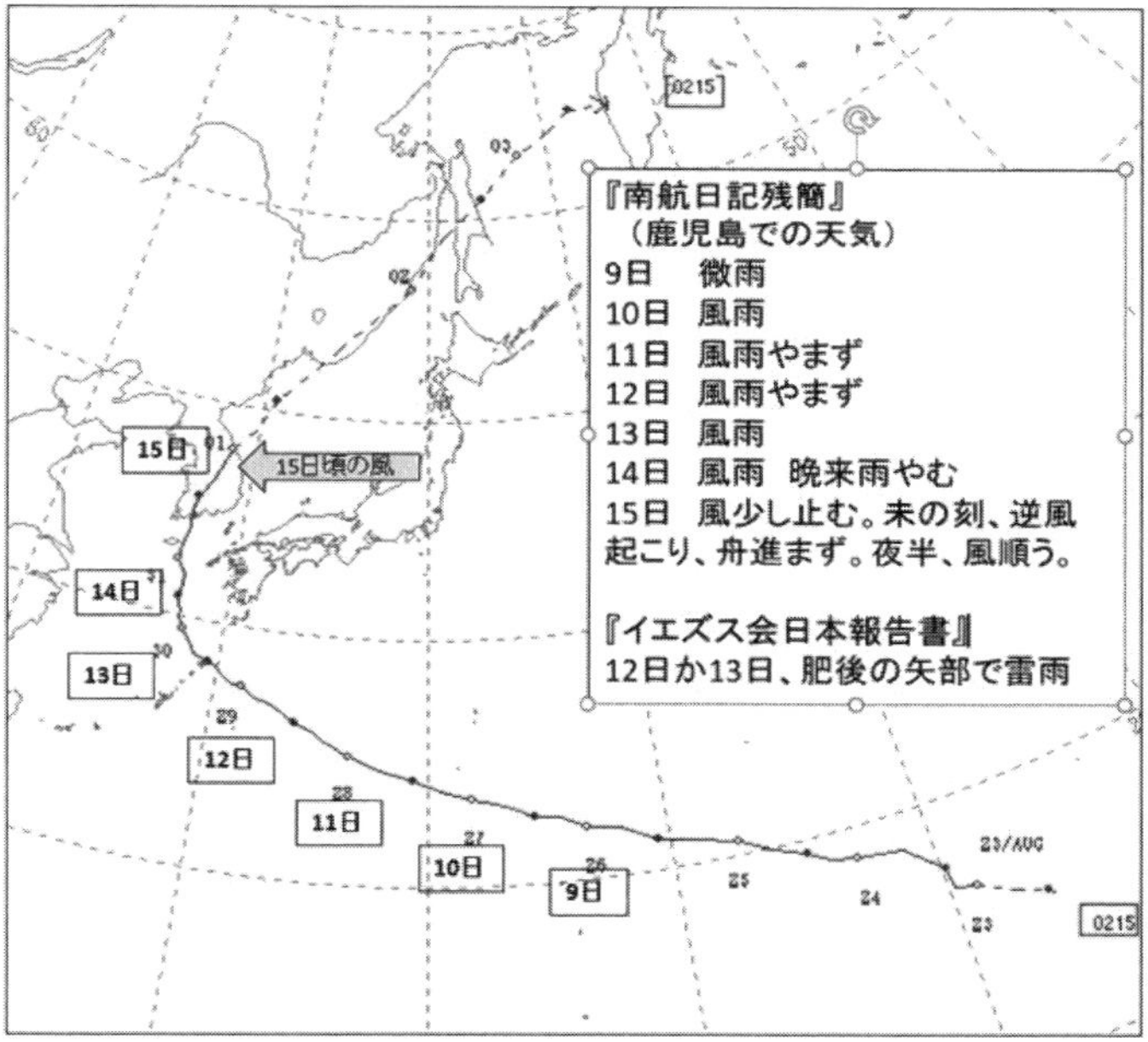

図 3-10　文禄 5 年閏 7 月の台風の推定経路（気象庁データベース　2002 年台風 15 号（8 月 23 日～ 9 月 3 日）の経路図に加筆）

ができそうである。気象庁がウェブ公開している過去の台風の経路図データベースで検索すると、二〇〇二年八月末から九月初めにかけて九州に接近した台風一五号の経路と通過日が参考になる。

台風一五号の経路図にあわせて文禄五年閏七月の台風の経路を推定すれば、この台風が日本に最も接近したのは一三日、一四日であるが、一五日にもまだ余波があり、日本上空では台風による強い東風が吹いていたと考えることができるのではないか。閏七月一五日に京都に降った毛のようなものは、東方の火山から流されてきた可能性が高いだろう。

ちなみにこの年は、六月二七日にも京都で降灰があったことが記録されている。当時京都にいたペドロ・モレホンというスペイン人宣教師は、これを「伊勢国の火山のものと思われる灰」だとしている。モレホンは明らかに信濃の浅間山と伊勢の朝熊山《あさま》を勘違いしているのだが、この記述から、当時の京都では、浅間山が噴火したと噂されていたことが推測される。この噂を信じれば、この頃浅間山の活動が活発になっていたと考えられよう。

三—四　文禄豊後地震

諸説ある発生日

畿内で大地震が起きる直前、四国の伊予（現在の愛媛県）と九州の豊後（現在の大分県）でも大きな地震が起きている。両地域には大きな被害があったとする史料が残されている。特に豊後では別府湾岸が津波に襲われ、被害が出ている。また湾内にあった島（瓜生島《うりゅう》）が津波で水没したという伝承もあり、地元では現在もよく知られた地震となっている。

ところが、この地震については発生した日付けが確定していない。伊予の地震については文禄五年閏七月九日戌刻で一致しているが、豊後の地震については九日戌刻と一二日戌刻の二説があり、実に九〇年以上にわたる論争が続いている。わずか三日の違いであるが、いずれであるかによって、伊予の地震と同じ地震であるのか、それとも二つの地震が相次いで起こったのかという違いにつながってくる。

もし豊後の地震が九日であれば、豊予海峡の両岸に被害をもたらすかなり大きな規模の地震が起きていた可能性が出てくる。一方、一二日であれば、津波を起こしたのは別府湾の局所的な地震だったという評価も可能になる。このように、発生日の違いは、震源や大きさの推定にも影響してくるわけで、わずか三日の違いであっても疎かにはできない。

発生日が九日か一二日か、というきわめて素朴な問題に関する論争がなぜ一世紀近くも続いてきたのだろうか。そこにはこの地震について記したさまざまな史料の性格をどのように評価するのか、という歴史学の研究方法の基本と関わる問題がある。

歴史の研究成果としては、一般にはある人物の実像とか、ある政変や合戦の本質といったことが語られることが多い。多くの人が関心をもつテーマに応えていくことは歴史学の責務であるが、そうした史論の基礎には個別の事実の積み重ねがある。基礎的な事実を確かに固めておくことが、歴史像を確かにすることにつながるのである。

ところが、この「基礎的な事実の確定」がそれほど簡単ではない場合がある。歴史研究の材料となる史料は、ある事件の起きたその時代に作られた同時代史料と、後世に作られた二次史料、そこから編集された三次史料、四次史料などに分けられる。原則的には、同時代史料がより信頼性の高い史料として評価されるのであるが、同時代史料であっても、その事件当事者や体験者が記した、まさに一次史料と呼ぶべきものもあれば、伝聞で書かれた史料もある。逆に後世に書かれたものであっても、信頼できる一次史料に基づいたものもある。子孫が筆録した言い伝えは誤伝が含まれることが多いが、事実の一端が記憶されている場合もある。

そんな複雑な史料状況の中から、どのようにして信頼できる情報を見きわめていけばいいのだろうか。それは、ある史料がどのようにして作られたものか、という「史料の成り立ち」を考えることである。文禄豊後地震の発生日をめぐる長い論争は、この史料の成り立ちをきちんと考えてこなかったことによる。この論争の解決は、史料の成り立ちの解明の重要性を知るためのよい事例でもあるので、少し細かい話になるが、以下に紹介することとしたい（榎原、二〇二〇）。

研究の状況

最初にこの地震について研究者の間で見解の一致していることを確認しておこう。

第一は、文禄五年閏七月九日に伊予が地震に襲われ、被害が生じたということである。その根拠は、松山市の薬師寺に所蔵される経巻の奥書に「文禄五天丙申、潤七月九日に大いに地振候て、国中迷惑つかまつり候」とあることと、江戸時代末期に編纂された『小松邑志』という伊予小松藩の国学者が地元の歴史を記した書物に「文禄四（五）年壬辰（丙申）閏七月九日、戌刻の地震に、宮殿・宝蔵・神器・記録に至るまで、大半顚覆して地中に陥没す」と記されていることである。前者は地震を体験した人による一次史料である。後者については、後世の編纂物であることから信憑性を疑問視する向きもあるが、『小松邑志』は地元の国学者が伊予国内に存在する古文書や伝承を丹念に調査して叙述した実証的な地誌である。一種の研究書といってもよく、後世の成立ではあるが、内容には信頼がおけるだろう。『小松邑志』は地震の発生時刻を九日の「戌刻」としているが、京都の公家たちも同じ時刻に地震があったとその日記に記している。また現在の広島県三原市付近や鹿児島の状況を記した史料にも、九日に地震があったことが記されている。これらはおそらく同一の地震であろう。この九日の地震は「伊予地震」と呼ばれている。

第二は、別府湾岸を襲った津波によって湾内にあった「瓜生島」が水没したという伝承があるが、これは江戸中期以後になって登場した俗説に過ぎないという点である。ただし、この伝承には元となった事実がある。この津波によって、戦国大名大友氏の城下町府内（現在の大分市）の外港だった「沖ノ浜」が壊滅したのである。これは、ポルトガル人宣教師ルイス・フロイスがイエズス会本部に宛てた報告書や、別府周辺の村の検地帳などで確認できることである。また別府湾岸各地を襲った津波については、フロイスの報告書をはじめとしていくつかの記述があり、その高さについても検討されている（図3-11）。こうした別府湾岸の被災が誇大化して、後世の瓜生島伝説を生んだと考えられている。

見解が分かれるのは、この別府湾の津波を発生させた「豊後地震」が起きたのは閏七月の九日か一二日かという点である。近年は地震二回説も登場しているが、二回説の中でも、どちらの地震を大きく評価するかで見解が分かれており、論争はますます混迷を深めている。

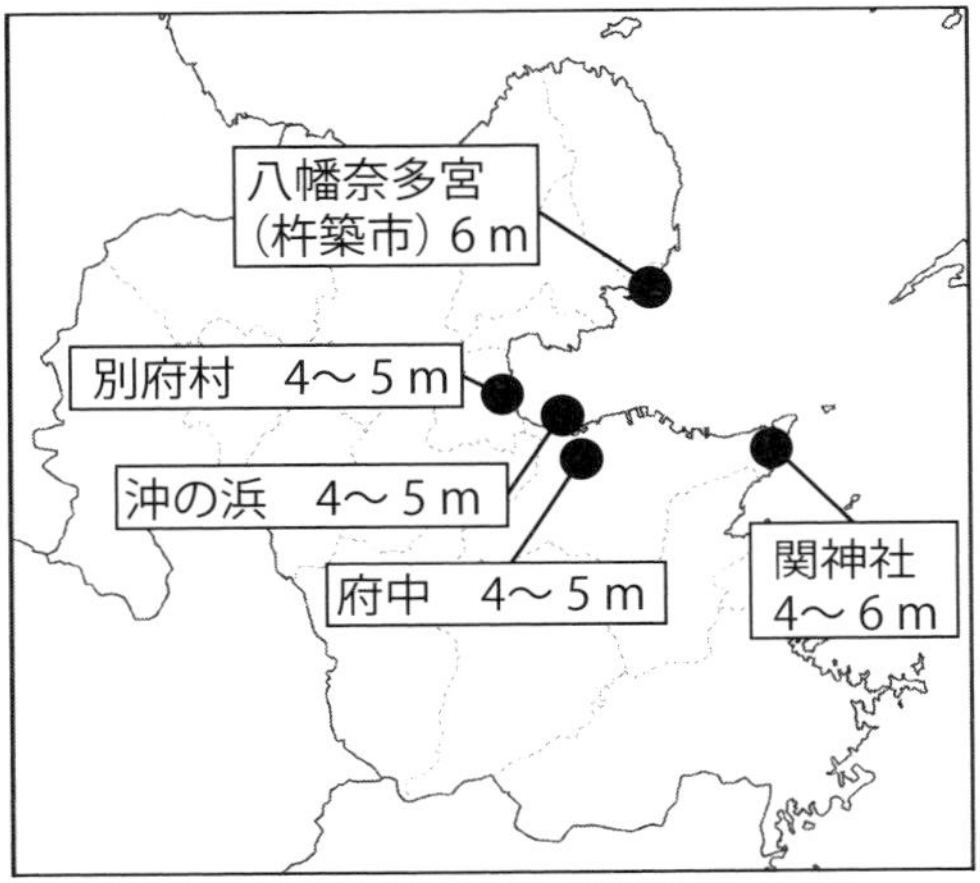

図 3-11　別府湾を襲った津波の高さを示した図（大分県防災対策企画課 https://www.pref.oita.jp/soshiki/13550/jishinkiroku.html より改変）

地震・津波の発生日を記した諸史料

混迷した議論を解決するためには、九日説、一二日説それぞれの根拠となった史料がどのような性格の史料であるのか、どのようにして成立した史料であるのかを検討することが必要である。単純にどちらの根拠となる史料が古いかというだけではなく、ましてやどちらの史料の方が多いかということで判断できるものではない（図3-12）。

九日説の根拠となるのは①『豊後由原《ゆすはら》宮年代略記』（以下『年代略記』）、②「豊後鶴川興導寺大般若経奥書」、③『柴山勘兵衛記』、④『東槎録』、⑤寛文七年（一六六七）原村年寄次左衛門等願書（「三浦家文書」）である。

簡単にそれぞれの史料を紹介しておこう。①は豊後一宮柞原《ゆすはら》八幡宮で起きた事件を中心にした年代記、②は国東半島の寺に所蔵される経巻

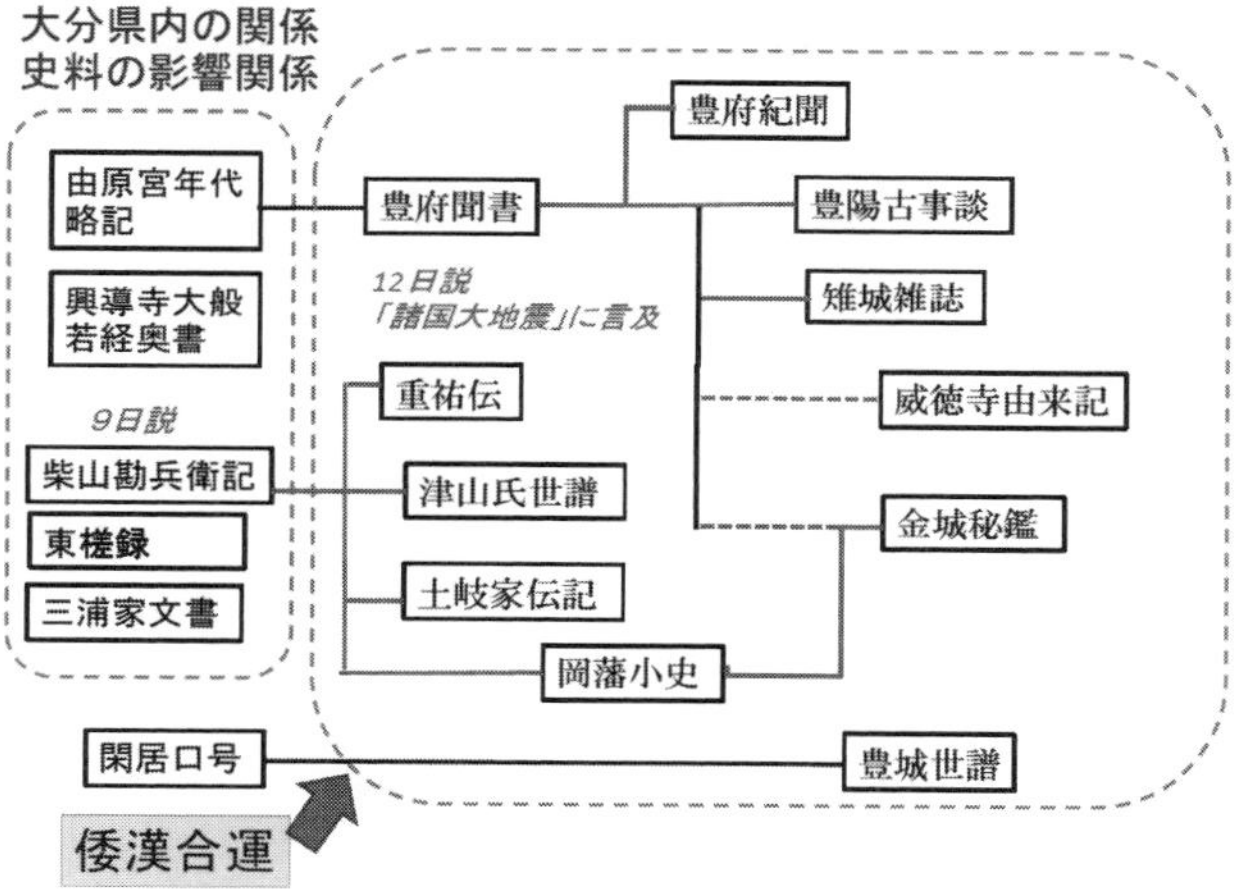

図 3-12　豊後地震関係史料の系統図

の奥書で、筆者は同地の神社の宮司、③は岡藩（現在の竹田市）の船奉行として沖ノ浜にいた柴山勘兵衛の伝記で、勘兵衛の死後に遺族が書いたもの、④は豊臣秀吉の朝鮮侵略後の和議交渉のために訪日した朝鮮使節の随行員の日記で、地震直後に備後で伝え聞いたもの、⑤は豊後地震から七〇年後に、津波によって流失した土地の再開発に伴って起きた境界争いに関する文書だが、津波を体験した古老の証言と思われる記述が載っている。

このうち実際に地震を体験した人が書いたと確実にいえる史料はない（①②は体験者の記述である可能性がある）。しかし重要なのは、五つの史料は相互に親子関係になるのではなく、それぞれが別個のニュースソースをもっているという点である。別々のニュースソースによって成立した史料が、いずれも地震と津波を九日と記している意味は大きい。またこれらは一つの特徴をもっている。それはこれらの史料がいずれも豊後の地震だけを記し、他地域の地震について触れていない点である。
一方、一二日説の根拠とされてきた史料は、数量的には九日説の史料の二倍以上存在する。そして、そのほとんどが「諸国大地震」に言及している。このうち、豊後国内に伝わった史料は、a府内で成立した史料、b岡藩領で成立した史料、c杵築藩領で成立した史料に大別される。

aに属する史料は、『豊府聞書』（元禄一一〈一六九八〉年成立）ほか多数にのぼるが、文章表現の類似性から、それらはすべて『豊府聞書』を参照して書かれたものであることは明らかである。つまりニュースソースは一つなのである。

『豊府聞書』は府内の商人戸倉貞則が、府内藩領内の寺社の由緒記や僧伝を調査して編纂したものと考えられるが、その中に由原宮（柞原八幡宮）に関する記述が四カ所ある。そこには同宮に現在も存在する史料に関する記述や『年代略記』と共通する記述も認められる。したがって『豊府聞書』が由原宮の所蔵史料を調査したうえで書かれたものであることは確実である。

そこで改めて両者の地震記述を比較すると、以下のようになる。

【豊後由原宮年代略記】
慶長元年丙申閏七月九日戌の刻、大地震。当社の拝殿・回廊・諸末社、悉く顚倒しおわんぬ。又この日、**府中、洪濤起て、府中ならびに近辺の邑里、悉く海底になる。**黄昏の時分なり。**同慈寺本堂ばかり相残る。大波至ること三たび。**（原文は漢文）

【豊府聞書】
文禄五丙申年潤七月十二日晡時〈或いは九日という〉天下巨地震。これにより豊後大地震。土裂け、山崩る。（中略）巨海より**洪濤たちまち起き来たり、府内及び近辺の邑里に洋溢す。大波至ること三度**。時に、**神護山同慈禅寺の薬師堂一宇、巋然として独り存す**。（原文は漢文）

一見して両者が類似していることがわかるだろう。特に「洪濤が起きる」、「近辺の邑里」、「大波至ること三度」などの漢語的表現は個性的であり、参照したのでなければこのような類似した表現が連続して登場することは考え難い。『年代略記』が『豊府聞書』のニュースソースであったことは確実である。しかし一方で、『豊府聞書』は津波の発生日を一二日とし、「天下巨地震」、すなわち畿内で起きた大地震に言及する点で『年代略記』と異なっている。なぜこんなことが起きたのだろうか。

史料の成り立ちを考える

二つの史料のこの共通点と相違点に注目すれば、次のように推測することができよう。戸倉貞則は『年代略記』に接し、その表現を借用した。しかし、一二日深夜に起きた畿内の大地震に関する知識をもっていたために、それに引きつけて『年代略記』の記事を理解し、日付を書き改めたものと考えることができるだろう。そのうえで、戸倉が「或いは九日という」と断り書きを書いているのは、『年代略記』の記述を尊重したものであり、戸倉の実証的な編集態度の表れであろう。

次にbに属する史料はいずれも柴山勘兵衛の子孫たちが作成したもので、『柴山勘兵衛記』が祖本となっているが、『柴山勘兵衛記』では津波の発生は九日となっている。こうした場合、祖本の記述に従うのが当然である。子孫たちは『柴山勘兵衛記』を引用する際に、戸倉と同様、一二日の畿内大地震の知識をもって先祖の伝記を理解し、日付を改めたものであろう。

cの『勝山歴代豊城世譜』は津波を七月一二日としているが、同書が序文において参考したことを明記している『閑居口号』には、津波はただ「七月」とのみ記され、日付は記されていない。

以上のように、各史料のニュースソースに遡って調査すれば、豊後国内には、一二日に津波、地震があったことを記す信頼に足る史料は皆無ということになる。

問題は戸倉貞則や柴山勘兵衛の子孫たちがどこから一二日の畿内大地震の知識を入手したかである。畿内の地震は政権の中枢を襲った地震で、政治、社会への影響が大きかったうえに、当日、伏見や大坂に滞在していた各地の大名・武士も多かったので、当然、その情報は地方にも広まっていたはずである。したがって戸倉たちの知識の情報源は一つだけではないだろうが、注目しておきたいのは『倭漢合運』という慶長五年（一六〇〇）に初版が刊行された木活字の年代記である。そこには一二日の畿内地震のことが記されている。同書は近世を通じて増補されつつ版を重ねたベストセラーであり、後の年代記編纂に多大な影響を与えた。この年代記が戸倉たちの発生日書き換えにも影響を与えたと考えられる。なお、『年代略記』には地震の発生日について、「板行の年代記には十二日となっている」という注記がなされているが、この「板行の年代記」がまさにこの『倭漢合運』のことであろう。

豊後国外の史料に記された地震発生日

以上の状況にもかかわらず一二日説が今なお一定の支持を得ているのは、豊後国外に一二日に地震や津波があったと記す史料が複数存在するためである。

その一つが、京都の著名な儒学者藤原惺窩の『南航日記残簡』である。惺窩はこのとき、明に渡ろうとして鹿児島に来ていた。その旅行日記には、鹿児島では九日に「地震」、一二日に「大地震」、その夜「地震」、一三日に「大地震」があったと記述されている。従来、九日は伊予地震、一二日は豊後地震、一三日は畿内地震と理解されてきた。このうち九日の伊予地震は首肯できるが、一三日については、畿内で発生した地震が鹿児島で「大地震」と感知されたものと解釈するのは困難だろう。むしろ一二日の夜の「地震」を畿内地震と考えるべきだろう。一二日の「大地震」も豊後で地震があった明証がない以上、これを豊後地震と解釈する根拠はない。

また、当時、前関白近衛信尹に同行して、鹿児島から京都に戻る途中だった連歌師黒斎玄与も、その歌日記の中で、豊後佐賀関が一二日に地震と津波に襲われたことを記している。一見、一二日説の確かな根拠と見えるが、実は、玄与自身は一二日には日向南部の外浦におり、佐賀関に到着したのは二〇日後のことである。鹿児島で「大地震」と感じられた一二日の地震を外浦で体験した玄与が、佐賀関に到着後、自己の体験と眼前の惨状を重ねて理解し、一二日の出来事と記した可能性を否定できない。その可能性がある以上、『玄与日記』もまた一二日説の動かしがたい証拠とはなりえない。

また、長崎に住んでいたスペイン商人アビラ・ヒロンの『日本王国記』にも、一二日に「日向Hunfama（ウンハマ）」が水浸しになったという記事がある。従来、これは豊後沖ノ浜のまちがいであり、別府湾津波を記述したものと理解されてきた。しかし、史料に忠実になれば、「日向Humfama」は志布志（現在は鹿児島県であるが、旧国では日向になる）の近くの「上之浜」（ウエノハマ、またはウエンハマ）と解釈すべきであろう。水浸しになったのは、津波や液状化の可能性もゼロではないが、むしろ、この前後、南九州を襲っていた台風による高潮の可能性が高い（コラム15図3-10参照）。したがって、これも豊後地震とは関係のない史料ということになる。

以上より、別府湾に津波被害をもたらした地震が一二日であるという説の確実な根拠は皆無であり、現在の史料状況では、九日に起きたと判断するほかない。ただ、鹿児島で感知された一二日の「大地震」は何だろうか。一二日の地震についてはイエズス会宣教師やヨーロッパ商人の報告書にも記されている。そこに見える被害地もあわせて、一二日の揺れが報告されている地点を確認すると、長崎、島原半島、肥後中部、鹿児島となる。西南九州に集中しているといえよう。また鹿児島では八日以来何度も地震があったと記す島津氏一族の女性の書状も残されている。なお検討が必要であるが、一二日の地震は九州の西南部で発生した地震である可能性があろう。

史料をどう生かすか

豊後地震の発生日についての史料を整理してきたが、この地震は文禄五年閏七月九日の夜、伊予に被害を生じさせた地震と同一の地震である可能性が高い。その揺れは京都や鹿児島でも感知されたのである。それは畿内で発生し、伏見城を崩壊させた地震が起きる三日前のことである。さらに鹿児島あたりで別の地震が発生していた可能性もある。

それにしても地震・津波の発生日というシンプルな事実を確定するのにどうして九〇年もかかったのだろうか。その理由の一つは、一二日とする史料の数の多さに惑わされたことだろう。最初に一二日説を唱えた地震学者の今村明恒は、「山間の一神社の記録を以て、津浪の現場に於ける多数の記録を打消すことになり、不適当である」として『年代略記』を退けた。しかし、史実に近づくために重要なのは史料の数ではなく、それぞれの史料がどのようにして成立したのかを考えることである。いくら数が多くてもニュースソースが同じでは意味がない。逆に数が少なくても、ニュースソースが重ならない史料が一致して示すことであれば、それはきわめて信憑性が高いことになる。史料の記述内容や表現を注意深く観察し、史料がどのような成り立ちであるのかを考えることが重要だろう。

また歴史地震研究の場合、注意が必要なのは、ある史料のうちの地震記事だけを検討する危険性である。年代記であれ、地誌であれ、旅行記であれ、およそ史料というものは、その史料全体としての性格、意図をもっている。それを理解しないで、当面の関心のある記述だけを拾い読みしていると、思わぬ失敗をすることがある。豊後地震の例でいえば、『豊府聞書』は『年代略記』を調査したうえで書かれていることは明らかである。そこに気づかないまま、両者を等価の史料として扱ってきたところに最大の問題があったといえる。また『倭漢合運』のように、史料が成立した時代に普及していた知識の体系を考慮することも大切である。近視眼的に見ないことが、貴重な史料を正しく生かす道である。

コラム16　閏月とは?

明治五年まで使われていた日本の暦(旧暦)には閏月というものがある。太陰暦では月の満ち欠け(望と朔)によって一カ月を決めているが、月の朔望周期は約二九・五日なので、一年は平均三五四日となり、太陽暦の一年より一一日短い。三年経つと太陽の動きとは一カ月ずれてしまい、季節感にも狂いが生じる。これでは生活のあちこちに支障が出るため、中国や日本の暦には、太陽の動きの要素も取り入れられている(太陰太陽暦)。現在でもよく耳にする冬至、立春、春分などの二十四節気である。これは日出・日没や寒暖など、季節の進行と一致するので、農事暦では古くから用いられた。

この二十四節気と十二の朔望月の関係であるが、二十四節気は表のように節気と中気が交互になるように定められている。二十四節気では一年は三六五日だから、朔望月の一カ月と二十四節気の一カ月(節月)は一致しないが、日本で長く使われた旧暦では、中気を含む朔望一カ月を節月の月の名で呼ぶこととされた。正月中を含む一カ月は必ず正月であるが、正月節は前年の一二月に含まれることもしばしば生じるわけである。

ところが、朔望一カ月が二九日か三〇日であるのに対し、節気から中気までは約一五・二日、節月一カ月は三〇日か三一日なので、中気から次の中気までの間に朔望一カ月がすっぽり収まってしまう場合も生じる。節気のみで中気を含まない月である。月の命名の原則からすると、こうした月の名を決められないので、前月の名前を借りることになる。これが閏月である。三月節しか含まない朔望一カ月が閏二月なのである。閏月を一九年に七度置くことによって、太陽の運行と朔望月のずれは調整される。したがって二年か三年に一度閏月が現れることになる。

閏月とは、目に見えやすい月の形に基づいた暦と、四季のはっきりした温帯地域の季節感のずれを、原則に基づいて調整するための知恵だったのである。

立春	正月節
雨水	正月中
啓蟄	二月節
春分	二月中
清明	三月節
穀雨	三月中
立夏	四月節
小満	四月中
芒種	五月節
夏至	五月中
小暑	六月節
大暑	六月中
立秋	七月節
処暑	七月中
白露	八月節
秋分	八月中
寒露	九月節
霜降	九月中
立冬	十月節
小雪	十月中
大雪	十一月節
冬至	十一月中
小寒	十二月節
大寒	十二月中

四章　首都圏の地震

四―一　関東地方の地震のタイプと大正関東地震

江戸と東京で発生した大規模な被害地震として、時代の新しい順から、大正一二年（一九二三）九月一日の関東大震災の原因となった大正関東地震（M７・９）、安政二年一〇月二日（一八五五年一一月一一日）の安政江戸地震（M７・０～７・１）、元禄一六年一一月二三日（一七〇三年一二月三一日）の元禄関東地震（M７・９～８・２）が挙げられる（表4-1）。これらのうち、一九二三年と一七〇三年の関東地震は、相模トラフで発生したM８クラスのプレート間地震、一八五五年安政江戸地震は、東京直下で発生したいわゆる直下型地震とされている。

関東地方の地下には、東から太平洋プレートが、南からはフィリピン海プレートが沈み込んでいる

（図4-1）。もし、東京都から真下に掘削していくならば、最初に三〇km程度の深さでフィリピン海プレートの上面に到達し、次には八〇km程度で太平洋プレートの上面に達する（世界で最深の掘削坑は一二km程度であり、それ以深を掘削するのは現実的には不可能であるが）。首都の地下に二枚のプレートが沈み込んでいる場所は世界中でも東京だけである。

このような複雑な地下構造をしていることから、東京を含む関東地方ではさまざまなタイプの地震が発生する（図4-2）。これらは、①地表付近の活断層、②相模トラフから沈み込むフィリピン海プレートの上面、③沈み込んだフィリピン海プレート内、④沈み込む太平洋プレートとフィリピン海プレートとの境界、⑤沈み込んだ太平洋プレート内、のそれぞれで発生する地震に分類できる。これらのうち③、④、⑤を直下型地震と呼ぶこともあるが、地震学的には直下型地震についての明確な定義はない。規模的には、プレート間地震である②のみが最大M8クラスとなるが、それ以外のタイプは最大規模M7クラスである。また②のタイプ以外については、発生の繰り返し間隔は知られていない。

大正関東地震	安政江戸地震
大正12年9月1日	安政2年10月2日
1923年9月1日	1855年11月11日
219.7年	—
7.9	7.0-7.1
10万5000人	7000人以上
神奈川・東京・千葉 全潰　11万棟	江戸 潰家　1万4346軒
東京・横浜	江戸市中
熱海12 m，房総半島9 m，三浦半島で堆積物	なし
三浦半島，房総で隆起最大2 m	なし

江戸地震とを区別して示した.

表 4-1　関東地方の主な被害地震の履歴

	正応(永仁)関東地震	明応関東地震	元禄関東地震
発生日時	正応 6 年 4 月 13 日	明応 4 年 8 月 15 日	元禄 16 年 11 月 23 日
西暦	1293 年 5 月 20 日 (ユリウス暦)	1495 年 9 月 3 日 (ユリウス暦)	1703 年 12 月 31 日
前回との間隔		202.3 年	208.3 年
M	7.0		7.9-8.2
死者数	数千～2 万 3 千人	鎌倉で溺死 200 人余	1 万人以上
震害	鎌倉で建物被害	京都有感	安房と相模 潰家　2 万 2 千軒
火災	鎌倉建長寺		小田原
津波	鎌倉の浜辺で死者 三浦半島で堆積物	鎌倉大仏殿まで 伊東で堆積物	外房（九十九里浜） 三浦半島で堆積物
地殻変動			三浦半島で 2 m 隆起, 房総で隆起最大 6 m

相模トラフ沿いのプレート間地震である関東地震と，いわゆる直下型地震の安政

大正一二年関東大震災

関東大震災は大正一二年（一九二三）九月一日の正午前に発生した。この震災による死者は合計十万五千人であり、犠牲者数からすると日本で最悪の被害地震であった。江戸や東京で数日以下の短期間でこれほど多くの死者を生じたできごとは、明暦三年一月（一六五七年三月）の明暦大火と一九四五年三月の東京大空襲があり、ともに十万人近い死者を生じている。

関東大震災については、数多くの記録（公式な被害報告や個人的な記録）が出版されている。中でも内務省社会局によってまとめられた『大正震災志』（一九二六、全二巻）や『震災予防調査会報告』第百号（甲～戊五巻）には、各地の被害の集計や科学的な観測記録が残されている。

これらの報告書から、市町村ごとの住家の全

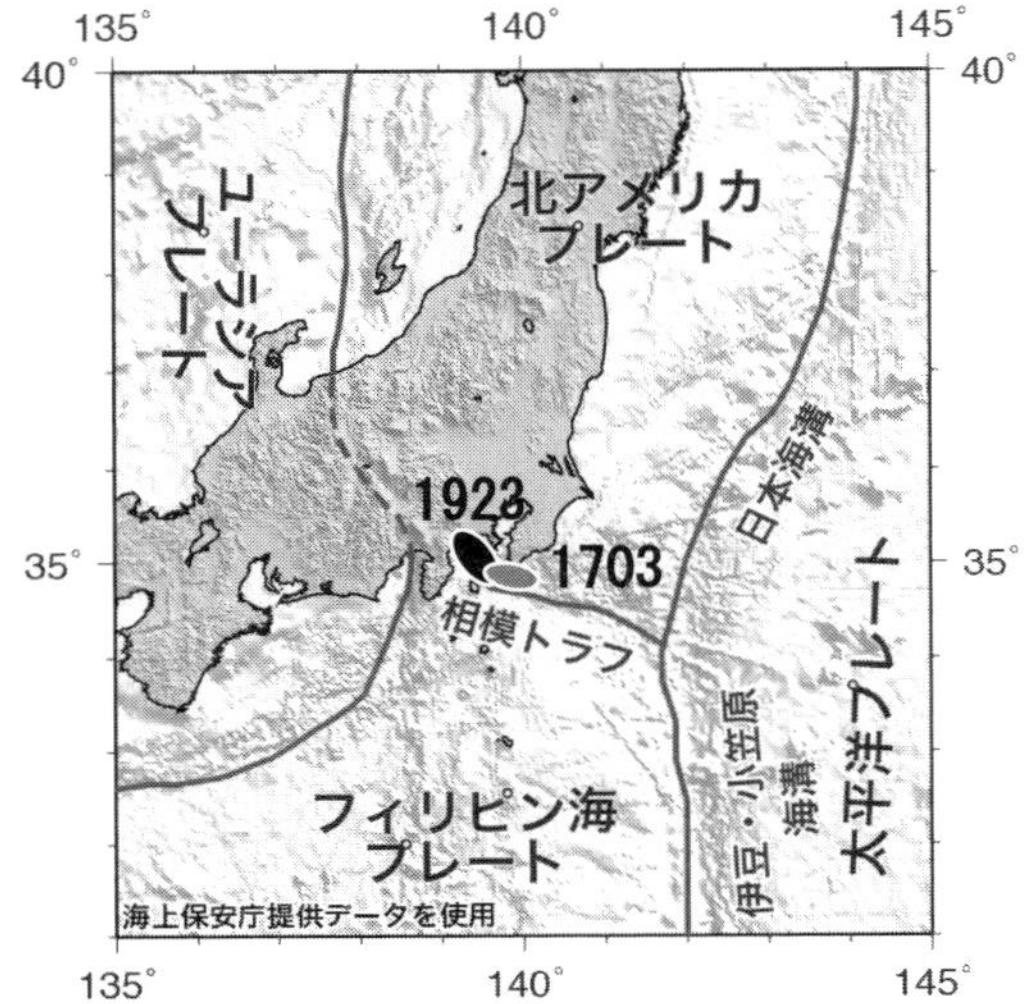

図 4-1　関東地震の震源域（楕円）と周囲のプレート境界
（地震調査研究推進本部，2014）

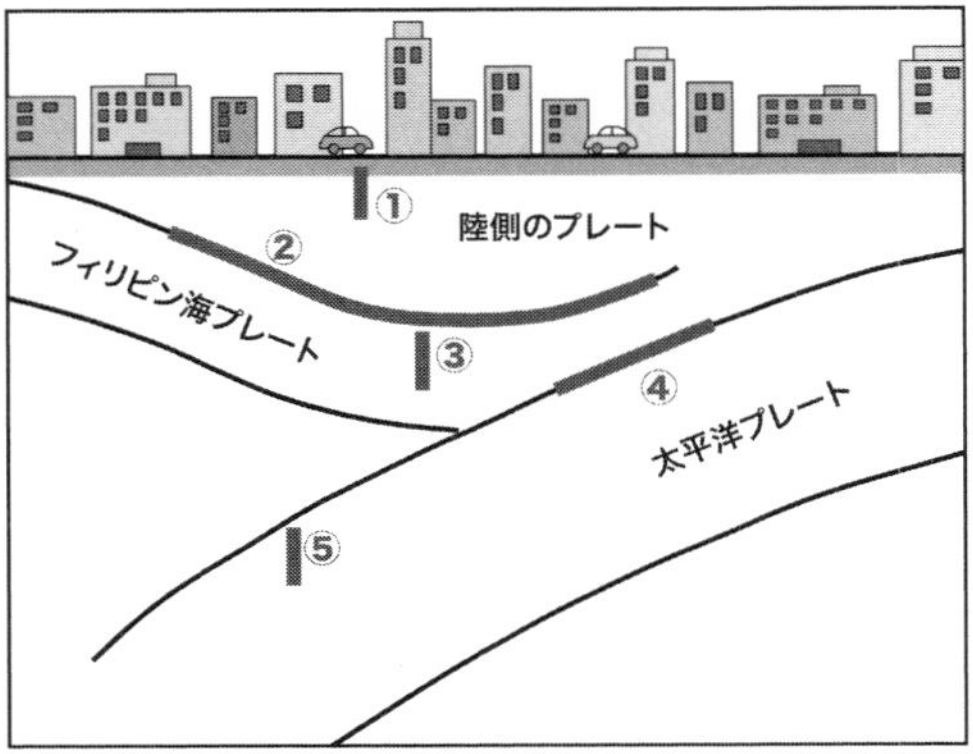

図 4-2　関東地方の地下の概念図と地震の発生する場所
（地震調査研究推進本部，2014）

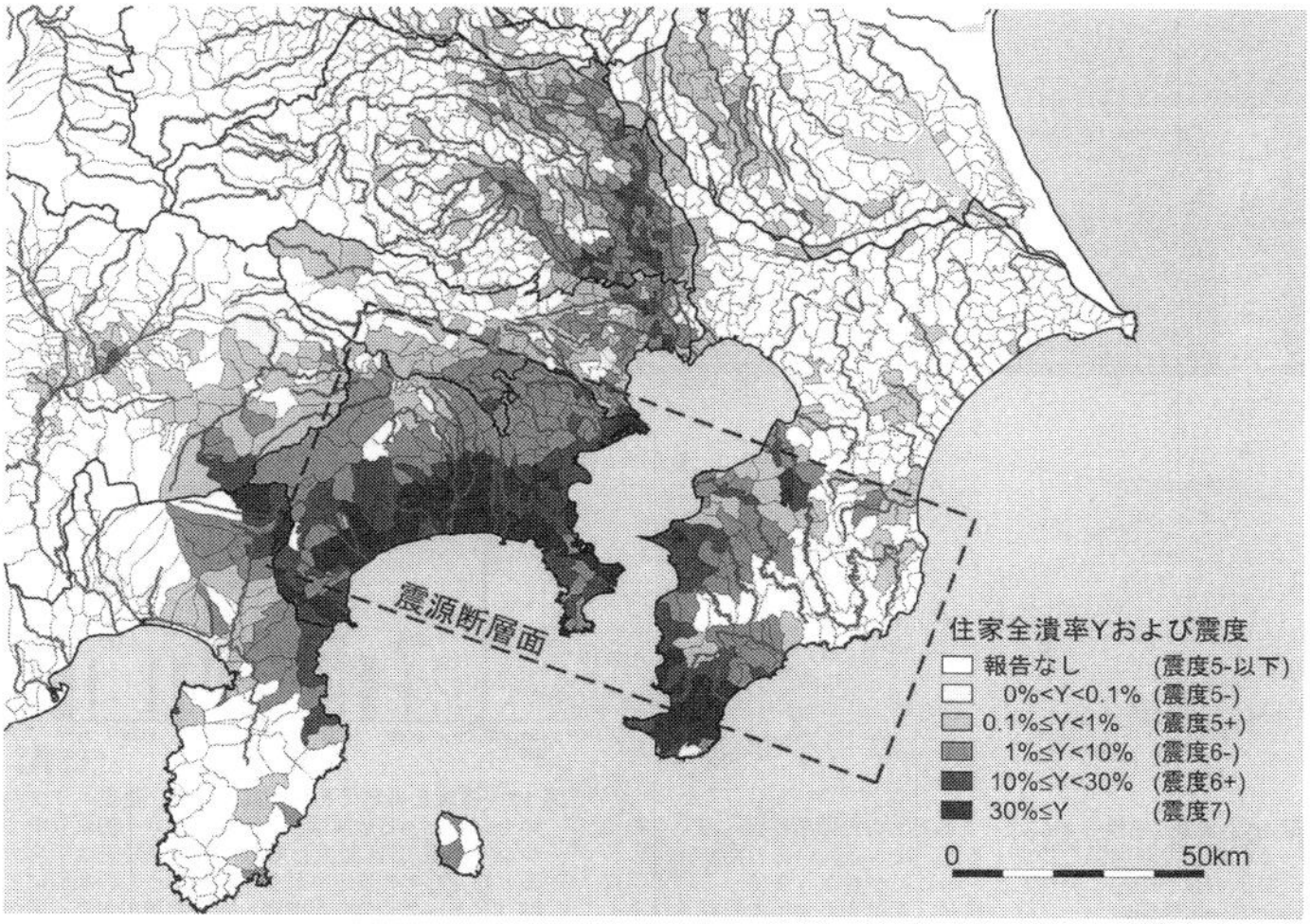

図 4-3　1923 年関東地震の住家全潰率とそれから推定した震度分布（武村，2003）

潰率を算出し、それから震度を推定したのが図4-3である。これを見ると、神奈川県小田原市付近から湘南海岸沿いに三浦半島まで、そして房総半島南部で建物の被害が大きく、震度も七に達していたこと、東京都内では震度五から六程度であったことがわかる。じっさい、約一一万棟の全潰（火事も含む）住家のうち、約六割の六万棟は神奈川県で発生し、東京都（当時は東京府）は全体の四分の一の二万四千棟程度であった。

十万五千名の死者のうち、約七万名は旧東京府、約三万名が神奈川県で生じた。さらに、これらの死者の大部分はそれぞれ旧東京市、横浜市で発生した火災による焼死者であった。犠牲者の九割以上が地震によって発生した火災によるものであったことが、関東大震災の特徴である。中でも、旧東京市本所区の被服廠跡（現在のＪＲ両国駅の北側）の広場では、約四万人が家財道具を持って避難していたところ、午後四時頃に発生した火災旋風によって、そのほとんどが焼死した。地震後の火災はほぼ二日間延焼し、旧東京市一五区のほぼ東半分が焼け野原となった。似たような大規模火災は、横浜市でも発生し、三万棟を超える建物が焼失した。また、横須賀市の海軍施設にあった石油貯蔵所の倒壊によって油が流失して海に流れ込み、一〇日以上も燃え続けた。

関東大震災を引き起こした地震——大正関東地震

図4-4は東京本郷の東京大学構内に設置されていた地震計の記録である（今村、一九二五）。南北・東西・上下成分とも、午前一一時五八分四四秒に揺れ始め（Ｐ波）、およそ五秒後には大きな揺れのために南北成分（上）と上下成分（下）の描針が外れ、その後の記録は取れてない。東西成分（中央）は大きな揺れのために振り切れている。初動の到達時刻や振動方向から、震源の方向およその発震時は推定できるが、地震計が振り切れていることから振幅がわからず、この記録では規模（Ｍ）の推定はできない。武村（二〇〇三）は、日本国内の気象庁測候所から振り切れていない地震記録を収集し、それらに基づいてこの地震のＭを８・１±０・２と見積もった。

九月一日の本震に引き続く余震については、気象庁によってその回数が記録されている。気象庁震度データベースで東京都千代田区大手町（気象庁）の有感地震回数を調べると、一九二三年九月から一二月末までに一三五回の地震が記録されているが、九月は一日の本震（震度六弱）のみである。気

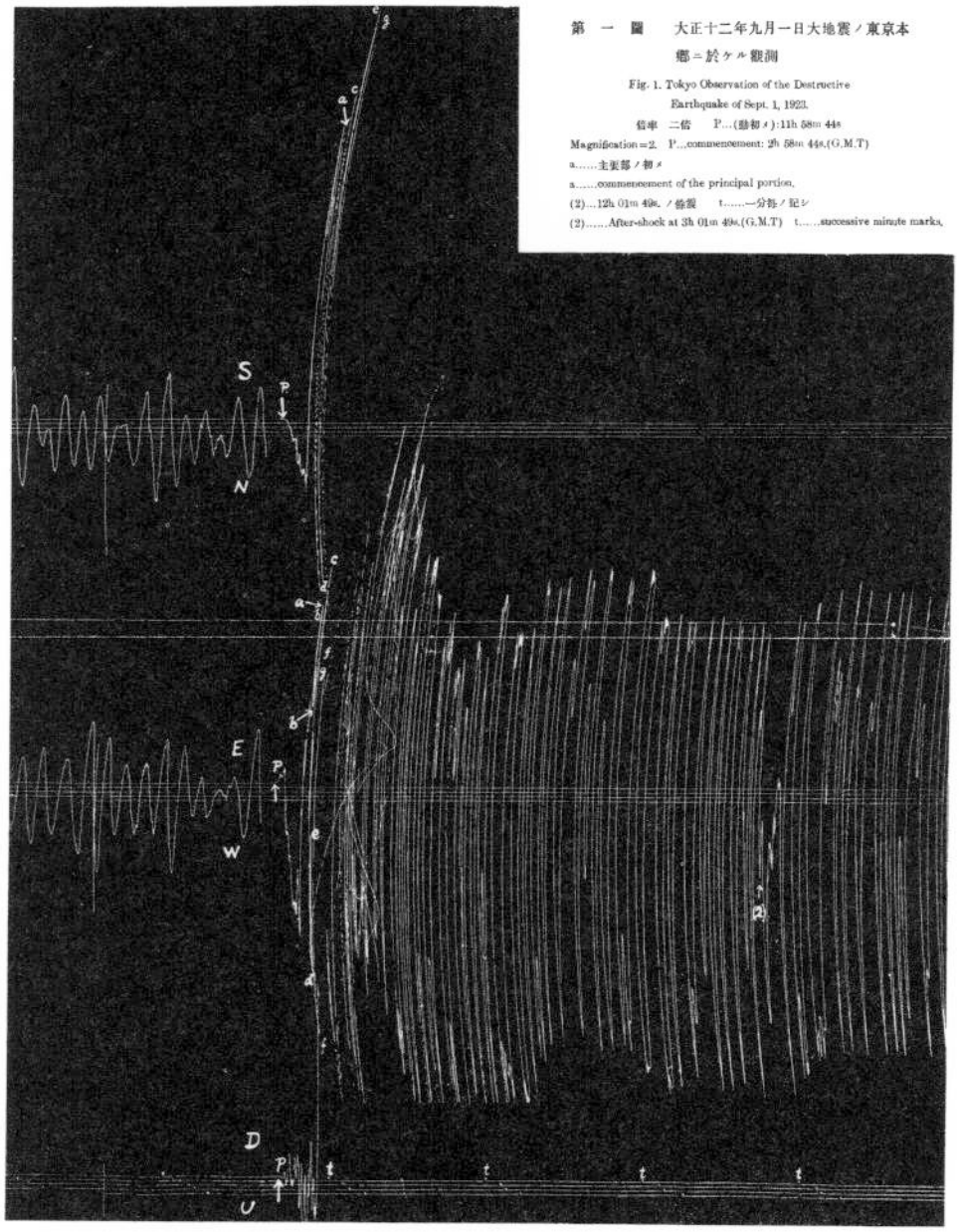

図 4-4　本郷で記録された大正関東地震の地震波形

象庁の建物も、地震の揺れによる被害はそれほど大きくなかったが火災によって焼失し、地震発生後一カ月間は震度観測ができなかったようだ。ただ、この間も本郷の地震計を活用して地震数が記録されており、本震直後の二四時間は三五六回、一週間で八七八回、一カ月で一三〇〇回が記録されている（保田、一九二五）。

　大正関東地震前後の地殻変動は、陸軍測地測量部（現在の国土地理院）によって記録されている（中央防災会議、二〇〇六）。これらは、国道などに沿った水準測量に基づく上下変動と、山の頂上などの三角点を使った三角測量に基づく水平変動である。上下変動（図4-5）を見る

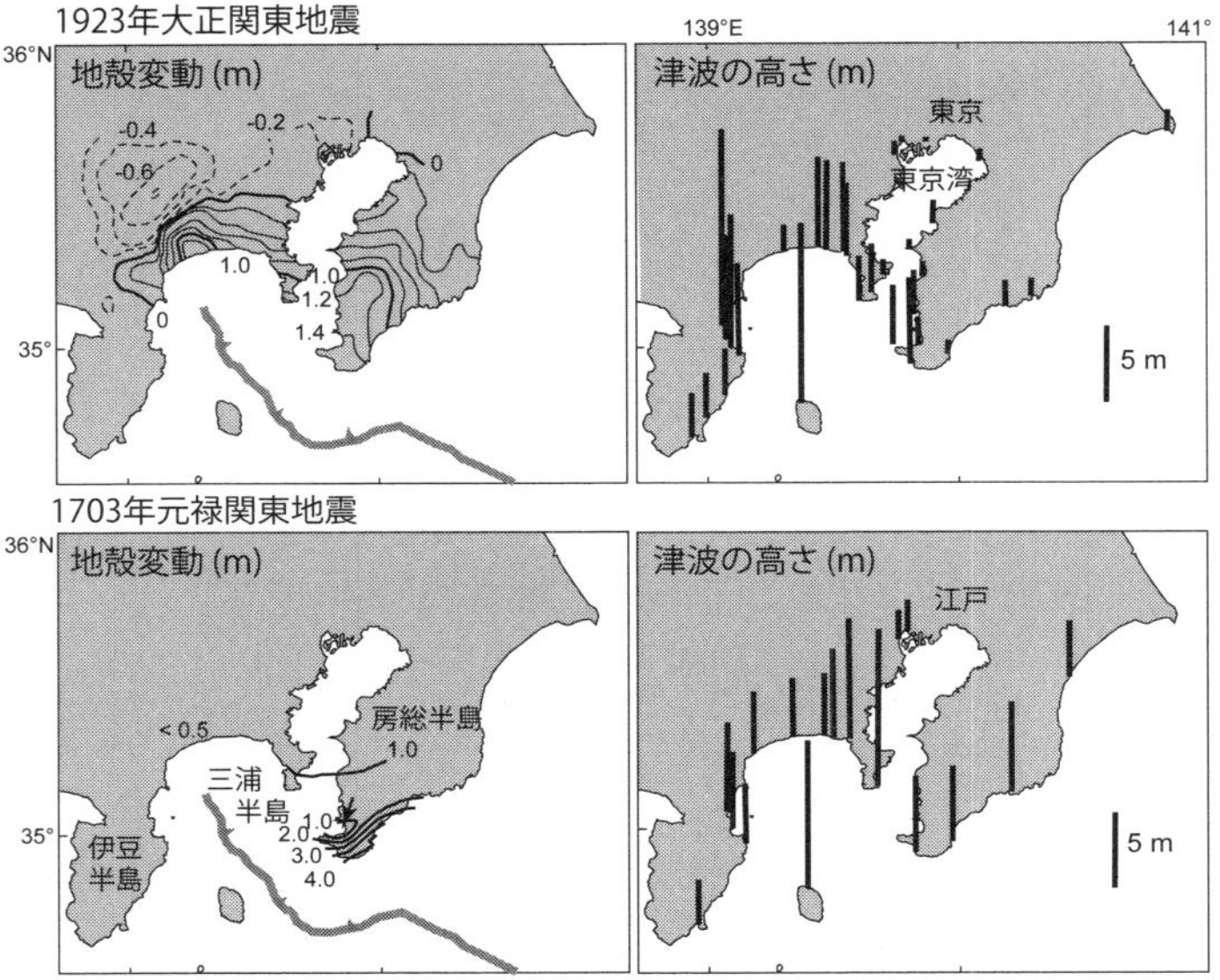

図 4-5　大正と元禄の関東地震による地殻変動と津波高さ (Shimazaki *et al.*, 2011)

と、湘南海岸、三浦半島や房総半島の南端で最大二m近く隆起し、湘南海岸の山側（丹沢山地）で最大一m近く沈降した。三浦半島や房総半島における海岸の隆起は、その痕跡が段丘として残されている。

　大正関東地震は津波も引き起こした（中央防災会議、二〇〇六）。熱海や伊豆大島までは最大一二m、房総半島南端の館山付近で最大九mの津波が報告されている。伊東では、川をさかのぼった津波によって漁船が内陸まで運ばれた。鎌倉では、地震直後から潮が引き、一〇分ほどで津波第一波が押し寄せたが、その後の第二波の方が大きかった。津波の高さは最大七〜八m、潮が引いた際は数百m沖合まで海底が露出したと記録されている。長谷の大仏は、強い地震動によって約三五cmずれたが、津波は海岸から大仏までの半分程度しか達していない。そのほか、東京湾内や関東地方の検潮所（26頁注（2）参照）でも器械記録として観測されているが、その大きさは潮汐の干満差（二m程度）よりも小さかった。

現在の東京都と近隣の県の広い範囲で液状化が発生した（中央防災会議、二〇〇六）（コラム14参照）。東京湾沿岸の干拓地や埋立地では、噴砂・噴水が起き、灯台、レンガ作りの倉庫、岸壁などに被害が発生した。震源域に近い相模川下流の茅ヶ崎市では、液状化によって水田から鎌倉時代の橋脚とされる木柱が抜け出した。震源域から遠く離れた埼玉県の中川低地（春日部市・越谷市など）では、古利根川や元荒川などの河川が形成した沖積低地において、地割れや噴砂が数多く発生、激しい液状化により用水路が砂で埋まり、洪水が発生した。

震源域に近い神奈川県の山地や丘陵地では多くの土砂災害が発生した（中央防災会議、二〇〇六）。中でも、小田原市の根府川では、地震の揺れによって箱根外輪山の斜面が崩壊し、白糸川を土石流として流下し、四六戸、四百人強が埋没した。また、根府川駅では、駅背後で発生した地すべりによって停車中の列車が乗客二百人とともに海中まで押し流された。

四―二　中世の相模トラフの地震

正応六年の地震・津波

大正関東地震と同じタイプと考えられる地震は、明治以前にも何度か起きている。

鎌倉時代後期、モンゴル再襲来の緊張の消えない正応六年四月一三日（一二九三年五月二〇日）、鎌倉は大きな地震に見舞われている。たまたま鎌倉に滞在していた京都醍醐寺の僧侶の日記によって、鎌倉の被害の状況を知ることができる（『親玄僧正日記』）。そこには「卯の時大地震。先代未曽有の大珍事。治承より以降その例なしと云々。堂捨《舎》・人託《宅》悉く顚倒す。上下死去の輩、幾千人とも知らず。時を同じくして建長寺炎上し、道隆禅師影堂の外、一宇として残らずと云々」とあり、鎌倉では多くの建物倒壊や死者があったことが知られる。鎌倉随一の禅寺の建長寺も炎上したという。また翌日の条には、海辺には一四〇人の死者があったと記されている。おそらく津波による犠牲者であろう。

少し後の時代の編纂物になるが、『鎌倉年代記裏書』には「山頽《くず》れ、人家多く顚倒す。死者その数を知らず。大慈寺丈六堂已下埋没す。寿福寺顚倒す。巨福山（建長寺）顚倒し、すなわち炎上す。所々の顚倒は、あげて計《かぞ》うにいとまあらず。死人二万三千二十四人と云々」、また、鎌倉末期の説話集『雑談集』には「先年ノ鎌倉ノ地震ニ無量寿院ト云寺ニ山崩、僧堂ウチ埋タリケル」とある。この地震の揺れは京都でも感知され、さらに一二日後には、関東で大地震があり、建長寺が炎上し、将軍御所が倒壊したとの情報が京都に届いている（『実躬卿記』）。

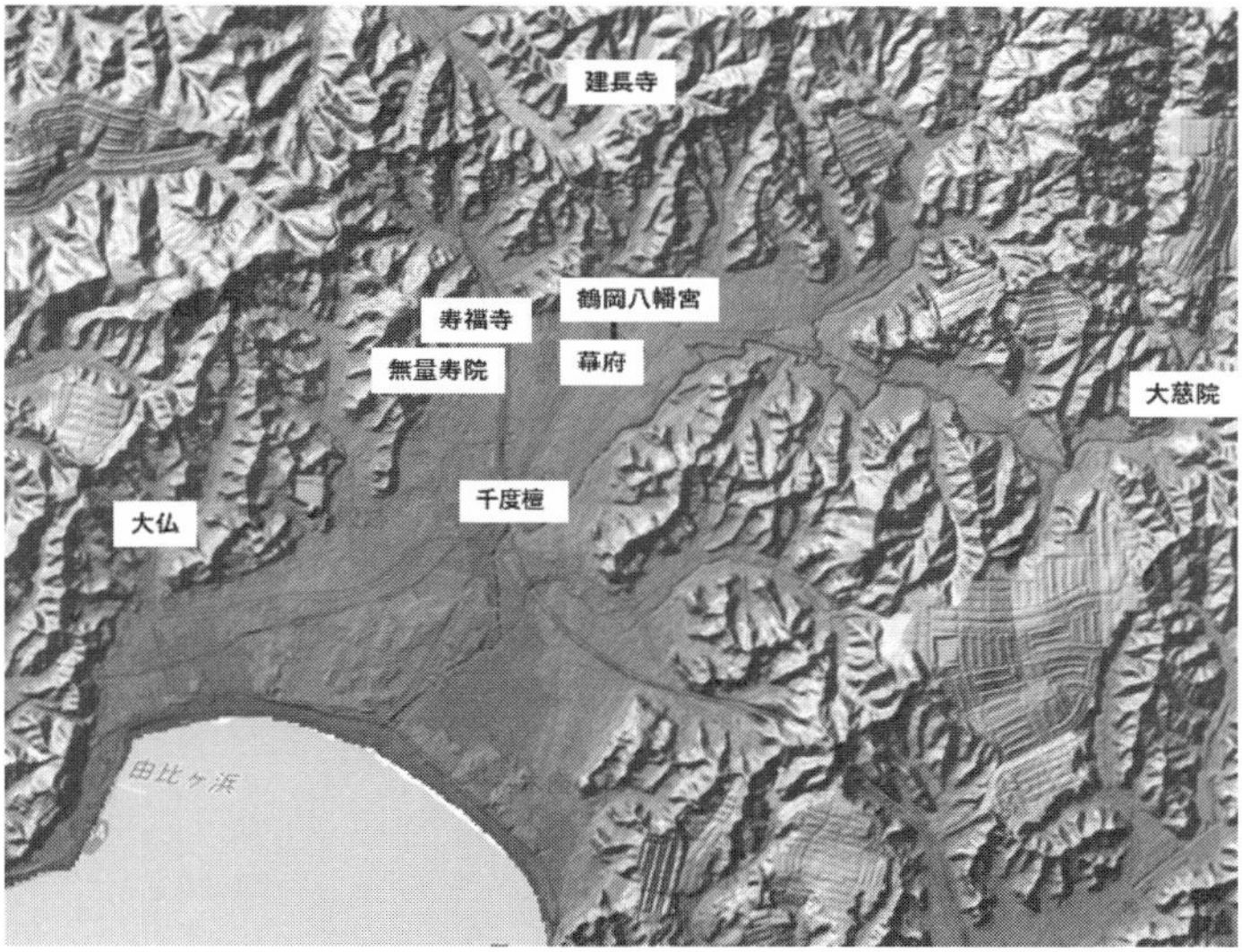

図 4-6　鎌倉の地形と倒壊が記録された寺院の位置

倒壊が記録された寺院の位置は図4-6のとおりである。谷《やつ》と呼ばれる山際の小さな谷に被害が集中していた様子がうかがえるだろう。なお、正応六年地震の九日後、当時、幕府の最有力者であった平頼綱が得宗北条貞時によって討伐されるという事件が起きている。大地震後の社会不安の中での政変であると考えられている。

明応四年の地震を記した史料

明応四年八月一五日（一四九五年九月三日）の夕方、京都では地震が感知されている。それは前関白近衛政家の日記『後法興院関白記』と内裏の女官の日記『お湯殿の上の日記』に記されているから、はっきりとした揺れだったのであろうと考えられるが、この記事だけでは、どこで発生した地震であるかの推定はできない。ところが関東で書かれた『鎌倉大日記』という年代記の同じ日の条に「八月十五日、大地震。洪水。鎌倉由比浜、海水千度壇に到る。水勢、大仏殿堂舎屋を破る。溺死人二百余」とある。鎌倉で大きな地震があり、津波に襲われたという内容である。「千度壇」とは、鎌倉の若宮大路の中央に石を積み上げて、一段高くして鶴岡八幡宮の参道とした段葛《だんかずら》のことである。現在も存在するが、この段葛が海水に浸かったということである。また鎌倉西部にある高徳院の大仏も津波に襲われたとされている。

これが事実であれば、大正関東地震と同様の相模トラフで発生した地震と考えることができるだろう。発掘調査で確認されている若宮大路の中世の道路面の標高は六m程度なので（浪川、二〇一四）、このくらいまでは津波が上がったということになる。

ところが、『鎌倉大日記』の記述については、疑問視する見方が存在している。早くは『増訂大日本地震史料』が、明応七年八月二五日の東海地震を取り違えたものではないかと注記している。『鎌倉大日記』には明応東海地震の記事がないこと、日付が類似していることによる判断であろう。また文明一八年（一四八六）に鎌倉を訪れた禅僧万里集九が、大仏には堂宇がなく「露座」であったと記していることから、明応四年には、鎌倉大仏は現在と同じく堂舎はなかったはずで、『鎌倉大日記』の記述は事実と齟齬するという指摘もある。さらに『鎌倉大日記』は後世に編纂された年代記であり、信頼性が劣るという見方もある。こうした疑問点をどう考えればいいだろうか。

まず大仏は露座だったはずという指摘であるが、堂舎はなくても、大仏のある場所自体を「大仏殿」と呼んでいた可能性がある。実際、永禄一〇年（一五六七）、奈良東大寺は放火によって焼失し、大仏殿も失われたが、その二〇年後も依然として「大仏殿」と呼ばれていた（片桐、二〇一八、『多聞院日記』天正一六年〈一五八八〉三月一日条、同一七年一〇月一五日条など）。これは大仏殿そのものではなく、東大寺のあたりを「大仏殿」と当時呼んでいたことを示している。これに倣えば『鎌倉大日記』の記述は、「大仏殿」（高徳院）にあるいくつかの堂舎が津波で破壊されたということを指していると解釈できる。また高徳院の現在の標高は約一二mであるが、南北朝時代の禅僧が鎌倉大仏を舞台にして作った漢詩に「寺は海岸に瀕している」とあることから、「大仏殿」の境内は海岸近くまで広がっていたと考えられるとの指摘もある（浪川、二〇一四）。これに従えば、津波は大仏の座像まで到達したわけではなく、大正関東地震のときと同程度だったと考えることができるだろう。

次に『鎌倉大日記』の史料としての信頼性はどうだろうか。『鎌倉大日記』は、鎌倉幕府開創期以後の関東のできごとを中心に記した年代記であるが、鎌倉・南北朝時代に書かれた原本は存在せず、室町初期に書写され、その後、永享一一年（一四三九）までのできごとを書き加えていった生田本（鎌倉足利氏の子孫である喜連川家に伝来したもの）と、江戸時代に水戸藩が書写した、文亀元年（一五〇一）までの年代記記述を持つ彰考館本がある。従来、書写年代の新しい彰考館本は信頼性が劣ると思われてきたが、詳細に両者を比較すると彰考館本の方が原本に忠実であることがわかってきた（片桐、二〇一四、二〇一八）。また彰考館本の最後の年代記記述が書かれたのが後柏原天皇の在位中（一五〇〇〜一五二六年）であることは確実である。したがって、現在残るのは江戸時代の写本であるが、内容は明応東海地震から四半世紀も経たない時期に書かれたものであり、大きな事件の年代を誤る可能性は低いだろう。彰考館本『鎌倉大日記』の室町期の記述の全体を見渡せば、伝写過程での誤写は認められるが、荒唐無稽な創作は見当たらない。そして何よりも、明応四年八月一五日には、京都でも地震がはっきりと感知されている。地震記事に関する限り、この記事の年代をあえて疑う理由はないだろう。

考古遺跡に残る津波堆積物

では『鎌倉大日記』に明応東海地震の記述がない点はどう考えればいいだろうか。関東での南海トラフの地震による津波の状況が知られるのは宝永地震と安政東海地震である。いずれにおいても、津波の被害は伊豆半島の西部・南部や三浦半島では知られているが、鎌倉ではめだった被害は知られていない。現在とは家屋の立地状況が異なることは認識しておく必要があるが、宝永地震や安政東海地震との比較でいえば、明応七年の東海地震でも鎌倉は津波による大きな被害は受けていない可能性が高い。『鎌倉大日記』の明応七年条に地震・津波の記録がなくても不自然ではないだろう。

一方、伊豆半島東海岸では一五世紀末と年代推定される津波堆積物が出土している。それが静岡県伊東市の宇佐美遺跡である（図4-7）。伊東市教育委員会が実施した発掘調査によれば、宇佐美海岸の浜堤と後背湿地の境界付近で、浜堤の長軸線に沿って灰色砂質粘土の層が見つかり、その中に多数の遺物が含まれていた。それらは次のような特徴を持っていた（金子、二〇一二）。

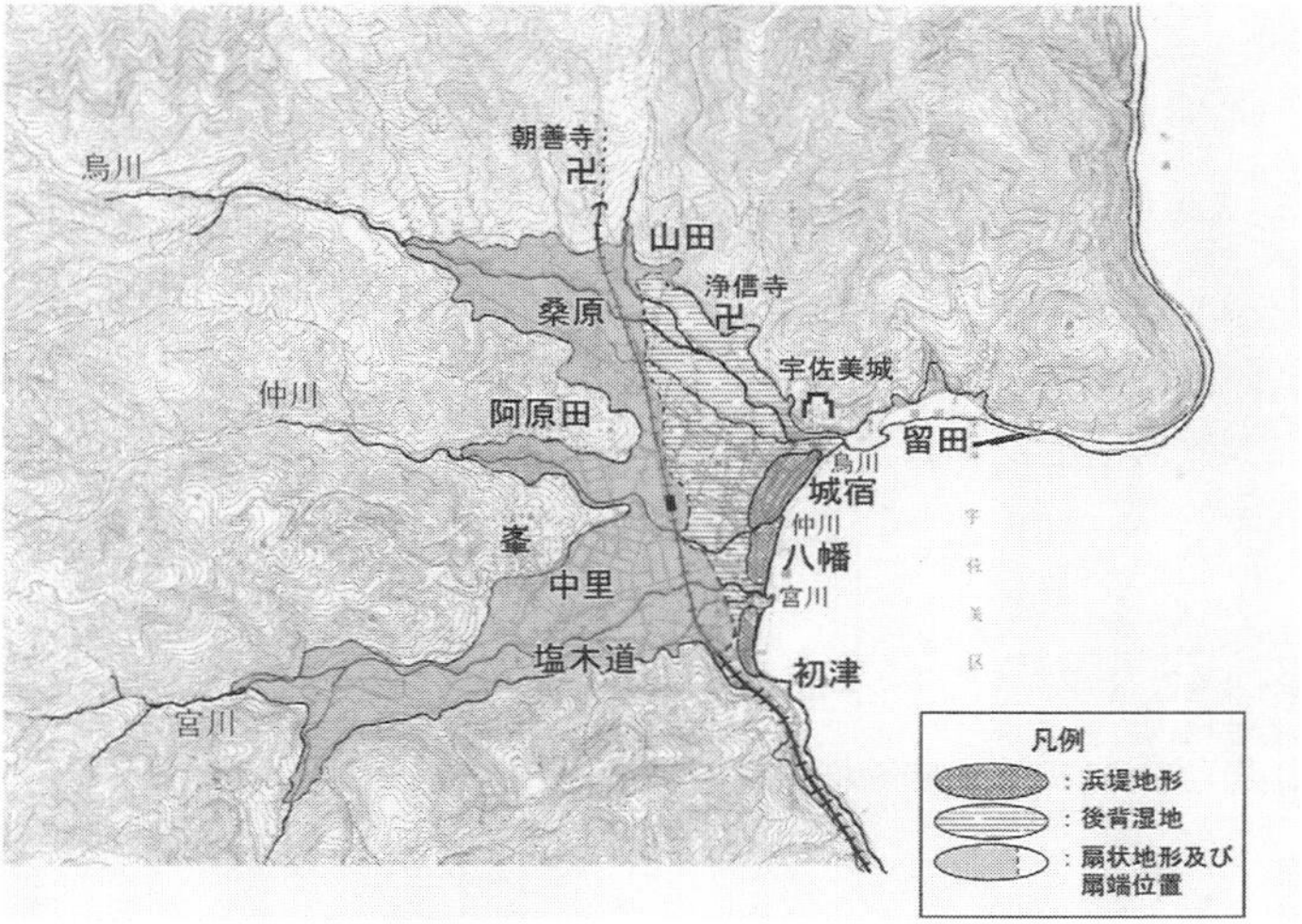

図 4-7　宇佐美遺跡周辺の地形（金子，2016）

出土物は散在し、集中箇所がない。遺物は陶磁器、武具などさまざまで、互いの脈絡がない。陶磁器は小さな破片ばかりで、しかも破片同士が接合しない。住居・溝などの遺構と遺物の関係性がない。こうした特徴は、出土遺物はこの場所での生活の痕跡ではなく、他所から運ばれてきたものであることを示している。これらが津波によって堆積した物である可能性は高い。また陶磁器の特徴から、年代は一五世紀末と判定されている。

　伊豆半島東海岸では鎌倉と同様、宝永や安政の東海地震での津波被害は記録されていない。したがって宇佐美遺跡の津波堆積物が明応東海地震のときのものとは考えにくい。一方、大正と同じタイプの地震である元禄関東地震の津波痕跡は見つかっている。したがって、宇佐美で一五世紀末の津波堆積物が見つかっているということは、この時期に南海トラフの地震とは異なる、大正関東地震のような相模トラフの地震が起きていたことを強く示唆している。『鎌倉大日記』の明応四年の地震がそれに相当すると考えるのは無理のない史料解釈であろう。

津波は明応四年か、九年か？

ところが、明応四年の地震については、歴史の研究者の間には、次のような点から年代を疑問視する意見がある。

山梨県河口湖町の日蓮宗寺院で書き継がれてきた『勝山記』という年代記がある。南北朝・室町時代の飢饉などを詳細に記していることで著名な史料であるが、その史料には明応九年条に「此年マテモ大地動不ルレ絶、（中略）六月四日大地動。上ノ午ノ年大地震ニモ勝レタリ。惣テ、イカナル日モ夜モ動《ゆ》ル事不絶。更ニ無限」という記述がある。「上ノ午ノ年」とは明応七年のことであるから、この記述から、明応九年の地震は明応東海地震より大きく、これこそが相模トラフの地震ではないかという意見である。しかし、この記事は河口湖付近では、明応七年以来ずっと揺れが続き、九年には七年以上の揺れが感じられたということをいっているだけである。いうまでもないが、地震そのものの規模が小さくても、震源が近ければ揺れは大きく感じられる。この記述から、明応九年の地震が四年や七年の地震より大きなエネルギーを持った地震だったという情報は引き出せない。四年の地震が京都の日記にも記されていて、大きな規模の地震であったと推定できるのに対し、九年の地震はほかに記録がない。

明応九年の地震は、南海トラフの東端辺りで起きた東海地震の余震の一つの可能性があろう。また、気象庁の震度データベースで検索すると、一九一九年以降、山梨県東部・富士五湖地方を震央とし、山梨県内で震度四以上を観測した地震は一三回観測されている。この付近を震央とする地震は珍しくなく、富士五湖周辺で発生した局地的な地震の可能性もある。『勝山記』明応九年の記事をもって相模トラフの地震とするのは、希望的な憶測にすぎない。

このように地震記述自体を見れば、『鎌倉大日記』の明応四年の地震記事を疑うべき理由はないのだが、歴史学の側から慎重な意見が繰り返し提出されるのは、明応四年条には、地震記事に続けて、伊勢盛時（北条早雲）が小田原の「大森入道」を攻撃したという記述があるためである。これは早雲の伊豆から小田原への進出を示す、戦国史では著名な記事であるが、早雲は明応五年の段階では「大森式部大輔」と友好的な関係を保っていたことがほかの史料で確認できるから、その前年に小田原を攻撃することはありえない、『鎌倉大日記』の明応四年条は信用できないという指摘がなされている。しかし、これに対しても、当時、大森氏には二つの系統があったことは確かで、「大森式部大輔」と四年に攻撃された「大森入道」とは別人であるとの反論がなされている（片桐、二〇一八）。『勝山記』には、明応四年八月に早雲が甲斐の「かご山」（篭坂峠）に出兵したとの記事があるから、この年、早雲が伊豆周辺に対する動きを活発化させていた可能性があるだろう。

以上より、『鎌倉大日記』の明応四年八月一五日の地震記事を疑うべき格段の理由は見当たらず、信頼をおいていいと考えられる。

四—三 元禄関東地震

地震と被害の特徴

元禄一六年一一月二三日（一七〇三年一二月三一日）未明、関東地方の南部を中心に大地震が発生した。その被害は当時の国名で武蔵・相模・安房・上総・下総・伊豆・甲斐の七カ国に及んだが、特に安房・相模で揺れが強く、小田原では城が崩れて火事が発生し、多くの寺院や民家が壊滅した。また、地震と同時に発生した津波は、東南の方から安房・上総・下総・伊豆・相模の沿岸に押し寄せて民家を流し、田畠を壊滅させたという（『楽只堂年録』）。江戸幕府への被害状況の報告などから、少なくとも死者は一万人、全壊した家屋は二万二千軒、流された家は六千軒にのぼったと見られる。

この地震は、相模トラフ沿いのプレート間で起きたM8クラスの巨大地震で、房総半島南部や相模湾沿岸では震度七相当の場所もあったと推定されている。震源域に近い房総半島南端では最大約六mの隆起を生じた（図4-5）。また、保田や小湊では一m程度の沈降を生じたという推定もある（宍倉、二〇〇三）。大津波だけでなく、こうした大きな地殻変動を伴った点も元禄地震の特徴である。

その痕跡として、房総半島南部に位置する千葉県南房総市白浜町の海岸近くの巨岩が知られている（図4-8）。元禄地震の三〇年前に村々の漁場争論に際して作成された絵図では、「伊勢船嶋」という

「延宝元年(1673)根本・砂取村漁場争論裁許絵図」(部分)
地震隆起前で「伊勢船嶋」が海中に描かれている
「根本・砂取村絵図」(部分)
地震隆起後で「いせ船」が陸続きに描かれている

図 4-8　地震で隆起した「伊勢船嶋」（佐竹健治撮影）　**南房総の地震隆起段丘として，千葉県の天然記念物に指定されている．地震の前後に作成された絵図には，海上の小島が隆起して陸続きとなった状況が示されており，その絵図2枚も追加指定された．巨岩の手前に設置された南房総市教育委員会による案内看板に，その絵図の内容が紹介されている**（下の2枚の図）。

名の島が海岸の沖合に描かれていた。漁場の目印として正確に描き込まれた島や岩礁などの位置をよりどころにして比較すると、付近の海岸線は地震前、現在よりも最大で五〇〇mほど内陸にあったことが判明する。文献史料と現在の地形を照合することで、地震による隆起に伴い陸地が広がって「伊勢船嶋」も陸上の岩となったことが確かめられるのである。

墓石が伝える津波被害

津波については、墓石の

調査から詳しい被災状況が判明した事例がある（金子、二〇一八）。静岡県伊東市では、津波で大きな被害の出た村に建つ供養塔から犠牲者数は知られていたが、同市域にある近世の墓石一万三三七一基を調査したところ、元禄一六年のものが最も多く、二〇三基に同年一一月二二日、二三日の日付があることが確認された。そこに刻まれた二五八人については、津波で亡くなったと記されている場合があるほか、戒名に「水」「泡」「藻」「波」など津波を想起させる文字も見られる。犠牲者に占める成人女性の割合（五一・一%）は、成人男性（二二・八%）の二倍以上であったことも明らかになった。

東海道戸塚宿でこの地震に遭った京都下鴨社の祠官梨木祐之は、沼津宿で次のような話を聞いている（『祐之地震道記』）。

うさみと云う所へ沼津の者二人行きて、二十二日の夜、津波に遭いたり。津浪打ちよすると、この二人の者、家の柱に抱きつきて居りたりけるが、しばらくありて、夢の覚えたる心地して、目を開き見たりければ、うさみの在郷と覚えたる所は家一軒もなく、浪に取られたり。この二人の者の居たる家は、始めの家の跡よりも三丁程山の上にあり。これは、始め波の引きざまに家を沖へ引きとりて、波の打ちよする時に山の上迄打ち上げたる物なり。このうさみの在所も、山の上に建てたる家三、四軒あり。それは残りたりとぞ。

一一月二二日夜（二三日未明）、二人の沼津の者が宇佐美で津波に遭い、そのときは家の柱に抱きついていたが、しばらくして目を開けてみると、もともと家々があった場所に家は一軒もなかった。二人がいた家は、もとの場所から三二〇mあまり動き、山の上にあったという。これは、最初の波が引いた際に沖へ流され、再び波が打ち寄せたときに山へ打ち上げられたもので、山の上に建ててあった家三、四軒は残っていたとされる。

また、宇佐美村の名主荻野家では、津波で流された箪笥が約一km北方の浜で、鑓や長刀などは家の西へ約二〇〇m、海岸線からは三〇〇〜四〇〇m離れた標高一三〜一七mの場所で見つかった（『系図財産明細表』）。津波の挙動を示すこうした史料から、荻野家の一家七人が津波で亡くなったという記述も理解することができ、その日付は墓石に刻まれた日付と一致する。墓石の調査によって史料の内容が裏付けられ、被災状況についての理解が進んだのである。

江戸に来た津波

房総半島から相模湾の沿岸にかけての広い範囲を襲った津波は江戸にも到達した。東京湾に注ぐ隅田川の河口に近い水域や永代橋、霊岸島、江戸橋まで津波が来たことが史料に見え、その波高は一〜二mと推定されている（村岸ほか、二〇一五）。

元禄地震が起きたのは五代将軍徳川綱吉の治世で、綱吉の側近柳沢吉保は、地震後に嫡男の吉里とともに急いで登城した。その際、大手の堀の水が溢れ、橋の上を越していたため、吉保は供の者に背負われて通り過ぎたという（『楽只堂年録』）。

このとき堀の水が溢れていた原因として、地震動による水の揺動のほか、江戸橋まで来た津波が日本橋川を遡上し、道三堀を経て大手の堀まで到達した可能性も考えられる。元禄地震をモデルに東京都の津波高を計算すると、たとえば永代橋には、水門開放時には発震から一時間あまりで一mを超える津波が到達し、最大波高は二m近くになる（東京都防災会議、二〇一二）。こうした想定をふまえれば、津波が大手の堀に到達するまでに一時間以上かかることになる。そのため、堀の水が溢れていた原因を判断するうえでは、吉保が登城するまでの時間がどの程度であったかが焦点になる。

コラム17　三浦半島における津波堆積物

東京大学地震研究所のグループは、三浦半島小網代湾で津波堆積物の調査を行った（Shimazaki *et al.*, 2011）。湾の奥の、干潮時には干潟となる場所で、海底下二mまでの地層をサンプリングして、地層の性状や年代を調べたのである。その結果、三枚の明瞭な津波堆積物が認定された。上下の地層に含まれる試料の炭素・セシウム・鉛の放射年代測定から、上位の二枚はそれぞれ一九二三年大正関東地震と一七〇三年元禄関東地震に対応することがわかった。最下位（最古）の堆積物については、西暦一〇六〇年～一四〇〇年の間に発生したとされた。この年代に対応するのは、明応四年（一四九五）の関東地震ではなく、正応六年（一二九三）の関東地震であろう。三浦半島の別の調査地点では、一七〇三年と一二九三年に対応する津波堆積物の間に別の砂層が発見されている場所もあり、これが明応関東地震による津波堆積物の可能性もある。

汐留遺跡に見る液状化の痕跡

元禄地震により江戸では地割れ、石垣の崩落、家や土蔵の倒壊などのほか、砂や水が吹き出し、穴蔵が浮き上がるなど、さまざまな被害が出た。余震も続いたが、神田・浅草・牛込・山手の揺れはあまり強くなかったという（『江戸町触集成』）。

一方、下町から築地の辺りでは穴蔵から泥水が湧き出した、と記す史料もあり（『鸚鵡籠中記』）、場所によって揺れの大きさや被害の状況には違いがあったことがうかがわれる。下町は城下町を整備する過程で、築地は明暦の大火（一六五七年）の後に埋め立てられてできたため、その一帯では液状化現象が起きた可能性が高い。

築地に近い会津藩芝屋敷でもさまざまな被害が出て、屋敷内の八割がたは破損したと伝える（『会津藩家世実紀』）。

芝御屋敷も内外御長屋そのほか所々品々の御蔵ならびに塀・御門等、惣壁・棟瓦・腰瓦等落ち、あるいは曲り、戸の明け立て成りがたき所々これあり。あるいは禿げ、あるいは石垣はらみ崩れ、石端敷石めりこみ砕け、御座向長局等大破す。山穴御蔵地形石にて畳み候ところ、残らずゆり上げ、石のさすはだかり、水道の升形残らずゆり上げ、水不足に相成り、掘抜の井戸も水減り、もっとも濁り、惣じて御屋敷内十の物八つは破損す。

長屋や蔵、塀、門などで壁や瓦が落ちたり曲がったりしたのをはじめ、石垣がふくらんで崩れるなどの被害も出た。穴蔵や水道の升形が揺れて浮き上がり、水不足になったほか、掘抜井戸の水も減り、濁ったという。この記述から、地震によって液状化現象や地盤の変形が生じた可能性が考えられる。芝屋敷も、江戸湾沿いの湿地を埋め立てて造成し、寛永一六年（一六三九）に会津藩保科家が拝領したものであった。

会津藩の屋敷の隣には仙台藩伊達家、龍野藩脇坂家が会津藩とほぼ同じ時期に同様の経緯で拝領した屋敷が並んでおり、東京都心の再開発事業に伴って発掘された汐留遺跡からは、三つの大名屋敷の遺構や遺物が出土した。このうち龍野藩の屋敷跡では、元禄地震の際の噴砂と砂脈と見られる液状化の痕跡が確認され（図4-9）、埋立てに使われた砂の地層が地震によって液状化したと考えられている。こうした発掘調査の成果から、会津藩芝屋敷で穴蔵などが浮上したのもそれと同様の状況が発生したためと理解される。

連続した地震と火事

江戸での被害は、地震直後に生じたものだけではなかった。地震から六日経った一一月二九日、小石川の水戸藩上屋敷から出火し、本郷、下谷、浅草、神田から本所、深川まで延焼した。両国橋も三分の一が焼け落ち、そこで一七三九人の死者が出たと伝えられる（『元禄宝永珍話』）。この大火で社寺八八カ所、侍屋敷五三九軒、一九六町余が焼け、焼失範囲は東西一二km余、南北四km余に及んだとい

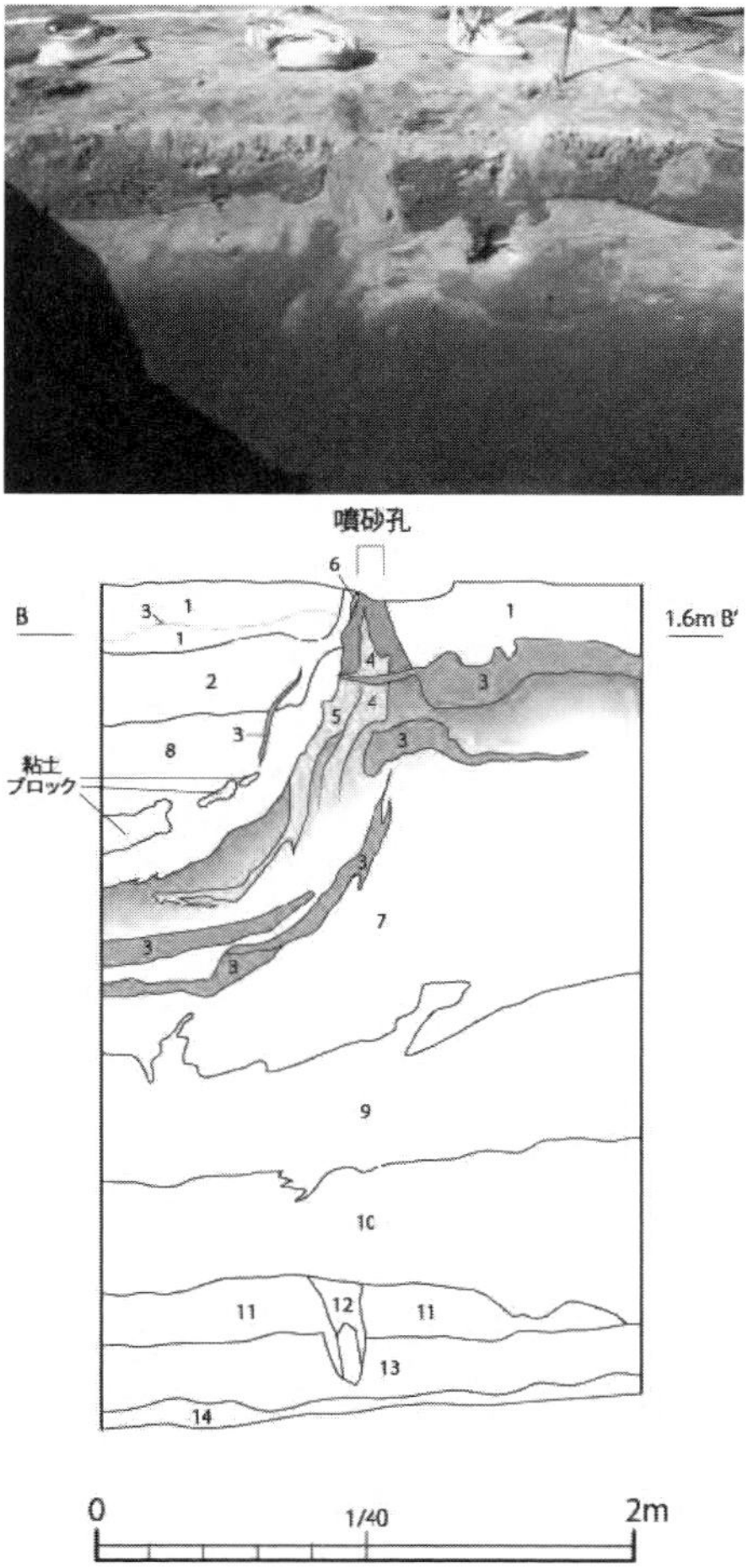

図 4-9　龍野藩脇坂家屋敷の液状化跡と土層断面図（東京都生涯学習文化財団編，2000）　**複数の砂脈（3～6 層）が認められ，液状化によって乱れた生活面（2 層上面）の上に整地層（1 層）がある．**

う（『基熙公記』）。

これほどの範囲に火事が拡大した要因として、一一月二三日の地震で壁土が落ちたり潰れたりした土蔵が少なくなく、延焼を防ぐ機能が低下したことや、水道の破損による消火用の水不足が生じていたことも考えられる。余震が続く中で発生したこの火事は、地震に伴う一連のものと認識されたためか、「地震火事」と呼ばれた（『武江年表』）。なお、地震の五日前、一一月一八日にも四谷伊賀町から出火し、社寺七四カ所、侍屋敷二七〇余、五四町余が焼けていた。東西八km、南北二km余を焼失したというこの火事とあわせれば、地震前後に江戸ではかなりの範囲に被害が出ていたことになる。

地震が起きた翌月、幕府は朝廷に対して改元の意向を伝えた。その理由は大地震と大火事が連続したためとされる（『基熙公記』）。宝永へと改元されたのは元禄一七年三月のことであったが、その直前、地震後の火事で焼けた神田小柳町では、地震で傷んでいた土蔵が隣の敷地の仮小屋に倒れかかり、小屋が潰れて一五人が死傷したという（『甘露叢』）。地震から四カ月近く経ってもなおこうした状況があったことからも、地震と火事が政治や社会に与えた影響の大きさをうかがうことができる。

コラム18　発光現象

近衛基熙の日記（『基熙公記』）には、元禄地震の後、京都にいた基熙のもとに江戸から来た地震と火事についての書付が綴じ込まれている。そこには、大地震以前から時々夜半に「ひかり物」が見えた、大地震の夜以後毎夜「ひかり物」が見えた、稲光のように光ることは二〇日ほど続いた、などと記されている。こうした記述について、武者金吉は、「雷雨は極めて稀れな時期」で「おそらく普通の電光ではあるまい」とした（武者、一九三二）。

また、幕府の祐筆か将軍の側近が記述したと見られる記録には、一一月二三日から一二月二一日にわたって、辰巳（南東）の方に電光（稲光）のような光が見えた、と「光物」に関する記述がある（『甘露叢』）。武者は「光の見えた方向が常に辰巳であった事は看過し難い事である。（中略）江戸より辰巳と云へば、正に震央の方向に当るのである」と、元禄地震との関連を示唆した（武者、一九三二）。近代以前の地震に関する膨大な量の史料を収集し、史料集を編纂した武者は、発光現象について『日本三代実録』に見える貞観地震（八六九年）の記録まで遡れるとしている。

史料に見えるこうした発光現象は近代以降も目撃され、調査や研究が行われてきた。一九三〇年の北伊豆地震に伴う発光現象については、武者が調査し報告をまとめている（武者、一九三二）。また、一九六五年八月から五年あまり続いた松代群発地震では、発光現象を撮影したとする複数の写真が報告された。一九九五年の兵庫県南部地震でも発光現象の目撃証言があり、そのアンケート調査に基づいて、地震に伴い発光現象が発生したと結論づけられている（山口ほか、二〇〇一）。

このように、地震に伴う発光現象の事例は数多く報告され、宏観異常現象の一つととらえられることもあるが、その科学的なメカニズムは解明されていない。

四―四　安政江戸地震

地震と被害の特徴

南関東直下では、プレートの沈み込みに伴いM7クラスの地震もたびたび発生している。安政二年一〇月二日（一八五五年一一月一一日）夜に起きた大地震もその一つで、幕府が置かれ首都機能を持っていた江戸に甚大な被害を出した。震源は東京湾北部付近などの諸説があり、その深さについても定説を見ていないが、最大震度六強と推定される強い揺れで多くの建物が倒壊した。町方では潰れた家一万四三四六軒、一七二四棟、潰れた土蔵一四〇四軒と報告されている。百万人以上が暮らしていた江戸での死者は七千人を超え、建物の倒壊による死者がその大半を占めた。

当時の記録には、地震の揺れは高地で緩く低地は急であった、と記されている（『破窓之記』）。地形によって揺れに違いがあったことは、史料の記述に基づく震度分布図（図4-10）にも明らかで、当時からそれが認識されていたことになる。青山、麻布、四谷、本郷、駒込などの台地より、埋立てによって造成された日比谷から丸の内周辺、本所、深川や、下谷、浅草など地盤の弱い低地での揺れは大きく、火事も発生して被害が拡大した。死者の多かった町では人家が立て込み、その日暮らしの者も多い借家人の割合が高かったことから、被害の階層性という問題も指摘されている（北原、二〇一三）。

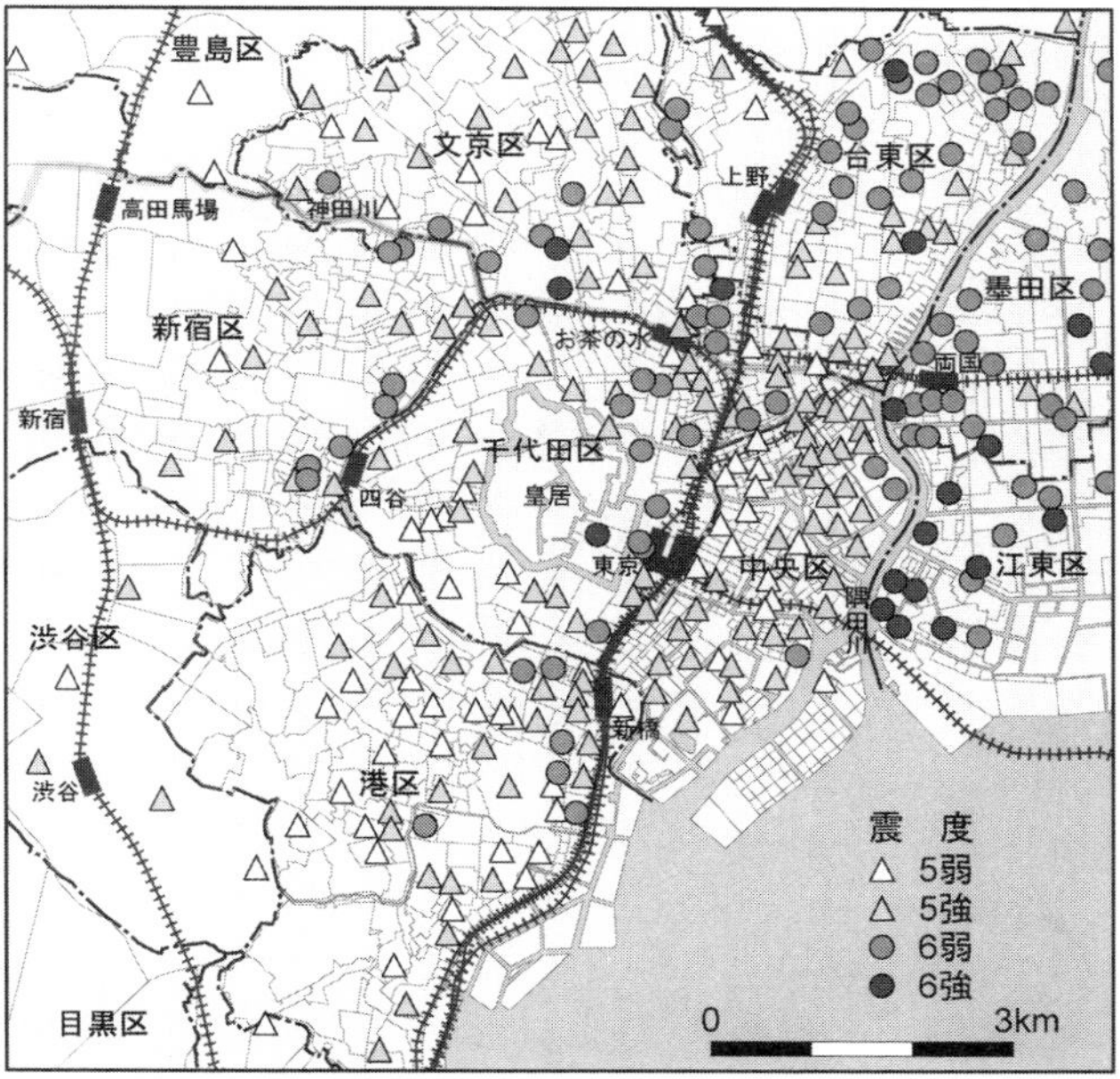

図 4-10　安政江戸地震の震度分布図（江戸市中）（国立歴史民俗博物館，2003）

さまざまな史料

歴史地震の中でも、幕末に起きたこの地震についての史料は多い。大名諸家から幕府への報告や町奉行所などの書類、名主の日記など、それぞれの立場から異なる目的で作成された史料を通じて、地震や火災による被害や余震の状況、幕府の対応などを読み取ることができる。

地震に関する情報をいち早く市中に伝えたのは、地震直後から大量に流布した摺物であった。建物が倒壊、焼失した場所や、幕府が被災者のために設けた御救小屋の場所を載せたもの（図4-11）のほか、死傷者数の一覧も現れ、どんな情報が求められていたかがわかる。やがて、復興

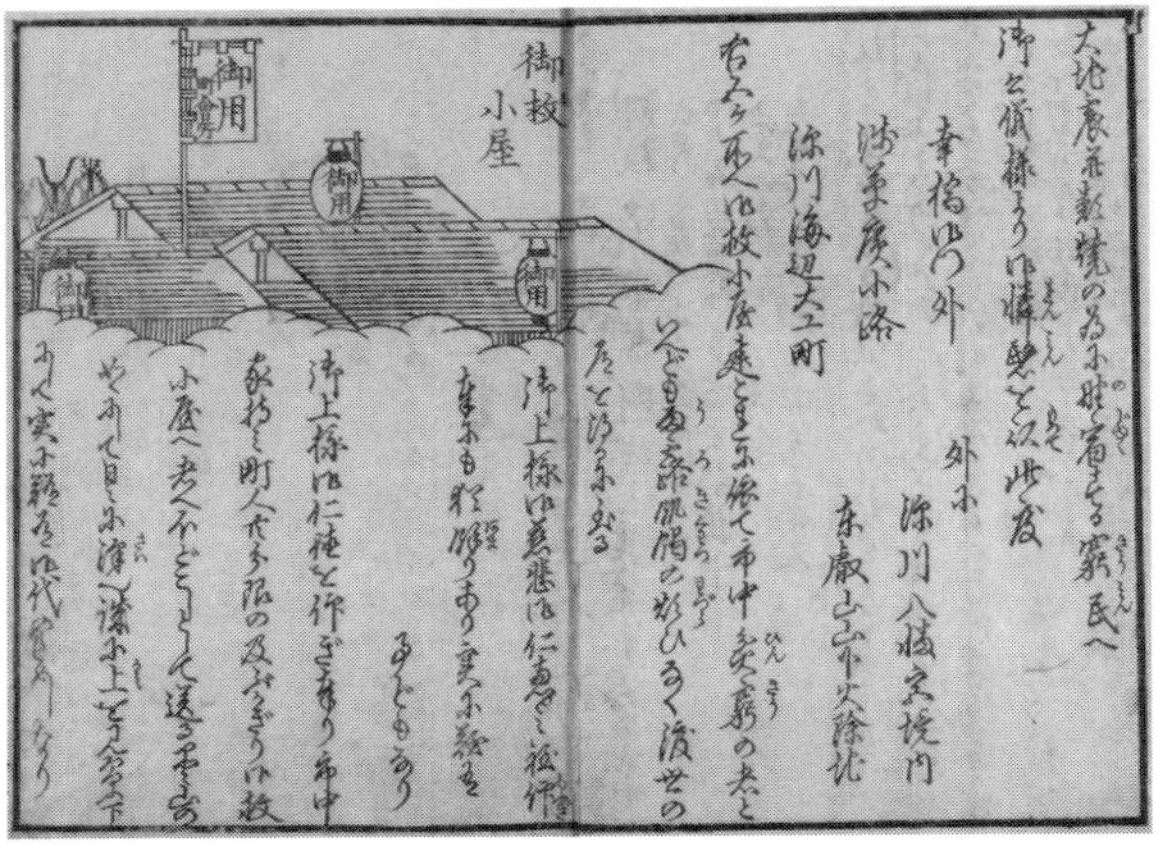

図 4-11　御救小屋の場所などを伝える摺物（東京大学地震研究所所蔵「江戸大地震末代噺の種」）

作業で忙しい職人や、地震を起こす鯰とそれを押さえる鹿島神を題材としたものなども出回るようになった。速報性をもって届出なしに摺られた多くの摺物は、地震から約一カ月で取締の対象となったが、人々が地震やその後の状況をどのように受け止めていたかを示唆していて興味深い。

また、地震の体験や見聞などをまとめた地震誌もいくつか知られている。多少の時間を経て作成されたため、地震直後の状況とともにその後の変化を記すものもあり、貴重な史料となっている。

余震の状況

こうした史料の中には、一〇月二日以降の地震について、揺れの大きさを丸の大小で表し、発震時刻を付記した記事がある。従来、一〇月中の地震の一覧が複数の史料にあることは知られていたが、そこでは省略された一一月中の地震の一覧も載せる史料

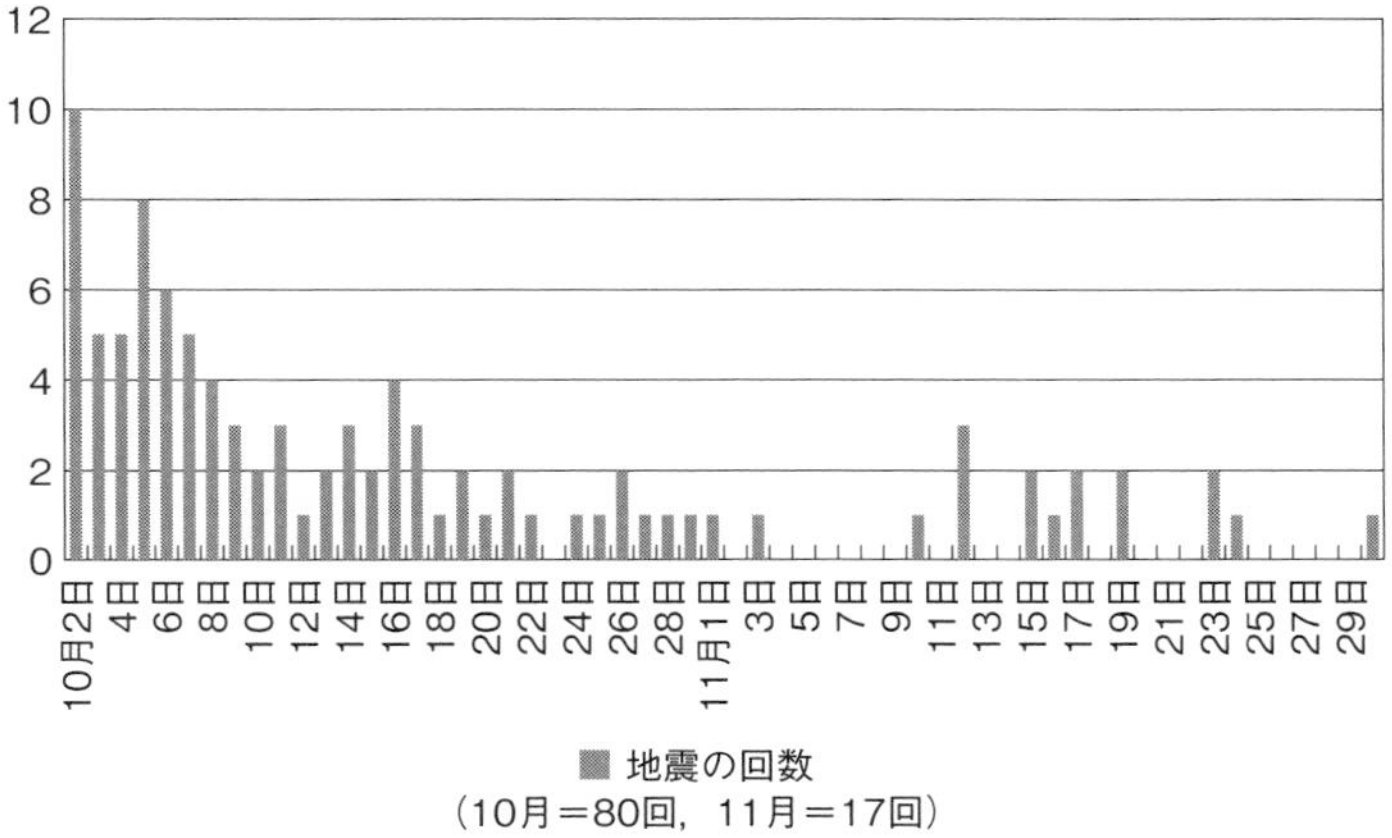

図 4-12 『破窓之記』（国立公文書館所蔵）**に記録された有感地震の回数**

（国立公文書館所蔵『破窓之記』）はあまり注目されてこなかった。もとになった記録はいずれも同じであると考えられ、後者に拠れば、ある大名屋敷で計ったという有感地震の状況を二カ月分知ることができる（図4-12）。

それによると、一〇月は昼二八回、夜五二回の合計八〇回の地震があったとして、一〇月七日には二日の本震に次ぐ大きさの、六日にもやや大きい丸を記している。この両日の揺れを二度目の大地震と表現する摺物もあり、二日の地震でゆがんでいた家が倒壊したことなどを伝えている。揺れの大きさを表す丸の大小は、震度をある程度反映していると見てよいだろう。一一月については、昼八回、夜九回の合計一七回の地震が記録されているが、上旬には揺れを感じない日が数日続いた。その日数は一〇月が一日だけであったのに対し、一一月は一九日と大幅に増えている。

揺れの感じ方や回数には違いがあるものの、神田に住んでいた名主の日記に記されているのもこれとほぼ同じ状況である(『斎藤月岑日記』、口絵8)。このことは、史料の信頼性を相互に示すものと見てよい。こうした記述から余震の経過を知ることができ、継続的に記された日記中の地震に関わる記述は「日記史料有感地震データベース」(地震火山史料連携研究機構、五章参照)のデータとして活用されている。

幕府の対応

地震や火事で住む場所を失った者は、親戚や知人宅に身を寄せるか、屋外で過ごさざるを得なかった。幕府は大地震の直後から、野宿する者もいるとして町々に握飯を配り、野宿の窮民に寝る場所と食事を提供する御救小屋を一〇月五日から開設した。

一方、同じ五日には、往還での野宿が武家方の通行などの支障にならないよう命じる町触《まちぶれ》を出している。続いて八日には、戸障子などを差しかけて屋外で過ごす者は地震で立ち退く際に火を消すよう指示した。その前日、最大級の余震があったことを受けてのものであろう。野宿に伴うさまざまな問題は、早い段階から認識されていた。

野宿の者が特に多かったのは、江戸城外堀の堀端や広小路など一〇カ所である(『江戸大地震末代噺の種』)。その一つ、本郷六丁目の加賀藩本郷屋敷御守殿門(現在の東京大学赤門)前の火除地で野宿した者の中には、本郷三丁目で質屋を営む大井屋の若主人がいた(『江戸本郷質屋商人日記』)。

当三日より本郷六丁目御住居前へ野宿致し、もっとも、昼のうちは宅へ戻り、夜分より野陣す。戸障子を以て家根など拵へ居り候ところ、今晩四ツ半頃雨降り初め凌ぎがたく、殊に雨降り候えば最早地震の気もこれあるまじなどと申し、宅へ退く。

一〇月三日から野宿し、昼間は家に戻り、夜は戸障子で屋根などを作って火除地で過ごしていたところ、八日夜から雨が降り出してしのぎ難く、雨が降ったのでもう地震は起きないだろうと言って帰宅したという。雨と地震の関係を口にする者がいたことを記す史料はほかにもあるが、両者を結び付けて考えていた理由はわかっていない。

このように、戻る家はあっても余震を恐れて野宿する者は大勢いて、延焼を防ぐ空地として作られた火除地にまで人が集まっていたことが知られる。八日の雨は大地震の後で初めて降ったもので、それをきっかけに野宿をやめた者はほかにもいた（『なゐの日並』）。終日大雨が降った一四日に人々が野宿をやめたと伝える摺物もある（「江戸大地震末代噺の種」）。

一八日は朝から雨で夜中には雷雨となったが、幕府は翌日、被災の有無とは関係なく、その日稼ぎの者のうち特に困窮している者に御救米（白米）を配るため、対象者の調査を行うよう町々に指示し、二〇日からは握飯を配らないことにした。市中では一九日以降、野宿をやめて帰宅を促す張札が見られたという（『時風録』）。

一一月一五日から御救米の配布が始まるとまもなく、新規の御救小屋入りは停止された。一二月上

図 4-13　城の堀端近くで御用提灯を掲げる小屋（以下、図 4-18 までは東京大学史料編纂所所蔵島津家文書「江戸大地震之図」より）

旬から、小屋にいた者を追々元住居の町々へ帰らせ小屋を引き払う方針が示され、御救米の配布も一二月二四日までに終了した。雨で野宿が減ったのと時を同じくして、幕府は御救の対象と方法を変化させ、年内には町方での対応に一つの区切りをつけたことになる。

絵画史料としての絵巻

安政江戸地震を題材にした絵巻として、「江戸大地震之図」（東京大学史料編纂所所蔵島津家文書）が知られている。この絵巻には、穏やかな日常の光景が大地震で一変し、火事も発生して被害が拡大した後、人々が生活を立て直していく過程が一〇mあまりにわたって描かれている。詞書や奥書がないため制作の経緯などは不明で、地震前後の様子を一般的に表現したものと理解されてきた。しかし、関連する文献史料をあわせて読むと、そこには事実に基づいて特定の場所やできごとが描き込まれていることが判明する（杉森、二〇二〇）。

たとえば、巻末に見える城の堀端近くで御用提灯を掲げる小屋

図 4-14　雪の中の行列

(図4-13、口絵9)は、立地などから見て江戸城の幸橋門外に設けられた御救小屋であることにまちがいなく、長い棟の小屋が三棟並ぶ様子も「御門外大原ニ長七八十間、巾十間程の御救小屋三棟」(『青窓紀聞』)という史料の記述と一致し、実態を反映した表現になっている。

また、小屋に至る通りには男性の身長を超える大きな雪だるまがあり、その手前では雪が降る中、大勢の人々が列をなして歩いている(図4-14、口絵9)。江戸では安政二年一二月二〇日に雪が降り、積雪は一尺(約三〇cm)に達したという(『武江年表』)。気象庁の統計によれば、一八七五年六月以降、東京の観測史上第一位の積雪は四六cm(一八八三年二月八日)、第五位が三一cm(一八八七年一月一八日)である。これをふまえると、安政二年一二月二〇日の雪も記録的なものであり、絵巻にはそれが表現されていると見てよい。

大雪の四日後までの一カ月あまりにわたって、町会所では御救米を配布していた。それを町単位で受け取るため、名主には次のような通達が出されている(『撰要永久録』)。

このたび地震につき、その日稼ぎの者家内人数に応じ御救下され候間、各様御書き出しこれあり候人別の分、一軒別に当人米入れ物用意致し、銘々家主印形御持たせ、各様御自身、明後十日晴雨とも朝正六つ時参着の積り御出勤成さるべく候。もっとも、なるべくだけ当人罷り出、もし、病気に候はば、幼年者相除け家族の内罷り出申すべし。

事前に調査して書き出した通り、一軒ごとに御救を受ける当人が米の入れ物を用意し、家主は印形を持ち、名主自身が当人たちを召し連れて、晴雨にかかわらず、あらかじめ指定された日時に町会所に出るよう指示されている。なるべく当人が出ることとし、病気の場合は家族が出るように、とのことであった。配布の対象となったのは三八万人余（『武江地動之記』）で、一日に三千人近い人々が家族の人数分の米を受け取りに居町と町会所を往復していたことになる。

右の記述をふまえると、「江戸大地震之図」において、雪が降っていても幼子を背負った女性を含む大勢の人々が包みを携え、町名を記した旗を先頭に歩いているのは、町ごとに並んで御救米を受け取りに行く様子を忠実に表現したものと見てよい。こうした細部の描写は文献史料から知られる事実と符合し、「江戸大地震之図」の史料的価値の高さを示している。絵巻を長尺の絵画史料として見直せば、時間の経過とともに、文字だけでは伝わりにくい状況やその変化を視覚的に理解することもできるのである。

図 4-15　地震による倒壊と被害

被害の描写

「江戸大地震之図」で何より目を引かれるのは、地震や火事による被害の描写である（図4-15）。通りの向こう側では、倒壊した町家の下敷きになった者の姿が散見し、圧死者が多かったという安政江戸地震の特徴を反映している。町家の軒先の井戸からは水が噴き出しており、大きな揺れによって、井戸に上水を供給するため地中に埋設されていた木樋が破損したり、継手がずれたりしたことをうかがわせる。

かたや、通りを挟んで町家と向かい合う大名屋敷では、表長屋が倒壊したものの、死者は出ていない。被害について書き上げた史料の記述と絵巻に見える状況が一致することなどから、そこは薩摩藩芝屋敷と判断される。倒壊した表長屋の描写も、芝屋敷の推定震度五～六（宇佐美、二〇〇三）と矛盾しない。

図 4-16　炎に包まれる町並みと避難する人々

地震が起きたとき、外に飛び出した人々は身一つであったが、屋敷の先で町並みが炎に包まれていくと、家財道具を持ち出して路上などに避難する人々の姿が描かれる（図4-16）。傾く家を丸太で支えようとする者などはいても、鎮火に近づくまで火消による組織的な消火活動は見られない。

名主による記録には「この夜、武家・町とも自己の家にかかずらいて、火消の人夫馳せ集まることなく、水を灑ぎ、火を滅すべき者さらにこれなし」（『武江地動之記』）とあり、町奉行所の与力も「暁に至りて下火をしめし、漸くと人数も残りて持場に〳〵集まったのである」（『安政大地震実験談』）と後年語っていることから、この描写もそうした状況を反映したものと考えられる。

ようやく鎮火した後には、もう一つの大名屋敷が焼失した状態で立ち現れ、そこから死者が何人も運び出されていて、被害の状況や程度はさまざまであったこ

図 4-17　瓦礫の片付けと仮屋の設営

とを印象付けている。

復興への歩み

この絵巻が注目されるのは、被害からの復旧の様子が時間を追って具体的に描かれているからでもある。火事がおさまった後、町方では瓦礫を通りに運び出して地面をならし、木などで作った骨組みに葭簀をかぶせたり、建具を組み合わせたりして屋根を掛け、仮屋の設営が始まる（図4-17）。その傍らでは、焼け残った井戸に竿を入れる者、井戸から桶を運んでいく者もいる。地中の木樋が破損を免れ、竿の先に付けた桶で水を汲める状態にあったこうした井戸は、生活基盤を復旧していくうえで大きな役割を果たしたはずである。

仮屋ができてその中で過ごす人々の姿も見える中、建築資材を担いだ者などが通りを行き交い、そこに出された瓦礫は町家の軒の高さまで積み上

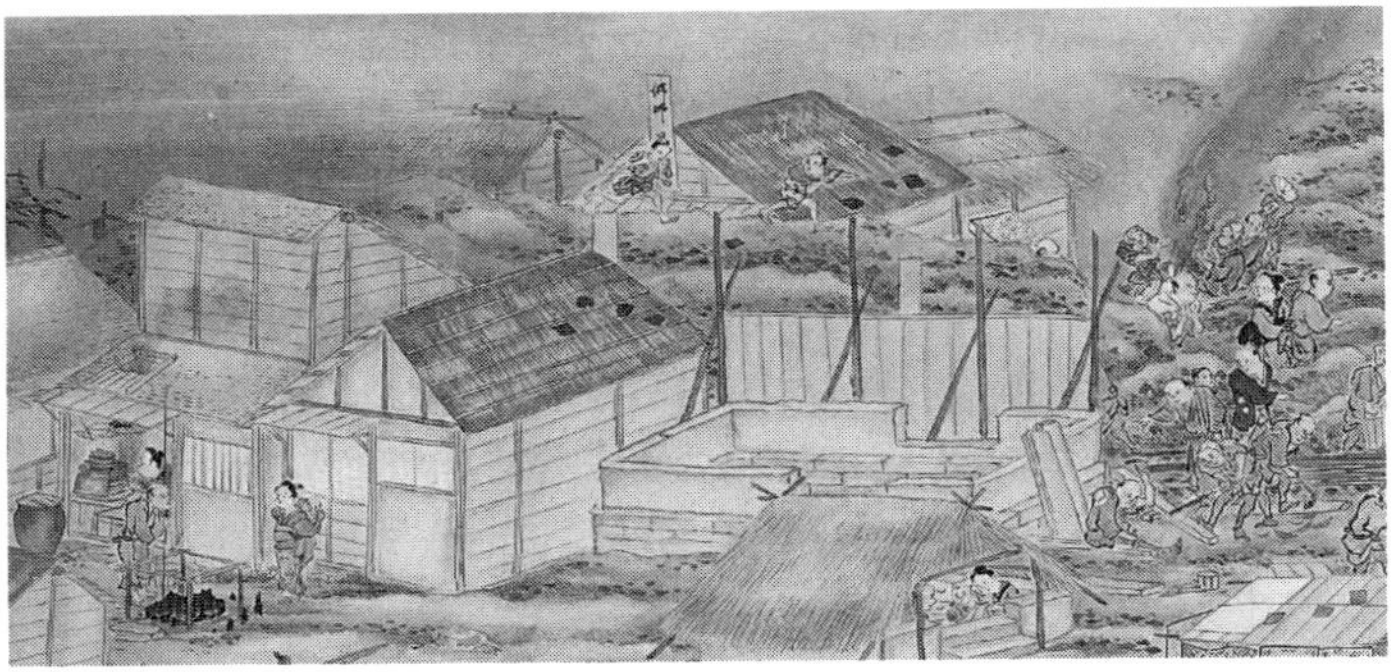

図 4-18　路上に積み上げられた瓦礫

がっていく（図4-18）。町家の裏で男性が竿を入れている井戸は、焼けた井筒に井桁を組み直してあり、町家の入口には井戸から汲んだ水を蓄える甕が置かれて、中では炊事の最中である。画面が進むに従い、人々が被災前の生活を取り戻していく様子がうかがわれる。

通りの瓦礫が片付けられ、大雪で雪だるまが作られる頃には、通りに残っていた仮屋や傾いた家を支える丸太も消えている（図4-14）。通りを進んで行くと巻末の堀端に至るが、そこから望む城の石垣や見附門の瓦は崩れたままで（図4-13）、町方と違って修復は進んでいない。

巻末の景観年代は安政二年の末と判断されるため、「江戸大地震之図」は地震の直前から約三カ月の幅をもって江戸の状況を表現していることになる。絵画史料として検討してみると、そこには地震や火事による被害だけでなく、幕府による救済や人々が生活を立て直す過程が描き込まれており、町方では年内に復旧がある程度進んだことが読み取れるのである。

四—五　関東地震の繰り返しと長期評価

前節まで、および表4-1（167頁）にまとめられているように、関東地震は大正（一九二三年）、元禄（一七〇三年）に加えて、明応（一四九五年）および正応（または永仁、一二九三年）の四回が知られている。地震調査委員会（二〇一四）は、これらの履歴に基づいて、将来の発生確率を計算した。この評価時点（二〇一四年）では、明応の関東地震については確定していなかったことから、過去の三地震あるいは四地震の二ケースについて検討している。

これらの地震の発生間隔は、正応〜明応は二〇二年、明応〜元禄は二〇八年、元禄〜大正は二二〇年であり、四地震の平均発生間隔は二一〇年である。明応地震を外すと、正応〜元禄は四一一年となり、これと元禄〜大正の二二〇年を平均すると三一五年となるが、そのばらつきは大きい。

地震は時間的にランダムに発生するというポアソン過程に基づく場合は、将来の発生確率は平均発生間隔のみに依存する（二—五節参照）。一二九三年以降の平均間隔は、三地震の場合は三一五年、四地震の場合は二一〇年なので、今後三〇年間の発生確率は、三地震だと九％、四地震だと一三％となる（表4-2）。過去に発生した地震の数が多いほど平均間隔が短くなり、将来の発生確率は高くなる。

一方で、地震はある程度規則的に発生するというBPTモデルを採用すると、二〇二〇年からの三〇年間の発生確率はそれぞれ二％、〇％となり、四地震に基づく方が確率が下がる。これはなぜであろうか？　BPTモデルについては、平均繰り返し間隔のほかに、ばらつきもパラメターとなる。ば

表 4-2　関東地震の発生間隔と今後の発生確率（2021 年現在）

関東地震	平均活動間隔	ばらつき（α）	今後 30 年間の発生確率 BPT	ポアソン
3 地震（1293, 1703, 1923）	315 年	0.45	2%	9%
4 地震（1293, 1495, 1703, 1923）	210 年	0.04	0%	13%

らつきは地震の繰り返し間隔のピーク（図2-21、112頁）の幅（裾野の広がり方）に対応する。ばらつきが小さい場合（より規則的な場合）は、平均値（今の場合は約二百年）の周りに鋭いピークを持つのに対し、ばらつきが大きい場合（規則性が低い場合）には、平均値（今の場合は約三百年）の周りに広い裾野を持つ分布となる。これらに対応して、将来の発生確率についても、ばらつきが小さい場合は、地震発生直後から平均発生間隔（二百年）に近くなるまでずっと確率が低く、二百年近く経つと繰り返し間隔に近づいて突然上昇する（図4-19）。一方、ばらつきが大きい場合は、地震の直後から確率は比較的高く、その増え方は緩やかである。大正関東地震から約百年しか経っていない二〇二一年から三〇年間の確率については、ばらつきが大きい三地震データを使った方が、ばらつきが小さい四地震データを使った場合よりも確率が大きくなるのである。あと百年近く経つと、ばらつきが小さい場合は確率が急激に上がり、その値も大きくなるので、状況は逆転する。

首都直下型地震の発生確率

関東地方で発生するさまざまなタイプの地震のうち、図4-2（168頁）

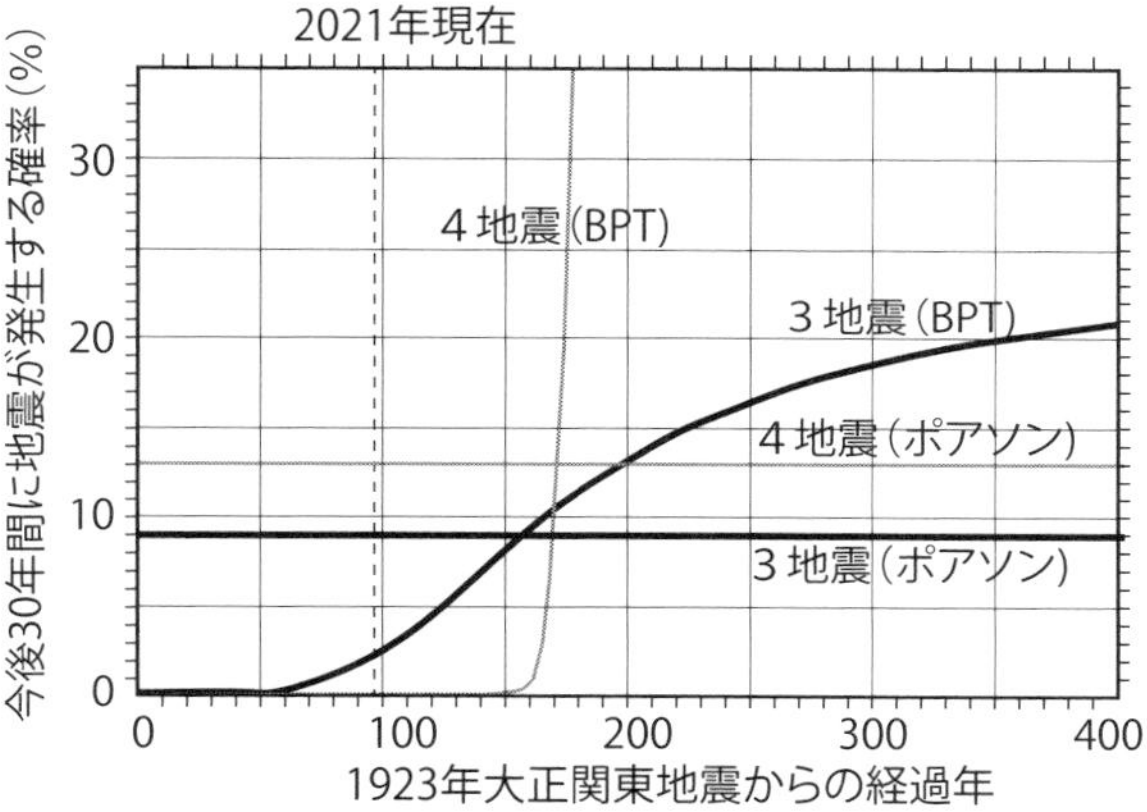

図 4-19　関東地震の発生確率（地震調査研究推進本部，2014 を改変）

の③～⑤については、地震調査委員会の長期評価では「プレートの沈み込みに伴うM７程度の地震」としてまとめられ評価されている。これらの地震についてタイプ（③から⑤）を区別することは難しいので、すべてを合わせると、元禄関東地震（一七〇三年）から大正関東地震（一九二三年）の間（二二〇年間）にM７クラスの地震が九回発生している。また、前半（元禄関東地震の直後）は比較的静穏なのに対し、後半（大正関東地震に近づく）につれて活発になっている。一九二三年以降は、一九八七年千葉県東方沖地震（M７）しか発生していない。また、短期間に連続して発生する場合がある。たとえば一八九四～五年にかけては三個、一九二一～二年にかけて二個発生している。地震の発生間隔は一年未満～七一年と大きくばらついているが、二二〇年間に九個だと平均は二七・五年となる。ポアソン過程に基づくと、今後三〇年間の発生確率は、七〇%となる。また、最近（一九七七年以降）発生したより小さい規模（M４）までのデータにグーテンベルグ・リヒターの関係（一章コラム4参照）を当てはめると、M7程度の地震の平均発生間隔は一九〜二九年程度であり、過去（江戸時代）のデータからの推定値と矛盾しない。

五章　歴史地震研究の歩みとこれから

地震史料集の編纂と歴史地震学の歩み

現在の地震学は、地球物理学的理論（弾性体力学など）と地震計などに記録されたデータの解析とに基づいている。日本における近代的な地震学を始めたのは、明治政府に雇われて来日した「お雇い外国人」であった。明治五年（一八七二）には東京で地震計による地震観測が開始された。また、明治一三年（一八八〇）の横浜地震をきっかけとして、日本地震学会が設立された。

明治二四年（一八九一）に発生した濃尾地震はM8クラスの内陸地震で（三章コラム13参照）、岐阜県を中心に七千人を超える死者を出した。この地震を契機に、政府に震災予防調査会が発足した。この調査会は一八の事業を掲げているが、その中に「古来の大震に係る調査即《すなわち》地震史を編纂する事」が含まれており、田山実（小説家田山花袋の長兄）が中心となって一八九九年に『日本地震史料目録』が出版された。この目録には四一六年から一八六四年までの約二千個の地震が列挙されている。さらにその典拠となった史料は、一九〇四年に『大日本地震史料』(二冊)として刊行された。

田山実は震災予防調査会の事業にかかわる前年までは、東京帝国大学文科大学史料編纂掛に所属していた。現在の東京大学史料編纂所である。史料編纂所では一九〇一年に、現在も刊行の続く同所の基幹史料集『大日本史料』の第一冊目を刊行している。『大日本史料』は日本の内外に残る日本史史料を収集し、年月日順に並べていく形式の史料集であるが、単純に年月日順にするわけではなく、密接に関係する史料は、前後の日付のものであっても一つの群にまとめ、そのまとまりに一つの「綱文」(できごとの概要を示した簡潔な文章)を与えている。そして、その「綱文」の下に、できごとを具体的に記した史料を並べていくスタイルをとっている。『大日本地震史料』はこの『大日本史料』と同じスタイルをとっており、その後に続く地震史料集もこれにならっている。これは田山自身が『大日本史料』の編纂にかかわっていたためであろう。地震学と歴史学の協力関係は、明治中期からすでに始まっているのである。

大正一二年(一九二三)の関東大震災の後、震災予防調査会は廃止され、東京帝国大学に地震研究所が設立された。地震研究所の嘱託として、武者金吉が地震史料を精力的に収集した。武者は田山の編纂した『大日本地震史料』に新たな史料を加えて、一九四一~四三年に『増訂大日本地震史料』全三巻(文部省震災予防評議会)を刊行した。戦後の一九五一年、その続編にあたる『日本地震史料』を自費出版している。これらには、約八四〇〇個の地震記録が含まれている。これらの史料集を用い

表5-1　日本で刊行された地震史料集

史料集名	編集者	収集期間	刊行年	ページ数
大日本地震史料	田山　実	1893-1903	1904	1201 p
増訂大日本地震史料	武者金吉	1928-1938	1941-1951	3789 p
新収日本地震史料	宇佐美龍夫	1972-1994	1981-1994	16999 p 以上
日本の歴史地震史料拾遺	宇佐美龍夫	1995-	1995-	6448 p 以上

て、大森房吉や今村明恒ら地震学者による前近代の地震に関する先駆的研究が行われている。

一九六五年に始まったいわゆる「地震予知計画」の第四次五カ年計画（一九七九年〜）以降、長期的地震予知に関連する基礎調査として、史料地震学的調査が挙げられた。これを受けて、地震研究所の宇佐美龍夫らによって地震史料の収集が再開され、武者の仕事を引き継いで『新収日本地震史料』全二一冊が刊行された。宇佐美は同研究所を退職後も地震史料の収集を続けており、現在までに『日本の歴史地震史料拾遺』八冊が刊行されている（表5-1）。

史料を用いた地震研究の本格化

地震史料集の刊行の進行に伴って、史料を活用して明治初期以前の地震を研究する動きも活発となった。明治初期以前に発生した地震についての研究には、文献史料や絵画史料に基づく方法と、地形・地質的な痕跡（液状化・津波堆積物・海岸段丘など）に基づく方法がある。研究者たちは、前者を「歴史地震学」、後者を「古地震学」と呼んで区別している。日本では、歴史地震学によっておよそ千年前まで、古地震学だと数千年〜数万年前まで遡ることが可能である。

宇佐美は自らが収集した史料に基づき、被害地震の発生日時・震源・規模を推定し、『日本被害地震総覧』（一九七五）、『歴史地震　古記録は語る』（一九七五）を刊行した。これによって、明治初期以前に起きた大きな地震のおおまかな状況が知られるようになった。また宇佐美は、一九八四年に歴史地震研究会を立ち上げた。歴史地震研究会は、理学・工学・歴史学・社会学・防災科学など広い分野の研究者・実務担当者・郷土史家・報道関係者などが参加し、現在も毎年一回の研究会を開催し、会誌『歴史地震』を発行している。

同じ頃、石橋克彦は史料を用いて、東海地震の予想を示し、当時の社会で大きな反響を呼んだ（53頁・110頁参照、石橋、一九七七、一九九四）。また飯田汲事『明応地震・天正地震・宝永地震・安政地震の震害と震度分布』（一九七九）、同『天正大地震誌』（一九八七）、萩原尊禮編著『古地震（正・続）』（一九八二、八九）などの刊行も相次いだ。萩原の研究には史料編纂所の山本武夫が深くかかわっており、地震学と歴史学の協力関係の成果となっている。

歴史学の分野での地震災害研究が始まったのもこの頃である。北原糸子『安政大地震と民衆』（一九八三）は、歴史学からの地震研究の始まりを告げる著書である。

阪神・淡路大震災を経験して

このように一九七〇年代半ばから本格化した歴史地震研究であるが、六〇～八〇年代は、日本国内では大きな被害地震が少なかったこともあり、東海地震説を除けば、近代以前の地震に関する関心は、社会でも歴史学界でもあまり高まらなかった。その状況が動いたのは、一九九五年の阪神・淡路大震災（三章参照）の後である。震災後、政府の地震調査研究推進本部が発足し、同本部の地震調査委員会において「地震発生可能性の長期評価」がなされ、その結果が公表されることになった。内陸の主要な活断層で発生する地震については主として「古地震学」の調査結果に、海溝型地震については主に歴史地震のデータに基づき、将来発生しうる地震の規模や一定期間内に地震が発生する確率を予測したものを公表している。

地形・地質的な痕跡に基づく「古地震学」は、歴史史料では数百年程度しか遡ることのできない米国などで発展した。カリフォルニア州では、サンアンドレアス断層というプレート境界の活断層が陸上に位置し、大地震が繰り返し発生している。断層によって変位した河谷や、断層を掘削するトレンチ調査によって、過去の大地震の履歴が調べられた。米国北西部は、南海トラフと同様な沈み込み帯に位置するが、数百年以上前のプレート間の巨大地震の発生は歴史記録に残っていないことから、海岸付近の地形（段丘）や地層（津波堆積物）に基づく古地震学が発展した。

これらの古地震学的手法は日本にも導入され、活断層のトレンチ調査（三章コラム12参照）は一九八〇年頃から各地で行われるようになった。阪神・淡路大震災後は、国の基盤的調査の一環として、全国の約一〇〇断層を対象に地質調査所（現在は産業技術総合研究所）を中心に系統的に実施された。地質調査所では同じ頃から津波堆積物などの沿岸地質に基づく古地震研究も開始し、北海道や東北地方の沿岸で過去の大地震の痕跡を見出した。津波堆積物の研究は、東日本大震災の後に、より多くの研究者によって全国規模で行われるようになっている。

また、寒川旭は地層に残された噴砂の痕跡から、過去の地震を探求するという独自の研究方法（地震考古学）を開拓した（寒川、一九九二）。噴砂の痕跡は津波堆積物とは違い内陸部にも残されているため、人の生活痕跡のある考古遺跡で発見されることも多く、地震の発生年代もある程度絞り込める。そのため、噴砂調査は、現在行われている考古学的な地震研究の有力な方法となっている。

寒川の研究は阪神・淡路大震災前に開始されたものであるが、阪神・淡路大震災ののちは、歴史学でも過去の地震に関心が持たれるようになり、北原『磐梯山噴火』（一九九八）、矢田俊文『中世の巨大地震』（二〇〇八）、同『地震と中世の流通』（二〇一〇）などが刊行されている。静岡県では一九九六年、地震学と歴史学の研究者が執筆者となって『静岡県史自然災害編』二冊を刊行している。石橋克彦によって、後述する「［古代・中世］地震・噴火史料データベース」の構築が、歴史研究者との協業によって始まるのもこの時期である。

ただ、当時の日本史学界では、地震という自然現象や人々の対応そのものよりも、地震によって被災した資料の救出・保全の問題がより多くの関心を集めた。阪神・淡路大震災では、古くから都市化していた地域が被災したこともあって、多くの歴史資料が失われた。そのため、被災時の史料の緊急保全の仕組みの構築や、万一の被災に備えて、史料の撮影データを作成しておくことが歴史学界での焦眉の課題となった。地震研究そのものは、研究者個人の努力に負っている面が強かったといえる。

コラム19　日本の史料から明らかになった北米の地震

北米北西部の沖合にあるカスケード沈み込み帯（図5-1）では、ファンデフカプレートが北米プレートの下に沈み込んでおり、日本海溝や南海トラフと同様な沈み込み帯であるが、巨大地震の発生は知られていなかった。この地域の文書記録は西暦一八五〇年頃以降しか存在せず、それ以前に巨大地震が発生していたとしても、文献史料に残っていない。いっぽう、先住民の言い伝えとして、昔、冬の夜に地震と洪水が発生した、というものが知られていた。

一九九〇年頃から行われた古地震学的研究によって、過去の巨大地震の発生を示す痕跡が発見されてきた。海岸の急激な沈降を示す地層（砂丘で堆積した砂や土壌の上に、海中で堆積した泥層が堆積している）や津波堆積物、立ち枯れした巨木（土地が沈降して海水が入ってきたため枯れてしまった）などである。これらの証拠の放射性炭素年代測定から、最新の地震は約三百年前に発生していたことがわかった（Atwater *et al.*, 2005）。

三百年前は米国では先史時代になるが、日本では江戸時代である。もし、この巨大地震が津波を発生していれば、太平洋を伝播して日本に被害を起こし、記録されているかも知れない。そこで、日本各地の日記史料などを調べてみたところ、元禄一二年

図5-1　米国西部の地図　カリフォルニア州では陸上のサンアンドレス断層で，オレゴン・ワシントン州の沖ではカスケード沈み込み帯で大地震が発生する．

一二月八日（一七〇〇年一月二七日）の夜に、現在の岩手県、茨城県、静岡県、和歌山県の六カ所で津波による被害が記録されていた。津波は『盛岡藩雑書』、『三保村用事覚』、『田辺町大帳』などの史料に記録されており、地震もないのに津波がきた、津波による流出に加えて火事で焼失、田畑に被害、住民が避難した、などと書かれていた。

この被害は、同じ日に東北から近畿地方まで記録されていることから、高潮などの気象的な要因ではなく、太平洋を横断して日本に到達した遠地津波によるものと考えられる。環太平洋における各地での地震の可能性を一つ一つ検討した結果、津波の波源は北米の太平洋岸である可能性が高いことがわかった。津波波源が北米であるとすると、日本に津波が到達した時刻から、地震の発生時を推定できる。津波が太平洋を伝播するのに約十時間かかることや、日本と米国との時差を考慮すると、地震が起きたのは、米国西海岸時間で西暦一七〇〇年一月二六日午後九時ごろと推定された。これは、先住民の言い伝えとも一致し、さらに、立ち枯れた巨木の年輪の調査から、一番外側の年輪は一六九九年であることが示された。

カスケードの断層モデルに基づいて太平洋を横断する津波のシミュレーションを行い、日本沿岸で計算された津波の高さと、文献史料に記録された被害とを比較することによって、地震の規模も推定された。その結果、地震は長さ一一〇〇km、すべり量一四mというM9クラスの超巨大地震であることがわかった。また、北米での古地震調査からはさらに古い地震の痕跡も発見されており、巨大地震の発生間隔はばらつきがあるものの、およそ五百年程度と、東北地方の超巨大地震と同程度であるとされている（一―三節参照）。

東日本大震災の衝撃

歴史地震研究の状況がさらに動いたのは、二〇一一年の東日本大震災(一章参照)の後である。九世紀に起きた大地震に類似した地震が起きたことで「千年に一度の地震」と呼ばれ、過去の地震に対する社会の関心は一挙に高まった。地震学界だけでなく、歴史学界の受けた衝撃も大きく、近代以前の地震災害に言及した図書が多数刊行された。

さらに、科学技術・学術審議会の建議を受けて、二〇一四年から「災害の軽減に貢献するための地震火山観測研究計画」が開始された。これは、一九六五年に始まった地震予知計画を継承するもので、全国の大学や研究機関が参加している。計画の推進のため地震・火山噴火予知研究協議会(以下、予知協と略す)が東京大学地震研究所に置かれている。

予知協は、いくつかの計画推進部会を設置して、地球物理学的な手法を中心とする地震研究を進めてきた。「千年に一度の地震」を受け、二〇一四年、予知協に計画推進部会の一つとして「史料・考古部会」が設置され、全国の大学や研究所の地震学と歴史学の研究者が連携して、新たな史料の収集・研究や、地震史料データベースの構築を行うこととなった。組織的な歴史地震研究の体制が作られたのである。現在、東京大学、名古屋大学、新潟大学、東北大学、奈良文化財研究所が参加している。また近年設立された新潟大学災害・復興科学研究所や東北大学災害科学国際研究所では、過去の地震についての研究が研究事業の一つの柱とされている。

東京大学では、二〇一七年に地震研究所と史料編纂所が協力して地震火山史料連携研究機構を設置し、地震学と日本史学の研究者が共同で新史料の収集、地震史料のデータベース化、歴史地震の研究を始めることとなった。

地震史料データベース

既存の地震史料集は膨大な史料調査に基づいて編纂されたもので、これ自体が貴重な研究資源であり、学術遺産ともいえるが、いくつかの課題点も残されている。一つは掲載された史料の評価に関するもの、もう一つは紙媒体であることである。

既存の地震史料集は、主に地震研究者によって史料の収集・刊行がなされたため、歴史学において基本となっている「史料批判」(史料の成り立ちや伝来過程を調べて、その信頼性を検討すること)がなされていない。既刊の地震史料集に収録されている史料には、一次史料と二次史料、さらには三次史料が混在しており、収録された史料の信頼性は一様ではない。史料の信頼性が低ければ、それから得られる地震像の信頼性も低くなり、極端な場合、地震の存在が否定されることもある。実際、その存在が否定された地震もいくつかある。この問題を解決するには、日本史の研究者と協力して、地震を記した史料がいつ、何のために作成されたものなのか、記述内容はどの程度信頼できるのかなどについて、検討することが必要である。

二つ目の課題に関しては、テキストデータベース化することが有効である。既刊の地震史料集は、明治・大正期の刊行以来、紙媒体で増補に増補を重ねてきたため、同じ年月日の地震が史料集全体のあちこちに収録されることになった。そのため、一つの地震の全体像を知ろうとしても、何冊もの本を開いてめくる、ということを繰り返さなければならない。また総ページ数は三万ページに及び、自分の住む場所の地震履歴を調べようとしても、どこを見ればいいのか容易にはわからない。テキストデータベース化することによって、年月日や地名、任意のキーワードによる検索が可能となり、こうした問題が解消されるはずである。

テキストデータベース化は、古代・中世史料についてはすでに実現し、公開されている。二〇〇三年から石橋克彦が代表となって「[古代・中世]地震・噴火史料データベース」が構築されてきた。このデータベースは一四名の日本史・地球科学・情報工学の研究者の共同作業の成果で、二〇〇九年に一般公開された。西暦四一六年から慶長一二年一月(一六〇七年二月)までの約三千件の地震・火山噴火の史料が掲載されている。このデータベースでは、既存の史料集に掲載された史料をそのままテキスト化するのではなく、日本史研究者によって、刊本あるいは写本に遡って照合するという校訂作業を行い、史料の信頼性についてもA~Dの等級を付けた。情報学研究者の協力を得て、テキストデータベース化にあたっては、XML(Extensible Markup Language)を用いて日付・史料名などにタグ付けを行っている。

現在、東京大学地震火山史料連携研究機構では、この取り組みを引継ぎ、近世史料のテキストデータベース化を進めている。OCRやテキストデータの構造化など、情報工学の進展にささえられ、遠からず公開できる見込みである。

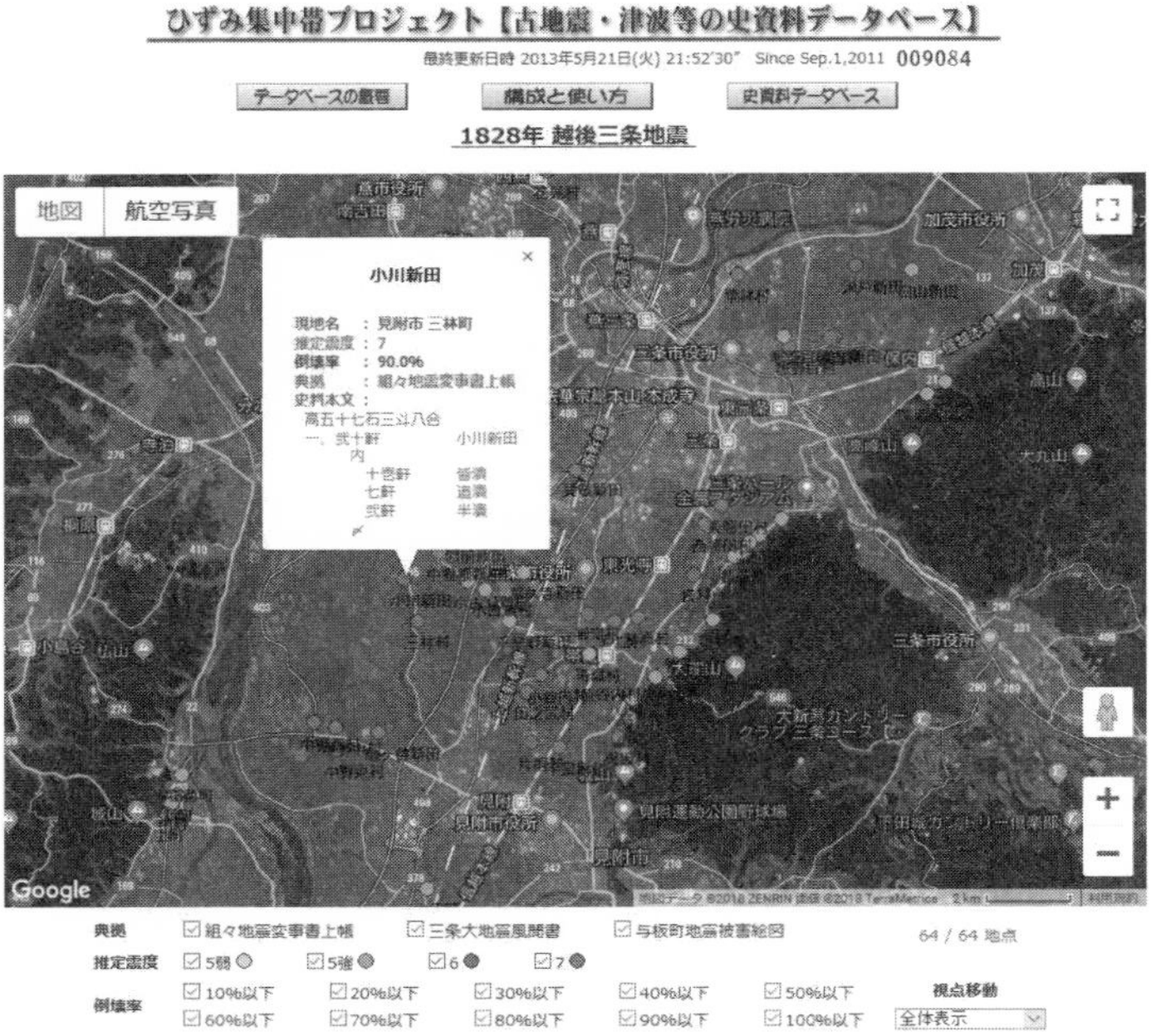

図 5-2　1828 年越後三条地震の史料と推定震度

さらに、データベース化された史料に現れる地名に位置情報を与えることによって、文献史料に見える地名を地図上に表示させる仕組みを構想している。試作された事例を掲げておこう。図5-2は文政一一年(一八二八)に発生した越後三条地震について、史料に記された各地の家屋被害、それから計算された家屋倒壊率、および震度分布を示したものである。このように、史料中の地震による被害の記載を、地図とリンクしたデータベースとして表現することが可能になれば、だれもが容易に原典に戻って再検討することができ、客観的な評価を与えることができるようになるだろう。

また、地震火山史料連携研究機構では、既刊の地震史料集に収録されていない地震の記事の収集や調査にも取り組んでいる。これまでの歴史的な地震の研究は被害を生じさせた比較的大きな地震についての研究が中心だった。しかし、大地震の前後にどのような小さな震動が感知されていたのか、数十〜数百年の長い期間で見た場合、そうした有感記録の数に変化はないのか、といった情報も地震研究のためには必要なことである。そのような観点から、現在、日記史料に注目して研究が進められている。

日記史料は組織や個人によって長期間記録された史料である。一六世紀以前は京都や奈良などで記されたものに限られるが、一七世紀以降は江戸などで増え、一八世紀以降は藩役所、町・村の役人、知識人・商人などの手で記されたものも多くなり、全国に現存している。当時の人々には地震発生のメカニズムについての知識はまったくないから、地震を天気と同じような感覚でとらえていたらしく、被害を生じない小さな揺れであっても、地震を感じれば、日々の天気を記したあとに「地震」と記している。日記に記述されている地震動は、生活活動の中で感知されたものになるので、震度二以上のものが多いとされるが、詳しい記事だと、発生時刻（ほぼ二時間単位、コラム1参照）、揺れの大きさ、被害の状況などが記されている場合がある。

図5-3は安政の東海地震・南海地震前一〇年間の、各地の日記から知られる地震動が感知された日数を年ごとに示したものである。まだ調査途中のものであるが、南海トラフに近い太平洋岸では日数に目立った変化はなく、むしろ山陰や内陸各地で震動の増えていた様子がうかがえる。こうした状

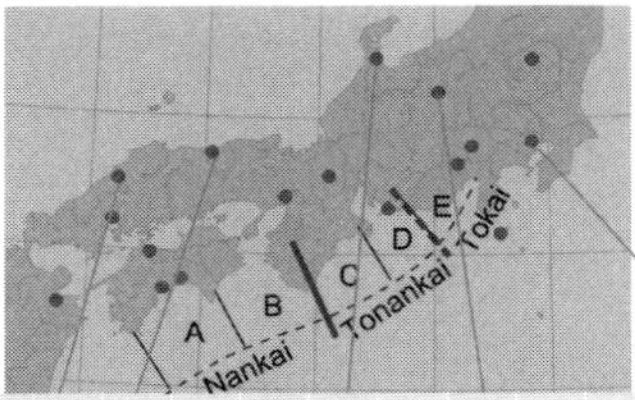

	大分	広島	伊予小松	土佐春野	土佐赤岡	石見邑智	鳥取	池田	近江八幡	氷見	田原	信濃麻績	富士宮	塩山	新島	江戸	日光	湯沢	
弘化1	4	1		—	0	2	—	2	1	1		—	2		—	7	2	1	
弘化2	1	0		—	2	1	—	0	2	2		—	1	1	4	2	0	1	
弘化3	—	1	0	—	3	3	—	0	2	0		—	0	0	2	7	2	0	
弘化4	1	0	0	—	3	6	—	4	8	10		—	—	0	1	11	8	0	善光寺地震
嘉永1	4	0	1	0	2	0	—	2	7	3	0	—	0	0	3	8	1	0	
嘉永2	2	0	0	—	4	10	20	5	2	1	0	0	0	2	0	16	2	0	
嘉永3	2	1		0	1	0	3	2	0	1	0	1	3	0	0	16	3	0	
嘉永4	1	0	0	1	0	0	1	0	1	0	0	3	1	1	0	6	2	1	小田原地震
嘉永5	1	0	0	—	2	1	3	0	1	1	0	4	0	1	—	—	1	1	
嘉永6	2	1	1	0	2	7	1	1	2	—	0	20	4	—	1	—	5	1	
安政1	16	21	33	15	22	26	18	29	35	8	—	16	29	7	2	17	7	1	東海・南海地震
安政2	8	34	23	24	—	36	6	17	30	14	2	19	29	2	3	52	10	7	江戸地震
安政3		12	3	5	—	12	1	1	6	2	2	17	6	2	0	43	8	6	
安政4		—	—	4	—	—	13	4	1	3	1	33	5	3	0	32	7	1	
安政5		14	0	11	—	—	3	—		12	5	12	6	3	0	28	10	4	
安政6		14	10	—	—	—	3	—		1	1	9	4		0	—	7	2	
万延1		9		1	—	—	1	—		—	1	5	3		0	—	12	1	

図 5-3　安政地震前後の各地の有感地震日数

況は昭和の東南海・南海地震前と似ている。今後、こうした調査をより長い期間で、調査地点も増やして実施する計画である。

なお、地震火山史料連携研究機構では日記史料の収集・データベース化を行っており、嘉永七年（一八五四）〜安政三年（一八五六）の有感地震について公開している（http://wwweic.eri.u-tokyo.ac.jp/HEVA-DB/）（口絵10）。

歴史地震学の国際標準

歴史地震研究にも国際的な視点が重要である。史料を用いた歴史地震研究は、ヨーロッパや中国などの諸外国でも盛んに行われている。ヨーロッパでは、過去約三〇年間に歴史地震研究に関する国際共同プロジェクトがいくつか実施されてきた（最新のものはEuropean Archive of Historical Earthquake Data,

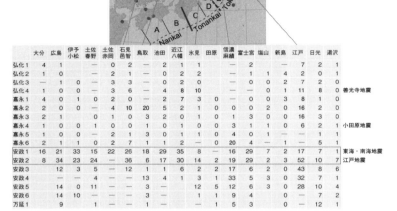

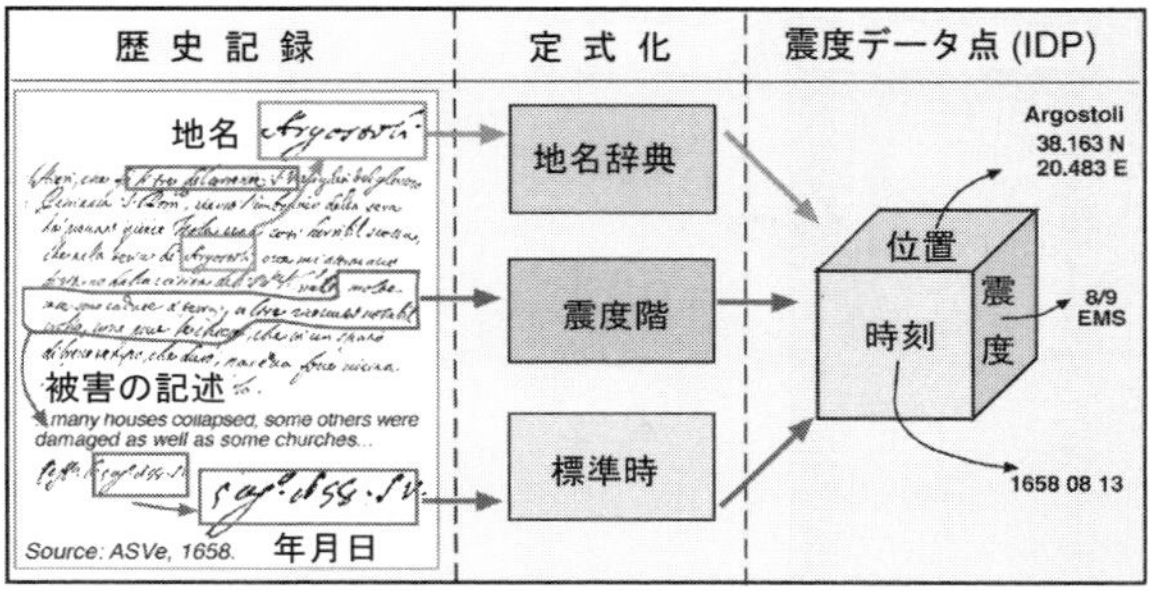

図 5-4　IDP（震度データ点）の概念図（Stucchi *et al.*, 2000 を改変）

AHEAD）。その結果、いくつかの国際的な標準が作られている。まず、一次史料と二次史料とを区別するため、史料やカタログが基づく根拠を系統図として示すこと、カタログの根拠となるデータとその根本史料とを区別する（それぞれをRoot, Sourceと呼ぶ）などの規則が打ち出されてきた。

また、歴史地震研究の成果は震度データ点（IDP: Intensity Data Point）として定量化されている。ＩＤＰとは、史料から地震被害の記録されている日時・場所・震度を抽出し、共有のデータベース化しようというものである（図5-4）。ＩＤＰデータはイタリア（DOM）、フランス（SISFRANCE）、ヨーロッパ各国（EMID）、米国（NOAA）、南米（CERESIS）などで構築・公開され、確率論的地震危険度の予測などに用いられている。

日本では、このような国際標準に対応するものとして、史料の信頼度については、歴史研究者とともに、史料の成立時期、依存関係が調べられている。前述のように、既刊の史料集では史料の吟味が十分になされていなかったが、データベースにおいては、信頼度を等級付けするなどの改善がなされ始めている。ＩＤＰに対応するものとして、一九一九年以降については、気象庁によって震度データベースが構築されており、ウェブサイトにおいて検索や簡単な統計処理、データのダウンロードが可能である。気象庁データとの連続性を視野に入れたＩＤＰカタログを構築していく必要がある。

歴史地震研究の現在とこれから

これまでに収集された地震史料は膨大であり、カタログひとつをとっても、大部な研究成果である。過去に発生した地震・火山噴火の情報は、今後の災害への備えにも役立つ情報であることは間違いない。しかし、防災などに研究成果を利用する場合も、必要な情報がどこにあるのか、すぐに知ることは難しいのが現状である。新規に歴史地震研究を始めようとするときにも、どこから手をつけてよいかわからないことだろう。

その意味において、先に述べたように、地震史料のデータベースをつくり、また国際基準に準じた形で史料や研究成果を整理し公開していくことは、今後の歴史地震研究の発展に大きく寄与するはずである。さまざまな分野の研究者や次世代を担う人々の参加を得ること、研究の裾野を広げ、より広い関心を集めることにもつながる。

地震火山史料連携研究機構では、データベースの構築とあわせて人材育成もテーマとしている。「はじめに」でも述べたように、二〇一九年度から東京大学教養学部前期課程の学術フロンティア講義「歴史史料と地震・火山噴火」を開講し、多くの学生が受講した。また、歴史地震研究会への学生の参加も増えてきている。

研究者が膨大な史料を分析するだけでなく、市民も含め、これまでに歴史地震研究に参加してこなかった人々を研究に巻きこもうという取り組みもある。「みんなで翻刻」(https://honkoku.org/)は、インターネット上に実装された歴史資料の翻刻プラットフォームである。市民参加で学術研究をすすめる、オープンサイエンスのプロジェクトでもある。当初は東京大学地震研究所図書室の石本文庫(1)の翻刻からスタートした。現在では災害史料のみならず、さまざまな史料、古典籍、仏典の翻刻にも取り組んでいる。「みんなで翻刻」は近年進歩が著しいデジタルアーカイブの活用例でもあり、海外の所蔵機関の歴史資料の翻刻も進めている。多くの歴史資料がデジタルアーカイブとして公開される中、その活用の一つの軸となるとともに、歴史地震研究に貢献できると考えられる。

歴史学と地震学、さらには情報学など関連する分野との連携や協働はこれまでも行われてきたが、さらに広く連携する動きもある。歴史資料に基づいて、地震・噴火だけでなく過去の自然現象やそれに対する人々や社会の応答を調べる研究である。たとえば、天文学や気候学・気象学とも連携して、具体的な共同研究が実施されている。調査を効率的に実施することができるだけでなく、関連する史料をもとに対話することにより、お互いの関心や手法の理解がすすみ、また、研究の新たな切り口や

(1) 石本文庫:第二代地震研究所所長石本巳四雄が収集した災害関係のかわら版、鯰絵等のコレクション。石本の収集資料は、東京大学総合図書館にも所蔵されている。

視点が得られるなど、共同研究のメリットは大きい。これは、長年続いてきた歴史学と地震学の連携において経験してきたことでもある。歴史地震研究が分野融合型の研究の実践であり、今後も核になり得るということを改めて強調しておきたい。

歴史地震は過去に発生したできごとであるため、すでによくわかっていると思われる方も多いかもしれない。しかし実際はほかの研究分野と同じく、まだよくわからないことの方が多い。たとえば、南海トラフや東北日本の巨大地震の繰り返しの履歴についても、議論のあるところであり、研究の進展により書き換えられる余地はまだまだ残っている。また、個々の地点での被害の有様やその成因、あるいは、余震や定常的な地震活動の推移など、さらに精密に分析できる可能性がある。歴史学においても、自然現象や災害といった視点を入れることによって、これまで知られてきた事実の見方が変わることもあり得る。

歴史地震に関するこれまでの研究の蓄積は膨大で豊かである。これらを踏まえ、新たな技術やアイデアを受け入れ、人材を育成し、より多くの人々の参画を得ることで、地震や火山噴火とその歴史に関する理解がより正確に、より深くなっていくと確信している。

執筆者紹介

加納靖之（かのう・やすゆき）

東京大学地震研究所・地震火山史料連携研究機構 准教授。一九七五年生まれ。京都大学大学院理学研究科博士後期課程修了、博士（理学）。京都大学防災研究所助教などを経て現職。
専門：地震学、とくに歴史地震
主要著書：『京都の災害をめぐる』（共著、小さ子社、二〇一九年）、『ジオダイナミクス 原著第3版』（共訳、共立出版、二〇二〇年）

杉森玲子（すぎもり・れいこ）

東京大学史料編纂所・地震火山史料連携研究機構 准教授。一九六九年生まれ。東京大学大学院人文科学研究科修士課程修了、博士（文学）。
専門：近世史、とくに都市社会史
主要著書：『近世日本の商人と都市社会』（東京大学出版会、二〇〇六年）、『「江戸大地震之図」を読む』（角川選書、二〇二〇年）

榎原雅治（えばら・まさはる）

東京大学史料編纂所・地震火山史料連携研究機構　教授・機構長。一九五七年生まれ。東京大学大学院人文科学研究科博士課程中退、博士（文学）。二〇一〇〜二〇一三年東京大学史料編纂所所長。

専門：中世史、とくに荘園史・交通史

主要著書：『中世の東海道をゆく』（中公新書、二〇〇八年／吉川弘文館、二〇一九年）、『室町幕府と地方の社会』（岩波新書、二〇一六年）、『地図で考える中世』（吉川弘文館、二〇二一年）

佐竹健治（さたけ・けんじ）

東京大学地震研究所・地震火山史料連携研究機構　教授・所長。一九五八年生まれ。東京大学大学院理学系研究科博士課程中退、理学博士。ミシガン大学助教授、産業技術総合研究所上席研究員などを経て現職。

専門：地震学、とくに巨大地震・津波

主要著書：『巨大地震　巨大津波』（共著、朝倉書店、二〇一一年）、『東日本大震災の科学』（共編、東京大学出版会、二〇一二年）

歴史のなかの地震・噴火——過去がしめす未来

2021 年 3 月 11 日　初　版
2021 年 5 月 10 日　第 2 刷

［検印廃止］

著　者　加納靖之・杉森玲子・榎原雅治・佐竹健治

発行所　一般財団法人 東京大学出版会
代表者　吉見俊哉
153-0041 東京都目黒区駒場 4-5-29
電話 03-6407-1069　FAX 03-6407-1991
振替 00160-6-59964

組　版　有限会社プログレス

印刷所　株式会社ヒライ

製本所　牧製本印刷株式会社

ISBN978-4-13-063716-9　Printed in Japan

索引

ア 行

カ 行

サ 行

タ　行

ナ 行

ハ　行

マ　行

ヤ 行

ラ 行

ワ 行

アルファベット

引用文献・参考文献

●口絵

国土地理院地図自然災害伝承碑 https://www.gsi.go.jp/bousaichiri/denshouhi.html

中田高・岡田篤正編（1999）『野島断層 写真と解説―兵庫県南部地震の地震断層』東京大学出版会.

●はじめに

早川由紀夫・小山真人（1997）1582年以前の火山噴火の日付をいかに記述するか―グレゴリオ暦かユリウス暦か？ 地学雑誌，106，102-104. doi: 10.5026/jgeography.106.102

●一章

岩沼市教育委員会（2016）宮城県岩沼市文化財調査報告書第16集「高大瀬遺跡・にら遺跡」.

蝦名裕一（2014）『慶長奥州地震津波と復興―400年前にも大地震と大津波があった』蕃山房.

金子浩之編（2021）特集：津波と考古学．季刊考古学，154.

河野幸夫（2007）歌枕『末の松山』と海底考古学．国文学，12月臨時増刊号，学燈社.

小山真人（2013）『富士山―大自然への道案内』岩波新書.

佐竹健治ほか（2008）石巻・仙台平野における869年貞観津波の数値シミュレーション．活断層・古地震研究報告，8，71-89.

宍倉正展ほか（2010）平安の人々が見た巨大津波を再現する―西暦869年貞観津波．AFERC NEWS, 16, 1-10.

行谷佑一・矢田俊文（2014）史料に記録された中世における東日本太平洋沿岸の津波．地震，66，73-81.

丸山浩治（2020）『火山灰考古学と古代社会―十和田噴火と蝦夷・律令国家』雄山閣.

Sawai, Y. *et al.* (2012) Challenges of anticipating the 2011 Tohoku earthquake and tsunami using coastal geology. Geophys. Res. Lett., 39, L21309.

—— *et al.* (2015) Shorter intervals between great earthquakes near Sendai: Scour ponds and a sand layer attributable to A.D. 1454 overwash. Geophys. Res. Lett., 42, 4795-4800.

Tsuji, Y. *et al.* (2014) Tsunami heights along the Pacific Coast of North-

ern Honshu recorded from the 2011 Tohoku and previous great earthquakes. Pure Appl. Geophys., 171, 3183-3215.

●二章

青島晃ほか（2013）静岡県磐田市の太田川下流域で見られる津波堆積物中の礫と砂の組成．日本地質学会学術大会講演要旨．https://doi.org/10.14863/geosocabst.2013.0_523
石橋克彦（1977）東海地方に予想される大地震の再検討―駿河湾地震の可能性．地震予知連絡会会報，17，129-132.
――（2014）『南海トラフ巨大地震―歴史・科学・社会』岩波書店.
岩橋清美・片岡龍峰（2019）『オーロラの日本史』平凡社.
宇井忠英ほか（2002）江戸市内に降下し保存されていた富士宝永噴火初日の火山灰．火山，47，87-93.
宇佐美龍夫ほか（2013）『日本被害地震総覧 599-2012』東京大学出版会.
榎原雅治（2019）『中世の東海道を行く』吉川弘文館，79-106.
大邑潤三・北原糸子（2014）宝永地震城郭被害データベース.
奥野真行・奥野香里（2017）伊勢神宮外宮の被害からみた康安元年の地震．歴史地震，32，49-55.
神奈川県立歴史博物館編（2006）『富士山大噴火』神奈川県立歴史博物館.
川辺岩男（1991）地震に伴う地下水・地球化学現象．地震，44 特集号，341-364.
国立天文台こよみの計算データベース　https://eco.mtk.nao.ac.jp/cgi-bin/koyomi/koyomiy.cgi
小山真人（2002）史料にもとづく富士山宝永噴火の推移．月刊地球，24，609-616.
――ほか（2003）富士山宝永噴火の降灰域縁辺における状況推移を記録する良質史料『伊能景利日記』と伊能景利採取標本．歴史地震，19，38-46.
佐藤孝之ほか（2018）嘉永七年「恒例関東献上使日記」と安政東海地震．東京大学史料編纂所研究紀要，28，186-204.
佐野貴司ほか（2009）富士山宝永噴火の際に千葉県佐原で採取された火山灰．伊能忠敬記念館年報，10，49-51.
地震調査研究推進本部地震調査委員会（2013）南海トラフの地震活動の長期評価（第二版）.
――（2018）全国地震動予測地図 2018 年度版．https://www.jishin.go.jp/evaluation/seismic_hazard_map/shm_report/shm_report_2018/
高野明（1954）フレガート・ディアナ号の下田遭難に関するロシア海軍省の記録．歴史地理，84(4)，27-47.
中央気象台（1946）『昭和 19 年 12 月 7 日東南海大地震調査概報』.

中央防災会議 災害教訓の継承に関する専門調査会（2005）『1854 安政東海地震・安政南海地震 報告書』内閣府.
中央防災会議 防災対策実行会議 大規模噴火時の広域降灰対策検討ワーキンググループ（2020）大規模噴火時の広域降灰対策について―首都圏における降灰の影響と対策，富士山噴火をモデルケースに（報告），内閣府.
永原慶二（2015）『富士山宝永大爆発』吉川弘文館（初版 2002，集英社新書）.
奈木盛雄（2005）『駿河湾に沈んだディアナ号』元就出版社.
西山昭仁（2003）安政南海地震（1854）における大坂での震災対応．歴史地震，19，116-138.
服部健太郎・中西一郎（2019）1707 年宝永地震と富士山宝永噴火に関する史料―富士山宝永噴火に先行した地震活動に関する記述の検証．地震，71，219-229．doi: 10.4294/zisin.2018-5
原祐一（2003）東京大学本郷構内の遺跡 薬学部系総合研究棟地点（2002 年度）富士山宝永火山灰の出土状況．『第 4 回考古科学シンポジウム』67-71.
藤井敏嗣ほか（2003）旧加賀屋敷における宝永火山灰の発見とその火山学的意義．『第 4 回考古科学シンポジウム』77-81.
富士山考古学研究会（2020）『富士山噴火の考古学』吉川弘文館.
富士山ハザードマップ検討委員会（2004）富士山火山防災マップ，富士山火山防災協議会．http://www.bousai.go.jp/kazan/fujisan-kyougikai/fuji_map/img/common_h.jpg
藤原治ほか（2007）静岡県中部浮島ヶ原の完新統に記録された環境変動と地震沈降．活断層・古地震研究報告，7，91-118.
松澤克行（2021）『基熙公記』―公家日記に残された富士山宝永噴火の記録．『陽明文庫講座　図録 2 ―陽明文庫資料からの新発見』東京大学史料編纂所，公益財団法人陽明文庫，26-27.
マホフ，ワシーリィ（1867）『フレガート・ディアーナ号航海誌』（ゴンチャローフ著・高野明・島田陽訳（1969）『ゴンチャローフ日本渡航記』雄松堂書店）.
ロシア国立海軍文書館・東京大学史料編纂所共編（2011）『ロシア国立海軍文書館所蔵日本関係史料解説目録』.
Bache, A. D.（1856）Notice of Earthquake Waves on the Western Coast of the United States, on the 23d and 25th of December, 1854. Amer. J. Sci. Arts, ser2, 21, 37-43.
Fujiwara, O. *et al.*（2020）Tsunami deposits refine great earthquake rupture extent and recurrence over the past 1300 years along the Nankai and Tokai fault segments of the Nankai Trough, Japan. Quatern. Sci.

Rev., 227, 105999. doi.org/10.1016/j.quascirev.2019.105999
Hayakawa, H. *et al.* (2017) Long-lasting Extreme Magnetic Storm Activities in 1770 Found in Historical Documents. Astrophys. J. Lett., 850, L31. doi: 10.3847/2041-8213/aa9661
Kusumoto, S. *et al.* (2020) Origin Time of the 1854 Ansei-Tokai Tsunami Estimated from Tide Gauge Records on the West Coast of North America. Seismol. Res. Lett., 91(5), 2624-2630.
Manga, M. and Brodsky, E. (2006) Seismic triggering of eruptions in the far field: Volcanoes and Geysers. Annu. Rev. Earth Planet. Sci., 34, 263-291. doi: 10.1146/annurev.earth.34.031405.125125
Shimazaki, K. and Nakata, T. (1980) Time-Predictable recurrence model for large earthquakes. Geophys. Res. Lett., 7, 279-282.

●三章

飯田汲事（1987）『天正大地震誌』名古屋大学出版会.
石橋克彦（2019）同時代史料による文禄五年閏七月九日（1596・9・1）の伊予・豊後地震．地震，72，69-89.
宇佐美龍夫ほか（2013）『日本被害地震総覧 599-2012』東京大学出版会.
榎原雅治（2020）文禄五年豊後地震に関する文献史学からの検討．日本歴史，865，18-36.
科学技術・学術審議会 測地学分科会地震火山部会（2017）「災害の軽減に貢献するための地震火山観測研究計画」平成 28 年度年次報告 成果の概要.
笠間太郎・岸本兆方（1974）『神戸と地震』神戸市総務局・土木局.
熊本市熊本城調査研究センター（2019）『特別史跡熊本城跡総括報告書』.
後藤典子（2017）『熊本城の被災修復と細川忠利』熊本日日新聞社.
小山真人（1996）歴史記録と火山学．UP，281，24-29.
寒川旭（1992）『地震考古学—遺跡が語る地震の歴史』中公新書.
——ほか（1996）有馬 - 高槻構造線活断層系の活動履歴及び地下構造調査．平成 7 年度活断層研究調査概要報告書，地質調査所研究資料集，No. 259，33-46.
地震調査研究推進本部地震調査委員会（1997）地震に関する基盤的調査観測計画.
——（2001a）養老 - 桑名 - 四日市断層帯の評価.
——（2001b）有馬 - 高槻断層帯の評価.
——（2002）布田川・日奈久断層帯の評価.
——（2004a）庄川断層帯の評価.
——（2004b）阿寺断層帯の評価.
——（2005）六甲・淡路島断層帯の長期評価.

―― (2010) 活断層の定義.
―― (2013a) 布田川断層帯・日奈久断層帯の評価 (一部改訂).
―― (2013b) 九州地域の活断層の長期評価 (第一版).
―― (2013c) 活断層の地域評価.
―― (2016) 平成 28 年 (2016 年) 熊本地震の評価.
―― (2018) 2018 年 6 月 18 日大阪府北部の地震の評価.
須貝俊彦ほか (1999) 養老断層の完新世後期の活動履歴―1596 年天正地震・745 年天平地震震源断層の可能性. 地質調査所速報, EQ/99/3, 89-102.
早川由紀夫・中島秀子 (1998) 史料に書かれた浅間山の噴火と災害. 火山, 43, 213-221.
林博通ほか (2012)『地震で沈んだ湖底の村―琵琶湖湖底遺跡を科学する』サンライズ出版.
松浦律子 (2011) 天正地震の震源域特定：史料情報の詳細検討による最新成果. 活断層研究, 35, 29-39.
松田毅一・川崎桃太 (1978)『フロイス日本史 5』中央公論社.
山村紀香・加納靖之 (2020) 1586 年天正地震の震源断層推定の試み―液状化履歴地点における液状化可能性の検討から. 地震, 73, 97-110.
若松加寿江 (2011)『日本の液状化履歴マップ 745-2008』東京大学出版会.
Hori, T. and Oike, K. (1999) A physical mechanism for temporal variation in seismicity in Southwest Japan related to the great interplate earthquakes along the Nankai trough. Tectonophys., 308, 83-98. doi.org/10.1016/S0040-1951 (99) 00079-7

●四章

今村明恒 (1925) 関東大地震調査報告. 震災予防調査会報告, 100, 21-65.
宇佐美龍夫 (2003) 安政 2 年 10 月 2 日 (西暦 1855 年 11 月 11 日) の江戸地震における大名家の被害一覧表.『日本被害地震総覧 416-2001』別冊, 東京大学出版会.
片桐昭彦 (2014) 明応四年の地震と『鎌倉大日記』. 新潟史学, 72, 1-16.
―― (2018) 明応関東地震と年代記―『鎌倉大日記』と『勝山記』. 災害・復興と資料, 10, 1-8.
金子浩之 (2012) 宇佐美遺跡検出の津波堆積物と明応四年地震・津波の再評価. 伊東の今・昔―伊東市史研究, 10, 102-124.
―― (2016)『戦国争乱と巨大津波』雄山閣.
―― (2018) 墓石 13000 基から判明した元禄津波被害.『地域史料から地震学へのアプローチ』東京大学地震火山史料連携研究機構, 地震・火山噴火予知研究協議会史料・考古部会, 30-32.
北原糸子 (2013)『地震の社会史―安政大地震と民衆』吉川弘文館 (『安政

大地震と民衆―地震の社会史』（1983）三一書房を再刊）.
国立歴史民俗博物館（2003）『ドキュメント災害史 1703-2003 ―地震・噴火・津波，そして復興』.
宍倉正展（2003）変動地形からみた相模トラフにおけるプレート間地震サイクル．東京大学地震研究所彙報，78，245-254.
地震調査研究推進本部地震調査委員会（2014）相模トラフ沿いの地震活動の長期評価（第二版）について．81 pp．https://www.jishin.go.jp/main/chousa/kaikou_pdf/sagami_2.pdf
杉森玲子（2020）『「江戸大地震之図」を読む』角川選書.
高橋一樹（2013）日本中世の政権都市における震災．歴史評論，760，50-62.
高橋慎一朗（2019）『中世鎌倉のまちづくり』吉川弘文館.
武村雅之（2003）『関東大震災―大東京圏の揺れを知る』鹿島出版会.
中央防災会議 災害教訓の継承に関する専門調査会（2006）『1923 関東大震災報告書 第 1 編』内閣府．http://www.bousai.go.jp/kyoiku/kyokun/kyoukunnokeishou/rep/1923_kanto_daishinsai/index.html
中央防災会議 災害教訓の継承に関する専門調査会（2013）『1703 元禄地震報告書』内閣府．http://www.bousai.go.jp/kyoiku/kyokun/pdf/genroku_light.pdf
東京都生涯学習文化財団編（2000）『汐留遺跡Ⅱ（第一分冊）』東京都埋蔵文化財センター.
東京都防災会議（2012）『首都直下地震等による東京の被害想定報告書』東京都.
浪川幹夫（2014）鎌倉における明応年間の「津波」について．歴史地震，29，209-219.
武者金吉（1931）昭和五年十一月廿六日伊豆地震に伴ひたる光の現象に就て．東京大学地震研究所彙報，9，177-215.
――（1932）『地震に伴ふ発光現象の研究及び資料』岩波書店.
村岸純ほか（2015）1703 年元禄関東地震における東京湾最奥部の津波被害の再検討．歴史地震，30，149-157.
保田柱二（1925）関東大地震ノ余震観測結果報告．震災予防調査会報告，100，261-310.
山口覚ほか（2001）1995 年兵庫県南部地震に伴う発光現象についてのアンケート調査．地震，54，17-31.
Shimazaki, K. *et al.*（2011）Geological Evidence of Recurrent Great Kanto Earthquakes at the Miura Peninsula, Japan. J. Geophys. Res., 116, B12408.

●五章

飯田汲事（1979）『明応地震・天正地震・宝永地震・安政地震の震害と震

度分布』愛知県防災会議地震部会.
—— (1987)『天正大地震誌』名古屋大学出版会.
石橋克彦 (1977) 東海地方に予想される大地震の再検討—駿河湾地震の可能性. 地震予知連絡会会報, 17, 129-132.
—— (1994)『大地動乱の時代—地震学者は警告する』岩波新書.
宇佐美龍夫 (1975a)『日本被害地震総覧』東京大学出版会.
—— (1975b)『歴史地震 古記録は語る』イルカぶっくす, 海洋出版.
北原糸子 (1983)『安政大地震と民衆—地震の社会史』三一書房.
—— (1998)『磐梯山噴火—災異から災害の科学へ』ニューヒストリー近代日本, 吉川弘文館.
寒川旭 (1992)『地震考古学』中公新書.
萩原尊禮編著 (1982, 1989)『古地震—歴史資料と活断層からさぐる (正続)』東京大学出版会.
——編著 (1995)『古地震探究—海洋地震へのアプローチ』東京大学出版会.
保立道久・成田龍一監修 (2013)『津波, 噴火—日本列島 地震の2000年史』朝日新聞出版.
矢田俊文 (2008)『中世の巨大地震』吉川弘文館.
—— (2010)『地震と中世の流通』高志書院.
Atwater, B. *et al.* (2005) The orphan tsunami of 1700—Japanese clues to a parent earthquake in North America. USGS Prof. Pap., 1707.
Stucchi, M. *et al.* (2000) Historical earthquake data in Europe and the Euro-Mediterranean Intensity Database. Euro-Mediterranean Seismological Centre Newsletter, 16, 5-7.

●謝辞

図2-4, 3-1, 4-6の作成には地理院地図 (電子国土web), 図2-24, 3-1の作成にはGMT 6 (Wessel *et al.*, 2019) を用いた. 本書中の研究成果の一部は, 文部科学省による「災害の軽減に貢献するための地震火山観測研究計画」「同 (第2次)」による支援をうけたものである. 学術フロンティア講義「歴史史料と地震・火山噴火」(2019-2020年度) の受講生の皆さん, 書籍としてまとめるにあたり企画と編集の労をとってくださった東京大学出版会小松美加さんに感謝する.

GMT 6: Wessel, P. *et al.* (2019) The Generic Mapping Tools version 6. Geochem., Geophys., Geosys., 20, 5556-5564. doi:0.1029/2019GC008515